普通高等教育"十一五"国家级规划教材

普通高等教育测控技术与仪器专业系列教材

智能仪器设计基础

第 2 版

主　编　宋　凯

副主编　王启松

参　编　王　祁

机械工业出版社

本书是在第1版的基础上修订而成的，主要介绍智能仪器的工作原理及其设计方法。内容包括：智能仪器的输入输出通道、外设及其控制技术、通信接口等。本书以培养学生的智能仪器设计能力为目标，深入讲述智能仪器总体设计、电路设计、软件设计及实现，介绍抗干扰措施及减少测量误差的方法。第2版对第1版中的程序和电路设计进行了修订，采用C51程序设计，电路设计均采用目前比较新、比较常用的芯片。内容编排注重理论联系实际，实用性强。

本书可作为测控技术与仪器、自动化、电气工程及相关专业的本科生教材，也可作为测控技术、自动化、电气工程、电子信息、电力工程、计算机应用等领域工程技术人员的参考书。

本书配有电子课件，欢迎选用本书作为教材的老师登录 www.cmpedu.com 注册下载，或发邮件至 jinacmp@163.com 索取。

图书在版编目（CIP）数据

智能仪器设计基础/宋凯主编. —2版. —北京：机械工业出版社，2021.7（2025.1 重印）

普通高等教育"十一五"国家级规划教材

ISBN 978-7-111-68386-5

Ⅰ.①智…　Ⅱ.①宋…　Ⅲ.①智能仪器-设计-高等学校-教材　Ⅳ.①TP216

中国版本图书馆 CIP 数据核字（2021）第 106907 号

机械工业出版社（北京市百万庄大街22号　邮政编码100037）
策划编辑：吉　玲　责任编辑：吉　玲　杨晓花
责任校对：陈　越　封面设计：张　静
责任印制：单爱军
北京虎彩文化传播有限公司印刷
2025 年 1 月第 2 版第 5 次印刷
184mm×260mm·16.25 印张·401 千字
标准书号：ISBN 978-7-111-68386-5
定价：49.80 元

电话服务　　　　　　　　　网络服务
客服电话：010-88361066　　机　工　官　网：www.cmpbook.com
　　　　　010-88379833　　机　工　官　博：weibo.com/cmp1952
　　　　　010-68326294　　金　书　网：www.golden-book.com
封底无防伪标均为盗版　机工教育服务网：www.cmpedu.com

前 言 Preface

在信息化、智能化时代，智能仪器作为获取信息的重要工具，广泛应用于国民经济、国防军事、科研教学等各个领域。

智能仪器是一种新型仪器，它汇聚了当今前沿技术，是测量技术、传感器、计算机、微电子、信息处理、人工智能等多种技术相结合的产物。智能仪器功能强，性能指标高，使用方便，具有自校准、自诊断等功能，便于人机交互和信息传输，是仪器仪表的发展方向。"智能仪器"也是高等院校测控技术与仪器专业的重要专业课之一。

为了适应科学技术的发展和人才培养的需求，本书对第 1 版中过时的内容和元器件进行了修订。仪器设计使用最新、最流行的芯片和元器件，程序采用 C51 程序设计。本书以培养学生的实践能力和创新精神为目标，内容编排突出实用性，注重理论联系实际。学生通过课程学习和实验实践，能够掌握智能仪器及系统的设计方法。考虑到本科教学计划和课程设置，本书主要介绍以单片机为主的智能仪器设计。学生只要掌握智能仪器的设计方法，在熟悉 DSP 和 ARM 的基础上，就可以设计基于 DSP 和 ARM 的智能仪器。

本书共 10 章。第 1 章绪论，介绍智能仪器的结构及特点、智能测试技术的现状和发展。第 2 章介绍智能仪器中常用的微处理器，包括各种单片机、DSP 和 ARM 等。第 3 章为数据采集技术，介绍测量放大器、模拟多路开关、采样保持器、常用的 A/D 转换器及其接口电路。第 4 章为模拟量与开关量信号输出系统，介绍 D/A 转换器及其接口电路、模拟量和数字量输出与接口电路。第 5 章为智能仪器外设处理技术，介绍键盘、触摸屏、LED 和 LCD 显示器、智能仪器监控程序。第 6 章为智能仪器中的通信接口技术，介绍 RS-232C、RS-485 标准串行接口、USB 通用串行总线、以太网、现场总线 CAN 和无线通信接口技术。第 7 章为数据处理技术，介绍查表、排序等非数值处理方法、系统误差和随机误差的处理方法，以及软测量技术。第 8 章介绍智能仪器的自检、自校准和量程自动转换方法。第 9 章为智能仪器的抗干扰技术，分析智能仪器的干扰源，介绍常用的硬件抗干扰和软件抗干扰方法。第 10 章介绍智能仪器的设计方法，并以智能工频电参数测量仪、智能温度数显表和智能 LCR 测量仪为例，讲述智能仪器的设计过程。

本书是编者和哈尔滨工业大学电测教研室老师多年来从事智能仪器教学和科研工作的总结。本书第 1 章由王祁编写，第 2、5、8、10 章由宋凯编写，第 3、4、6、7、9 章由王启松编写。全书由宋凯和王祁负责内容编排、统稿和审定，刘丹参与审稿。

由于编者水平有限，错误和疏漏之处在所难免，殷切希望广大读者批评指正。

编 者

目 录 Contents

第1章

绪　论

1.1　智能仪器的结构及特点

1.1.1　智能仪器概述

仪器仪表是重要的测量工具，可以准确获得被测量的数值，使人们能对客观事物形成准确的数量概念。在现代社会里，仪器仪表无所不在。现代化工业生产需要通过仪器仪表的测量数据控制生产过程，检验产品质量；飞机、飞船需要大量仪器仪表测量自身状态和环境；日常生活中，人们从购物到体检处处离不开仪器仪表。著名科学家钱学森院士曾说："新技术革命的关键是信息技术。信息技术是由测量技术、计算机技术、通信技术三部分组成，其中，测量技术则是关键和基础。"仪器仪表作为信息获取的源头，对工业、农业、国防军事、科学研究具有先导作用，对国民经济有着巨大的影响力和辐射能力。先进的科学仪器设备既是知识创新和技术创新的前提，也是创新研究的主要内容和创新成果的集中体现。仪器仪表的发展水平显示了国家的科技水平和创新能力，因此，各国都非常重视仪器仪表的发展。

智能仪器是新型电子仪器，是当代测量技术、电子技术、计算机、通信技术、自动控制、信息处理、人工智能等先进技术相结合的产物。智能仪器近年来发展迅速，各种智能仪器广泛应用于国民经济、国防军事、科研教学等各领域。

智能仪器由传统的仪器仪表发展而来。回顾仪器的发展过程，从使用的元器件来看，它经历了真空管时代—晶体管时代—集成电路时代三个阶段；从仪器的工作原理来看，它经历了模拟式仪器、数字式仪器、智能仪器三代的发展历程。

第一代是模拟式电子仪器，它基于电磁测量原理，基本结构是电磁式，利用指针来指示测量结果。传统的指针式电压表、电流表、功率表等，均是典型的模拟式仪器。这一代仪器功能简单、精度低、响应速度慢。

第二代是数字式电子仪器，其基本原理是利用 A/D 转换器将待测的模拟信号转换为数字信号，测量结果以数字形式输出显示。数字式电子仪器精度高、速度快、读数清晰、直观且数字信号便于远距离传输，所以数字式电子仪器能够用于遥测和遥控。

第三代是智能仪器，它是计算机技术与电测技术相结合的产物。智能仪器在数字化的基础上利用微处理器或计算机控制测量过程并进行数据处理，使仪器具有运算、逻辑判断、数据存储、显示、输出等功能，并能自动校正、自动补偿、故障自检等，即具备了一定的智能，因此被称为智能仪器。

智能仪器是当代仪器的主流，现在的电子仪器几乎没有不装设微处理器或计算机的。智能仪器以其独特的优点受到用户的欢迎。

1.1.2 智能仪器的特点

智能仪器是新一代电子测量仪器，是在各种高新技术的发展中诞生的，是与电子技术、计算机、传感技术、信号处理、网络等领域的新技术相融合的产物。当代科技的新原理、新器件、新材料和新工艺技术都在智能仪器中得到了应用，可以说智能仪器汇集了各种高新技术。

由于智能仪器中有微处理器或计算机，仪器的功能得以扩展，使测量指标大大提高，而且呈现出某些智能特点，具有很大的发展潜力。智能仪器具有以下几方面的特点。

1. 软件控制测量过程

智能仪器中的微处理器对测量过程进行控制，实现测量自动化。软件的应用使得仪器的硬件结构简化、体积和功耗减小、可靠性提高、灵活性增强、仪器的自动化程度更高。智能仪器在软件的控制下，可以方便地进行人机对话，操作人员用键盘、触摸屏、按键等输入测试命令，测量结果在显示屏上显示。另外，智能仪器具有自检、自诊断、自校准等功能，可以代替人进行分析判断、查找故障等，具备了一定的智能。

软件在智能仪器中占有举足轻重的地位，它给智能仪器的设计带来很大的方便。当需改变仪器功能时，只需改变程序即可，并不需要改变硬件结构，非常灵活。

2. 强大的数据处理功能

智能仪器通过软件对测量数据进行数据处理，主要表现在改善测量的精确度及对测量结果的再加工两个方面。

在提高测量精确度方面，主要是对随机误差及系统误差进行处理。过去传统的方法是用手工的方法对测量结果进行事后处理，不仅工作量大、效率低，而且往往会受到一些主观因素的影响，使处理的结果不理想。智能仪器利用软件对测量结果进行在线处理，不仅方便、快速，而且可以避免主观因素的影响，使测量的精确度大为提高。智能仪器还可以通过各种算法对各种误差进行计算并补偿，而且能在线进行非线性校准。

智能仪器通过对测量结果的再加工，可以提供更多高质量的信息。例如，一些信号分析仪器在微计算机的控制下，不仅可以实时采集信号的实际波形，而且可以在阴极射线显像管（Cathode Ray Tube，CRT）上复现以前的信号，并可在时间轴上进行展开或压缩；还可对所采集的样本进行数字滤波，将淹没于干扰中的信号提取出来；也可对样本进行时域（如相关分析、卷积、反卷积、传递函数等）或频域（如幅值谱、相位谱、功率谱等）分析，从而可以从原有的测量结果中提取更多的信息。

3. 多功能化

传统电子仪器的功能仅取决于硬件，仪器的结构、电路按照特定目标设计，因此仪器的功能比较单一。智能仪器中的微处理器可以进行测量控制及数据处理，容易实现仪器多功能化。例如，智能化电能表测量出电流、电压、相位后，通过计算很容易求出有功功率、无功功率、视在功率、电能、功率因数等，还可进行分时计费、预置用电量需求，具有自动记录、打印、报警及控制等功能。如果没有微处理器或计算机控制，一台仪器不可能具备这么多功能。

4. 自动化和智能化

智能仪器的自动化程度高，整个测量过程都能自动进行，如自动选择量程、自稳零放大、自动极性判断、自动量程切换、自动报警、过载保护、多点巡回检测、测量数据处理、显示打印等，使用非常方便。

智能仪器已具有一定的智能，可代替人的一些工作。许多智能仪器具有自检、自校准和自诊断功能，能测试自身的工作状态是否正常，如果不正常，还能判断故障所在的部位，并给出提示，从而大大提高了仪器的可靠性，极大地方便了使用和维修。

随着智能技术的发展，智能仪器利用人工智能、计算智能方法对测量数据进行分析、判断，进行故障诊断、寿命预测。智能仪器的智能水平正在由数据处理向知识处理方向发展。

5. 人机对话功能

智能仪器可带多种外设，仪器操作人员可以通过键盘、触摸屏、鼠标、按键等选择测量功能、设置参数、输入测试命令。智能仪器通过显示器显示工作状态、测量过程和测量结果。仪器的各种信息可以在外接的大屏幕上显示数据和图形，也可以在打印机上方便地打印或存入存储器中。

6. 网络化功能

智能仪器带有通信接口，可以与计算机或网络连接，进行数据和信息传输，实现信息和资源共享。计算机可以对网络中的智能仪器进行控制，实现远程监测。由于网络的灵活性，智能仪器借助于网络，可以组建多种形式的测试系统，如单用户测试系统、多用户测试系统、远程测试系统、分布式测试系统。智能仪器的网络化极大地扩展了仪器的应用空间。

1.1.3　智能仪器的结构

智能仪器是测量技术和计算技术相结合的产物，是一个专用的计算机系统，由硬件和软件两部分组成。智能仪器的硬件按其结构可分为两种类型，即微处理器内嵌式和微机扩展式。

1. 微处理器内嵌式

微处理器内嵌式是将单个或多个微处理器安装在仪器内部，它与其他电子元器件有机地结合在一起。微处理器是仪器的核心，起着测量过程控制和数据处理的作用。这种仪器的外形和传统仪器没有区别，体积较小，也可做成便携或手持式结构，使用方便。由于在设计中充分考虑到电磁兼容，因此能适应恶劣环境。另外，它带有各种接口，可以连接计算机、显示器或其他外部设备，也可以和网络连接。现在通用的电子测量仪器几乎没有不内嵌微处理器的。微处理器内嵌式智能仪器在工业生产、科学研究、国防军事等部门广泛应用。

微处理器内嵌式智能仪器基本组成结构如图 1-1 所示，其中单片机或 DSP、ARM 等微处理器是整个仪器的核心，被测信号通过输入通道进入计算机，经过信号调理、模/数转换后进入微处理器进行信号处理、数值计算。操作人员通过键盘、触摸屏等进行测量操作，测量结果在显示器上显示。仪器设有各种输出接口和通信接口。测量非电量时需要用传感器将非电量被测信号转换成电信号。

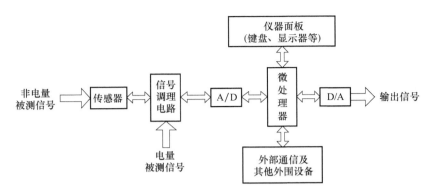

图 1-1　微处理器内嵌式智能仪器的基本组成结构

2. 微机扩展式

微机扩展式智能仪器是以个人计算机（Personal Computer，PC）或工控机为核心的测量仪器。由于 PC 的应用已十分普遍，其价格也不断下降，因此从 20 世纪 80 年代起就开始给 PC 配上不同的模拟量输入通道，使之符合测量仪器的要求，并称其为个人计算机仪器（Personal Computer Instrument，PCI）或微机卡式仪器。PCI 的优点是使用灵活，可以利用 PC 已有的硬件和软件资源。更重要的是 PC 的数据处理功能及内存容量远大于微处理器内嵌式仪器，因此 PCI 可以用于更复杂的、更高层次的信息处理，从而使仪器的功能更强大。此外，PCI 还可以利用 PC 本身已有的软件包进行数据处理。如果将仪器的面板及各种操作按钮以图形形式显示在 CRT 显示器上，就可以得到软面板，构成虚拟仪器。图 1-2 为个人计算机式智能仪器的基本组成结构。

与 PCI 相配的模拟通道有两种类型：一种是插卡式，即将所配用的模拟量输入通道以印制电路板的插板形式，直接插入 PC 箱内的空槽中；另一种是插件箱式，即将各种功能插件集中在一个专用的机箱中，机箱备有专用的电源，必要时也可以有自己的微机控制器，适用于多通道、高速数据采集或一些有特殊要求的仪器。PCI、VXI、PXI 总线仪器和虚拟仪器都属于微机扩展式智能仪器。

个人计算机是大批量生产的成熟产品，功能强大且价格便宜；个人仪器插件是个人计算机的扩展部件，设计相对简单，并有各种标准化插件供选用。因此，在许多场合，

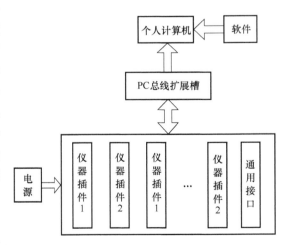

图 1-2　个人计算机式智能仪器的基本组成结构

采用个人计算机仪器结构的智能仪器比采用内嵌式的智能仪器具有更高的性价比，且研发周期短，研发成本低。个人计算机仪器可选用厂家开发的专用软件（这种软件往往比用户精心开发的软件更完善）。由于基于 PC 平台，有操作系统的支持，因此开发环境良好，开发十分方便。另外，个人计算机仪器可通过其 CRT 显示器向用户提供功能菜单，用户可通过

键盘等进行仪器功能、量程选择；个人计算机仪器还可以通过 CRT 显示数据，通过打印机打印测试结果，使用十分方便。由于微机扩展式智能仪器能充分运用计算机的软硬件资源，可获得较高的性价比。

上述两种不同结构的智能仪器各有千秋。通用的电子测量仪器大都选用仪器厂家生产的专用产品，这些仪器几乎都是内嵌微处理器的智能仪器，具有技术指标高、体积小、电磁兼容好、使用携带方便等优点。微机扩展式智能仪器常用于专用测试系统，根据测试要求进行设计、开发或选择数据采集卡等电子线路板，选用相应的传感器、开发软件系统、组建专用的微机扩展式智能仪器，即专用的测试系统。也可以用 PXI、VXI 总线仪器设计专用的测试系统。

本书主要介绍微处理器内嵌式智能仪器的原理及设计。

1.2　智能测试技术的发展

1.2.1　智能仪器的发展趋势

为满足科技发展的需求，智能仪器将进一步朝着智能化、小型化（微型化）、集成化、数字化、多功能化、网络化、自动化的方向发展。

1. 多功能化

随着科学技术的发展和生产自动化程度的提高，系统中需要的被测参数越来越多，人们当然希望用尽量少的仪器测量更多的参数，希望一个仪器能测量更多的物理量。智能仪器可以满足多功能的需求。目前使用的电参数测试仪就可以测量电流、电压、相位、有功功率、无功功率、视在功率、功率因数、频率等多个电参数。气体检测仪安装多种气体传感器，可以检测环境空气中的一氧化碳、甲烷、氨气等多种气体的含量。智能仪器中的微处理器及其软件系统保障了多功能化的实现。多功能化是智能仪器重要的发展方向。

2. 小型化、微型化

微电子技术的迅速发展，使得大规模和超大规模集成电路的集成度越来越高，体积越来越小。嵌入式微处理器和计算机的功能日趋强大，体积也不断缩小，为智能仪器的小型化、微型化提供了条件。

智能仪器的小型化、微型化对航天、航空、医疗等领域意义重大，同时也让各种便携式、手持式仪器走进千家万户。特别是随着社会发展和生活水平的提高，人们对生活质量和健康水平日益关注，检测食品质量的便携式仪器仪表以及健康状况和疾病警示仪器仪表将有较大发展。

3. 网络化

网络技术和总线技术的进步，促使测量技术向网络化的方向发展。智能仪器安装网络接口，可以通过网络方便地将分布在不同地域的仪器连接起来，组成分布式测量系统。网络化仪器可以实现数据和资源共享，扩大被测量的空间分布范围，可以实现跨地域测量，高效地完成各种复杂艰巨的测量控制任务。

网络化仪器广泛应用在工业自动化、航空航天、智能交通、环境监测、远程医疗等众多领域。如大气监测，为了监测空气质量，在城市的多处设置监测点，用网络化气体检测仪实时测量空气成分，监测有毒有害气体，如一氧化碳、二氧化硫、PM2.5 等，并通过网络传到监测中心。监测中心在大屏幕上实时、动态地显示全城各处的空气质量及污染情况。检测数据同时存储在数据库中，这也是大数据系统重要的信息来源。再如飞船、卫星上安装大量传感器进行实时监测，各种测控装置通过联网构成一个完整的自动测试系统。网络化仪器将随着网络技术的发展，应用日益广泛。

4. 进一步提高智能水平

现在的智能仪器能自动地对测量过程进行控制，自动对测量数据进行处理、分析、判断，能实现自校准、自诊断，被认为具有一定的智能。但这类智能仅仅是低级的智能，与人类的智能行为还相距甚远。提高智能水平是智能仪器的重要的发展方向。

人们一直在研究如何模拟、延伸和扩展人的智能的理论、方法、技术及应用系统，利用计算机实现人类的智能行为，使机器像人那样思维、分析、推理、判断、学习，减轻或代替人的脑力劳动。近年来人工智能不仅在深度学习的研究中取得突破性进展，而且在智能机器人、图像识别、语音识别、机器翻译等领域已经得到实际应用。人工智能的进步必将促进智能仪器的发展。

1.2.2　虚拟仪器

虚拟仪器的概念由美国国家仪器（NI）有限公司于 1976 年提出，在 20 世纪 90 年代得到迅猛发展。虚拟仪器是在以通用计算机为核心的硬件平台上，由用户设计定义虚拟面板，通过软件控制相应的硬件，实现各种测试功能。虚拟仪器充分利用计算机的软硬件资源，利用 PC 显示器模拟传统仪器的控制面板，利用计算机强大的软件进行测量过程的控制、数据运算、信号分析和处理，利用 I/O 接口完成信号的采集、测量与调理，测量结果可以多种形式输出，并能通过各种通信接口进行传输。

虚拟仪器的硬件平台由计算机和 I/O 接口设备两部分组成。计算机一般为 PC 或工控机，它是硬件平台的核心；I/O 接口设备主要包括信号采集、调理、放大、模/数转换、传感器等模块。

软件是虚拟仪器的核心，在虚拟仪器设计中尽可能地用软件代替硬件，NI 公司有一句名言"软件就是仪器（Software is instrument）"。虚拟仪器的软件由应用程序和驱动程序构成。应用程序包括实现虚拟面板功能的前面板程序和定义测试功能的流程图软件程序；驱动程序是一套可被用户调用的子程序或动态链接库，用户只需调用相应的函数就可以完成对仪器各种功能的操作。

开发虚拟仪器需要利用开发工具。常用的虚拟仪器软件开发工具有两种，一种是文本式编程语言，如 Visual C++、Visual Basic、Lab Windows/CVI 等；另一种是图形化编程语言，如 LabVIEW、HP VEE 等。

虚拟仪器具有开放式结构，软件和硬件模块标准化，易于开发，因此虚拟仪器的应用日益广泛。利用虚拟仪器技术可以方便地设计各种专用测试系统，在工业自动化领域有广阔的应用前景。

1.2.3　网络化仪器

网络化仪器是测量技术与计算机、网络技术、信息处理技术相结合的产物。由于

Internet的出现，各种仪器可以通过互联网连接起来，实现测量数据和测试设备资源共享，并可以通过网络协同完成测试任务。这种借助网络通信技术和智能仪器技术共享系统中的软硬件资源的仪器称为网络化仪器。网络化仪器可以通过网络突破时空和地域的障碍，将仪器、外围设备、测试对象及数据库等连接起来，使昂贵的仪器设备为更多的用户使用，提高设备的使用率，降低测试成本。如远程数据采集、远程设备故障诊断、远程医疗、高档测量仪器设备资源的远程调用等，都可以通过连接在网络上的多个网络化仪器实现。

另外，分布在不同地点的网络化仪器，可以在统一的参照信息（同一时间参照信息、同一空间参照信息等）下，协同一致地对某一目标进行测试。协同测试不是简单地将多个仪器或仪器模块进行简单的组合，它还需要严格的测试流程、测试节拍及参考基准。同时，还要求各个仪器或仪器模块之间具有某种协调功能。传统仪器大多数还是一个封闭系统，一般不具有协同测试能力。

现在国内外一些电子仪器公司都在积极地研制开发网络化仪器，如安捷伦（Agilent）科技有限公司已研制出具有网络功能的16700B型逻辑分析仪。这种网络化逻辑分析仪可实现任意时间、任何地点对系统的远程访问，实时地获得仪器的工作状态，还可对远程仪器实施控制和状态检测，并将远程仪器测得的数据通过网络迅速传递给本地计算机。网络化是智能仪器的一个发展方向。

1.2.4　仪器总线技术

仪器总线是一组互联信号线的集合，是在模块、仪器、设备之间传输信息的公用信号线，通常包括数据总线、地址总线和控制总线。具有总线结构的模块、仪器或系统可以方便地连接在总线上，组成自动测试系统，通过总线传输各种信息，在控制器的作用下自动完成各种测试任务。仪器总线系统具有互换性、可扩展性、可维修性等特点。

第一代仪器总线 GPIB（General Purpose Interface Bus）（也称 IEEE 488 总线），是 20 世纪 70 年代由惠普（HP）公司（安捷伦科技有限公司前身）推出的。GPIB 总线上最多可以连接 15 台仪器，通过三线挂钩技术传输数据和地址。数据传输率不超过 1MB/s。GPIB 总线的开放性、通用性、可扩展性大大地促进了测量仪器和测量系统的发展。从此，人们开始研究更快、更可靠的仪器总线。

80 年代中期，由 HP、Tekronix 等五家国际著名的仪器公司成立了 VXIbus 联合体，开发了 VXI 总线（VMIbus extension for instrument）。几经修改和完善，于 1992 年被 IEEE 接纳为 IEEE 1155—1992 标准。VXI 是 VME 总线对于仪器的扩展，它基于计算机中的 VME 总线，将计算机总线与仪器总线合为一体，是一个开放的体系结构标准。VXI 总线系统最多有 256 个器件，可以高速传输数据，具有模块化结构、体积小、组建和使用灵活的特点。VXI 总线充分发挥了计算机能效高和标准化程度高等优点，在航空、航天、电力、交通等部门得到广泛应用。

1997 年 9 月 1 日，NI 发布了一种全新的开放性、模块化仪器总线规范——PXI。PXI 是 PCI 在仪器领域的扩展（PCI extensions for instrumentation），PXI 总线在 Compact PCI 总线的基础上，增加了用于多板同步的触发总线和参考时钟、用于精确定时的星形触发线、相邻模块之间高速数据交换的局部总线，以满足模块化测量和控制的需求。PXI 总线成了业界的开放式总线标准，是一个高性能、低成本的测试平台。

21 世纪 Internet 技术的迅速发展给测量与仪器仪表技术带来了前所未有的发展空间和机遇，网络化测量技术与网络功能的新型仪器应运而生。人们开始关注将仪器与网络连接起来，开发利用局域网（LAN）的新一代仪器总线标准。2004 年 9 月，Agilent 公司和 VXI 科技公司联合推出了新一代基于 LAN 的模块化平台标准 LXI 总线（LAN-based extensions for Instrumentation）。LXI 基于以太网标准（IEEE 802.3），提供了基于 Web 的人机交互和程控接口；LXI 模块采用自集成和标准化设计，使系统搭建更为方便和灵活；灵活的仪器驱动程序和编程接口，支持仪器的互换性、互操作性和软件的可移植性，满足了研发和制造工程师为国防、汽车、工业、医疗和消费品市场开发电子产品的需要。

1.2.5 基于智能理论的高级智能仪器

1. 关于智能仪器的智能

智能是人类的思维活动，是知识和智力的总和。智能行为包括分析、判断、推理、自学习等。多年来人们一直在研究如何利用计算机模拟、实现人类的智能，这就是人工智能研究的内容。近年来，人工智能理论研究及技术发展突飞猛进，并在智能机器人、图像识别、语音识别等领域得到广泛的应用。

目前广泛应用的各种智能仪器，由于采用了计算机或微处理器，具有一定的智能。但其智能行为与人类智能相差甚远。智能仪器所谓的智能主要表现在测量过程的自动化和数据处理方面，如仪器可以自动选择量程，自动存储、显示、打印，具有自校准、自诊断功能等。更高程度的智能化应包括理解、推理、判断与分析等一系列功能，是数值、逻辑与知识的综合分析结果。智能化的标志是知识的表达与应用。这种基于知识的仪器将具有更高的智能，这是未来智能仪器的发展方向。

2. 高级智能仪器展望

高级智能仪器具有类似人类的更高层次的智能，它不仅能够对被测对象进行测量，而且具有强大的信息处理功能，不仅能处理数据，而且处理知识。智能仪器可以对测量数据进行分析，并利用智能仪器知识库中的知识进行推理、判断。仪器输出的不仅是数据，还有对数据分析的结果，以及经过思维、推理后得到的对被测对象更全面的认识。

自学习是智能仪器的重要功能，人类通过学习不断积累知识和经验，实现自我完善。未来的智能仪器和智能测试系统将具有自学习功能，它能够在测量过程中对被测对象状态做出估计，建立关于被测对象、环境及干扰的数学模型，用来充实、更新知识库中的知识，从而可以在测量测试过程中，根据以往的经验和积累的知识，选择最佳的测量方法和策略，并进行误差补偿，以提高测量精度，便于更准确、更全面地认识被测对象。

智能仪器可以和智能控制系统相结合，根据测得的数据，在综合分析的基础上对系统参数进行智能调节，实现智能控制。

高级智能仪器可以实现自主测量，人们只需要将测量任务告诉智能仪器，而不必告诉它怎样测量，智能仪器就可以自主地完成人们交给它的测量任务。智能仪器还可以通过自学习，不断改进和完善测量的策略和方法，更深层次地认识被测对象。

人工智能是当代科技最前沿，人工智能的新成果将给智能仪器提供新思路、新方法、新技术，必将促进智能仪器更快的发展。

3. 实现高级智能仪器的理论方法

智能仪器智能水平的提高取决于智能理论和技术的发展。自 1956 年人工智能（Artificial Intelligence）诞生以来，各国科学家和科技工作者一直努力探索用机器实现人类智能。近年来人工智能的研究已获得十分可喜的成就，在深度学习方面取得了突出成果，在模拟、延伸、扩展人类智能的研究上又迈出了一大步。

人们借鉴仿生学思想，基于生物进化、神经网络等某些机制，用数学语言抽象描述、模仿生物体系和人类的智能机制，产生了计算智能（Computational Intelligence）；模拟人类或自然界其他生物处理信息的行为，研究出各种智能信息处理方法。这些智能理论和方法都是模仿人类智能机制，但人类思维的奥秘还有待于探索，实现人类智能还有很长的路。

高级智能仪器是测量技术和智能技术相结合的产物。智能仪器的实现需要应用人工智能、计算智能（进化计算、神经计算、模糊计算）、信息融合、模式识别、粗糙集理论、数据挖掘、智能信息处理（如粒子群算法、蚁群算法等）等智能理论和方法。人工智能的蓬勃发展，将不断引领智能仪器的进步。

思考题与习题

1. 举例说明仪器仪表的重要性。
2. 什么是智能仪器？说明它的结构和特点。
3. 简述智能仪器的发展趋势。

第 2 章

智能仪器中的微处理器

2.1 微处理器

微处理器是智能仪器的核心，因此在硬件设计时应首先考虑微处理器的选择，然后再确定与之配套的外围芯片。目前智能仪器中使用单片机比较多，在选择单片机时，要考虑的因素有字长（即数据总线的宽度）、寻址能力、指令功能、执行速度、中断能力以及市场对这种单片机的软、硬件支持状态等。当前市场中单片机的种类和型号很多，有 8 位、16 位以及 32 位的单片机；有输入/输出（I/O）功能强大、输入/输出引脚多的单片机；有的单片机内含 ROM 和 RAM 各不相同，有的单片机扩展方便，有的不能扩展；有带片内 A/D 转换器的单片机，也有不带片内 A/D 转换器的单片机。需要结合系统 I/O 通道数，选择合适型号的单片机，使其既满足测控对象的要求，又不浪费资源。

选择单片机时一般应遵循以下规则：

1）根据系统对单片机的硬件资源要求进行选择，考虑的因素主要包括：

① 数据总线字长、运算能力和速度（位数、取指令和执行指令的方式、时钟频率、有无乘法指令等）。

② 存储器结构（ROM、OTP、EPROM、Flash、外置存储器和片内存储器等）。

③ I/O 结构功能（驱动能力和 I/O 口数量、A/D 转换器、D/A 转换器及其位数、通信端口的数量、有无日历时钟等）。

2）选择最容易实现设计目标且性价比高的机型。

3）在研制任务重、时间紧的情况下，首先选择熟悉的机型，同时考虑手头所具备的开发系统等条件。

4）选择在市场上具有稳定充足的货源和具有良好品牌的机型。

2.2 MCS-51 系列单片机

MCS-51 系列单片机由 Intel 公司于 20 世纪 80 年代初成功研制，很快就在各行业得到推广和应用。20 世纪 80 年代中期以后，Intel 公司以专利转让的形式把 8051 内核给了 Atmel、Philips、Analog Devices 和 Dallas 等许多半导体厂家。这些半导体厂家生产的芯片是 8051 系列的兼容产品，准确地说是与 8051 指令系统兼容的单片机。这些单片机与 8051 的系统结构（主要指指令系统）相同，采用 COMS 工艺，因而常用 80C51 系列来称呼所有具有 8051 指令系统的单片机。80C51 系列单片机对 8051 进行了一些扩充，功能和市场竞争力更强。现在以 8051 技术核心为主导的微控制器技术已被 Atmel、Philips 等公司所继承，并且在原有基础上又进行了新的开发，形成了功能更加强劲的、兼容 8051 系列的多系列化单片机。

目前国内市场上以 Atmel 和 Philips 公司的 80C51 系列单片机居多，占据市场大部分。其他 80C51 系列单片机，如 Winbond 的 W78E 系列、Analog Devices 的 AduC 系列和 Dallas 的 DS8XC 系列等，也都各自占据一定的市场份额。常见的 8051 内核单片机芯片型号见表 2-1。

表 2-1　常见的 8051 内核单片机芯片型号

公　　司	芯　片　型　号
Atmel	AT89C51/52/54/58、AT89S51/52/54/58、AT89LS51/52/54/58、AT89C55WD、AT89LV51/52/54/58、AT89C1051/2051/4051、AT89C51RC、AT89S53/LS53 和 AT89S8252/LS8252 等
Philips	P8031/32、P80C51/52/54/58、P89C51/52/54/58、P87C51/52/54/58、P87C552、P89C51RX2、P89C52RX2、P87LPC7XX 系列和 P89C9XX 系列
Winbond	W78E51B、W78E52B、W78E54B、W78E58B、W78E516B、W77E52 和 W77E58
Analog Devices	AduC812、AduC824、AduC814 和 AduC816 等
Dallas	DS80C310/320/390 和 DS87C520/530/550 等

MCS-51 系列单片机芯片一般分为基本型、精简型和高档型三类。下面主要介绍这三种档次的单片机芯片。

2.2.1　基本型单片机

基本型单片机以 Atmel 公司的 AT89C5X、AT89S5X、AT89LV5X 以及 AT89LS5X 系列为代表，其特点是：具有三总线构架；40 引脚封装；在内部包含了 4KB 以上可编程 Flash 程序存储器；具有三级程序存储器锁定；可进行 1000 次擦/写操作；具有待机和掉电工作方式。AT89 系列基本型单片机的主要配置见表 2-2。

表 2-2　AT89 系列基本型单片机的主要配置

特　　性	AT89C51/52	AT89S51/52	AT89LV51/52	AT89LS51/52
程序存储器/KB	4/8	4/8	4/8	4/8
片内 RAM/B	128/256	128/256	128/256	128/256
16 位定时/计数器	2/3	2/3	2/3	2/3
全双工串行口	有	有	有	有
I/O 口线	32	32	32	32
中断矢量	6/8	6/8	6/8	6/8
电源电压/V	4.0~6.0	4.0~5.5	2.7~6.0	2.7~4.0
待机和掉电方式	有	有	有	有
WDT	无	有	无	有
SPI 接口	无	有	无	无
加密位	3	3	3	3
在系统可编程	可以	可以	可以	可以

2.2.2 精简型单片机

精简型单片机以 Philips 公司的 P87LPC700 系列为代表，其特点是取消了三总线构架，引脚缩减到 20 引脚甚至更少。Philips 公司在 Intel 公司的 8051 核心技术的基础上进行了技术开发和创新，推出了与 8051 兼容的、独特的、功能更强的高性能 OTP 单片机系列，其典型产品有 P87LPC762/764。该系列 80C51 改进型单片机增加了看门狗定时器（Watch Dog Timer，WDT）、I^2C 总线；其两个模拟量比较器可组成 8 位 ADC 及 DAC；具有上电复位检测、欠电压复位检测功能；I/O 口驱动电流可以达到 20mA；运行速度为标准 80C51 的两倍；温度范围为 $-40 \sim +85℃$；有片内 RC 振荡器；本身的可靠性极高，具有低功耗特性及不可破译性。Philips 公司还推出了一些 20 引脚的带有 ADC、DAC 的单片机，如 P87LPC767/768/769，还有其他引脚不等的一系列单片机。P87LPC700 系列单片机基本性能见表 2-3。

表 2-3　P87LPC700 系列单片机基本性能

型号	存储器	I/O 口最小值/最大值	通信口	比较器	ADC
P87LPC759	1KB/64B	9/12	—	—	—
P87LPC760	1KB/128B	9/12	UART、I^2C	2 路	—
P87LPC761	2KB/128B	11/14	UART、I^2C	3 路	—
P87LPC762	2KB/128B	15/18	UART、I^2C	4 路	—
P87LPC764	4KB/128B	15/18	UART、I^2C	4 路	—
P87LPC767	4KB/128B	15/18	UART、I^2C	4 路	4 路，8 位 ADC
P87LPC768	4KB/128B	15/18	UART、I^2C	4 路	4 路，8 位 ADC
P87LPC769	4KB/128B	15/18	UART、I^2C	4 路	4 路，8 位 ADC

2.2.3 精简增强型单片机

精简增强型单片机仍然以 Philips 公司 P89LPC900 系列为代表，其特点是无三总线构架，内部增加了许多功能部件，如 LCD 段驱动器、模拟比较器、I^2C 通信端口和 WDT 等，其内部 Flash 同时可作 E^2PROM 使用，且内含实时时钟（Real Time Clock，RTC）功能等。P89LPC900 系列基于 6 倍速 80C51 兼容内核，内嵌 Flash 程序存储器，可实现在应用编程（IAP）/在系统编程（ISP）和快速的 2ms 页编程/擦除周期；包括 512B 片内 E^2PROM 和 768B SRAM 数据存储器；包括了 16 位捕获/比较/PWM、3Mbit/s 的 SPI 和 400kbit/s 的 I^2C 总线、增强型 UART、WDT 和用户可选择的电源管理器功能；带有精度为 ±2.5% 的内部振荡器，是一款高性能单片机。P89LPC900 系列增强型单片机基本性能见表 2-4。

另外还有一款单片封装、高性能处理器结构的单片机 P89LPC9401。该单片机指令执行时间只需 2～4 个时钟周期，6 倍速于标准 80C51 器件。P89LPC9401 集成了许多系统级的功能，可大大减少器件的数目，缩小电路板面积并降低系统成本。其工作电压为 2.4～3.6V；I/O 口可承受 5V（可上拉或驱动到 5.5V）电压；所有 I/O 口线均有 20mA 的 LED 驱动能力；可控制口线输出斜率，以降低电磁干扰（EMI）；输出最短跳变时间约为 10ns；最少可达 20 个 I/O 口，最多可达 23 个 I/O 口；串行 Flash 应用编程，含 Flash 加密位，可防止程序被读出。

表 2-4　P89LPC900 系列增强型单片机基本性能

型号	引脚	存储器		定时/计数器			串口	I/O 口	中断源	比较器	ADC	频率/MHz
		RAM	Flash/E^2PROM	CCU	RTU	WDT						
P89LPC901	8	128	1KB	无	有	有	无	6	6/1	1	无	0~12
P89LPC902	8	128	1KB	无	有	有	无	6	6/1	2	无	7.3728
P89LPC903	8	128	1KB	无	有	有	UART	6	9/1	1	无	7.3728
P89LPC915	14	256	2KB	无	有	有	UART I^2C	12	13/3	2	4路8位	0~12
P89LPC916	16	256	2KB	无	有	有	UART I^2C/SPI	14	14/2	2	4路8位	0~12
P89LPC920	20	256	2KB	无	有	有	UART I^2C	18	12/3	2	无	0~12
P89LPC921	20	256	4KB	无	有	有	UART I^2C	18	12/3	2	无	0~12
P89LPC922	20	256	8KB	无	有	有	UART I^2C	18	12/3	2	无	0~12
P89LPC925	20	256	8KB	无	有	有	UART I^2C	18	13/3	2	4路8位	0~12
P89LPC930	28	256	4KB	无	有	有	UART I^2C/SPI	26	13/3	2	无	0~12
P89LPC931	28	256	8KB	无	有	有	UART I^2C/SPI	26	13/3	2	无	0~12
P89LPC935	28	768	8KB/512B	有	有	有	UART I^2C/SPI	26	15/3	2	4路8位	0~12
P89LPC936	28	768	16KB/512B	有	有	有	UART I^2C/SPI	26	15/3	2	4路8位	0~12

　　Philips 单片机主要的发展趋势是低功耗、低价格、小引脚，封装形式朝着 TSSOP（超薄、超小型）及更薄、更超小型无腿化的方向发展，引脚数从 8/14/16/20/28/40/44/48/68/80 一直向上发展，在可替换性方面注重与 Microchip 公司的 PIC12C50X/51X 单片机 PIN-TO-PIN 兼容。

2.2.4　高档型单片机

　　高档型单片机除具有基本型单片机的优点外，还增加了许多高性能的附件，如高速ADC、高速指令等。C8051F000 系列单片机是高档型单片机的代表。该系列的单片机与 8051兼容，每种芯片都有 4 个 8 位 I/O 端口，4 个 16 位定时器，1 个可编程增益放大器，2 个

12 位 DAC，2 路 DAC 输出；包含电压基准和温度传感器；有 I^2C/SMBus、UART、SPI 等多种串行接口和 32KB 的 Flash 存储器；包含 1 ~ 2 个电压比较器；有 1 个真正的 10 ~ 12 位多通道 ADC，ADC 的最高速率达 100KB/s；片内 RAM 为 256 ~ 2304B，指令执行速度达 20 ~ 25MIPS（兆条指令每秒）；具有 JTAG 调试功能；工作电压为 2.7 ~ 3.6V，温度范围为 − 45 ~ + 85℃。

C8051F000 系列单片机具有片内 VDD 监视器、WDT 和时钟振荡器。这个系列的单片机是真正能独立工作的片上系统，每个单片机都能有效地管理模拟或数字外设。Flash 存储器还具有在系统重新编程的能力，可用于非易失性数据存储，允许现场更换单片机器件。为降低功耗，每个单片机可以关闭单个或全部外设。C8051F000 系列单片机的基本性能见表 2-5。

表 2-5　C8051F000 系列单片机基本性能

型号	引脚	RAM/B	MIPS	模拟比较器
C8051F000/1/2	64/48/32	256	20	2
C8051F005/6/7	64/48/32	2304	25	2/2/1
C8051F010/1/2	64/48/32	256	20	2/2/1
C8051F015/6/7	64/48/32	2304	25	2/2/1

C8051F12X/13X 系列单片机在 C8051F000 系列单片机的基础上扩展了芯片性能。这个系列的单片机都包含外部存储器接口、电压基准、温度传感器、I^2C/SMBus、SPI、2 个 UART、5 个 16 位定时器和可编程计数器阵列以及 2 个模拟比较器，各种芯片还包括其他不相同的功能部件。C8051F12X/13X 系列单片机基本性能见表 2-6。

表 2-6　C8051F12X/13X 系列单片机基本性能

型号	MIPS	Flash/KB	16 × 16 MAC	I/O 口	12 位 100KB/s ADC	10 位 100KB/s ADC	8 位 500KB/s ADC	DAC 输出
C8051F120/1	100	128	有	64/32	8	—	8	12/2
C8051F122/3	100	128	有	64/32	—	8	8	12/2
C8051F124/5	50	128	—	64/32	8	—	8	12/2
C8051F126/7	50	128	—	64/32	—	8	8	12/2
C8051F130/1	100	128	有	64/32	8	—	—	—
C8051F132/3	100	64	有	64/32	—	8	—	—

2.3　ARM 单片机

ARM（Advanced RISC Machines）是一个公司的名字，也是一类微处理器的通称，还是一项技术的名字。基于 ARM 技术的微处理器应用约占据了 32 位 RISC 微处理器 75% 以上的市场份额，ARM 技术正在逐步渗入到人们生活的各个方面。

ARM 公司是专门从事基于 RISC 技术设计开发芯片的公司，作为知识产权供应商，其本身不直接从事芯片生产，而是靠转让技术许可，由合作公司生产各具特色的芯片。世界各大半导体生产商从 ARM 公司购买其设计的 ARM 微处理器核，根据各自不同的应用领域，加入适当的外围电路，从而形成自己的 ARM 微处理器芯片供应市场。

目前我国市场上可见到的若干公司（Atmel、ADMtek、Cirrus Logic、Intel、Linkup、Uet-Silicon、Samsung、TI 和 Triscend）的带 ARM 内核的嵌入式芯片，其中大部分嵌入的内核是 ARM7 和 ARM9。常见的具有 ARM 内核的单片机有 Atmel 公司的 AT91 系列单片机，Philips 公司的 LPC2100、LPC2200 系列的 ARM 单片机，Cirrus Logic 公司的 EP 系列单片机，以及 ST 公司的 STM32 系列单片机。

2.3.1 AT91 系列 ARM 单片机

Atmel 公司的 AT91 系列单片机是基于 ARM7TDMI 嵌入式单片机的 16/32 位单片机，是目前国内市场上应用最广泛的 ARM 单片机之一。AT91 系列单片机定位在低功耗和实时控制应用领域，已成功地应用在工业自动化控制、MP3/WMA 播放器、智能仪器、POS（Point Of Sale）机、医疗设备、GPS 和网络系统产品中。AT91 系列单片机为工业级芯片，价格低廉。

目前市场上最常见的 Atmel 公司的 ARM 内核芯片型号有 AT91M40800、AT91FR40162、AT91M55800 和 AT91M63200。其主要特点如下：ARM7TDMI 32 位 RSIC 微处理器核；大小适宜，内置 SRAM、ROM 和 Flash；丰富的片内外围设备；10 位 ADC/DAC；工业级领先低功耗；先进的电源管理提供空闲模式；快速、先进的向量中断控制器；段寄存器提供分离的栈和中断模式。

2.3.2 LPC2100/LPC2200 系列 ARM 单片机

Philips 公司的 LPC2100/LPC2200 系列，是基于一个支持实时仿真和跟踪的 16/32 位 ARM7TDMI-S 型 CPU，并带有 128/256KB 嵌入的高速 Flash 存储器的单片机系列。128 位宽度的存储器接口和独特的加速结构，使 32 位代码能够在最大的时钟速率下运行。对代码规模有严格控制，可使用 16 位 Thumb 模式将代码规模降低 30% 以上，而性能的损失却很少。

由于 LPC2100 系列采用非常小的 64 引脚封装，功耗极低，有多个 32 位定时器，4 路 10 位 ADC、PWM 输出以及多达 9 个的外部中断，因此特别适用于智能仪器、工业控制、医疗系统、访问控制和 POS 机等应用领域。由于内置了宽范围的串行通信接口，因此它们也非常适合于通信网关、协议转换器、嵌入式软件调制解调器以及其他各种类型的应用。后续的器件还提供以太网、IEEE802.11 以及 USB 功能。LPC2100 系列 ARM 芯片的主要特点有：16/32 位 ARM7TDMI-S 型 CPU、超小 LQFP 和 HVQFN 封装；16/32/64KB 片内 SRAM；128/256KB 片内 Flash 程序存储器；128 位宽度接口/加速器，可实现高达 60MHz 的工作频率；通过片内 boot 装载程序，实现 ISP 和 IAP；嵌入式 ICE 可设置断点和观察点；嵌入式跟踪宏单元（ETM）支持对执行代码进行无干扰的高速实时跟踪；10 位 A/D 转换器，转换时间低至 2.44μs；CAN 接口，带有先进的验收滤波器；多个串行接口，包括 2 个 16C550 工业标准 UART、高速 I^2C 接口（400kHz）和 2 个 SPI 接口。

2.3.3　EP 系列 ARM 单片机

Cirrus Logic 公司带 ARM 内核的 EP 系列芯片主要应用于手持计算机、个人数字音频播放器和 Internet 电气设备等领域，其主要型号有 EP7211/7212、EP7312、EP7309 和 CLPS7500FE 等。

EP7211 型 ARM 单片机为高性能、超低功耗应用设计，208 引脚 LQFP 封装，具体应用有 PDA、双通道寻呼机、智能蜂窝电话和工业手持信息电器等。器件围绕 ARM720T 处理器核设置，有 8KB 的 4 组相连的统一 Cache 和写缓冲，含增强型存储器控制单元（MMU），支持微软公司的 Windows CE；2.5V 下动态可编程时钟速率为 18MHz、36MHz、49MHz 和 74MHz；ARM720T 处理器内核，性能可与基于 100MHz 的 Intel 奔腾 CPU 相媲美；插座和存储器与 CLPS7111 兼容；超低功耗，LCD 控制器和 DRAM 控制器；ROM/SRAM/Flash 存储器控制；37.5KB 片内 SRAM，用于快速执行程序或作为帧缓冲；片内 ROM，用于支持启动引导；2 个 UART（16550 型）、4 个同步串行接口、27 个通用 I/O 口和 2 个定时/计数器；SIR（速率高达 115KB/s）红外编码；PWM 接口，支持 2 个超低功耗 CLPS6700PC 卡控制器，支持全 JTAG 边界扫描和嵌入式 ICE。

2.3.4　STM32 系列单片机

意法半导体（ST）公司出品的 STM32 系列单片机是基于 ARM Cortex 处理器内核的 32 位闪存控制器，其微控制单元（Microcontroller Unit，MCU）即单片机融高性能、实时性、数字信号处理、低功耗、低电压于一身，同时保持高集成度和开发简易的特点。目前，STM32 系列单片机的处理器内核主要有三种，分别是 ARM Cortex-M 系列、ARM Cortex-A 系列和 ARM Cortex-R 系列。其中，在 ARM Cortex-M 系列中最新的是 STM32 F7 系列单片机，而使用最广泛的是 STM32 F1 系列单片机。表 2-7 列出了当前 ST 公司所有的基于 ARM Cortex-M 内核的 STM32 系列单片机型号。

表 2-7　基于 ARM Cortex-M 内核的 STM32 系列单片机型号

分　类	列　表
高性能 MCU	STM32 F2、STM32 F4、STM32 F7、STM32 H7
主流级 MCU	STM32 F0、STM32 F1、STM32 F3
超低功耗 MCU	STM32 L0、STM32 L1、STM32 L4、STM32 L4 +
无线系列 MCU	STM32 WB
Cortex-M 系列 MCU	Cortex-M0、Cortex-M0 +、Cortex-M3、Cortex-M4、Cortex-M7

STM32F103 是其中应用最广泛的一款芯片，该芯片采用 32 位的 ARM Cortex-M3 CPU，工作频率最高 72MHz，闪存程序存储器为 32~512KB。该款控制芯片具有先进的外设，双通道 ADC，多功能定时器，通用输入输出端口，7 通道 DMA，以及高速通信口（SPI、I^2C、USART 等）。该芯片具有强大的功能，具体包括 USART、SPI、I^2C、16 位定时器、RTC、WDG、DMA、ADC、CAN、USB2.0、专用 PWM 等，便于系统的扩展；有不同引脚数量的封装，常用 48 引脚封装，供电电压为 3.3V；通信接口丰富，满足设计要求，GPIO 引脚多，满足使用要求；拥有 12 位的 ADC 模块，可以用于将采集的模拟信号转化为数字信号供主控

器使用；有一个高级定时器可以产生 2 对互补的 4 路 PWM 信号作为逆变电路的驱动信号，运用其 USART 串口进行通信。STM32 系列单片机的所有 GPIO 口都可以配置成外部中断的输入口，控制器的 PAx，PBx，⋯对应中断的 EXTIx 口。在配置 GPIO 口为外部中断口之前，需要首先打开 I/O 口的复用时钟。值得一提的是，STM32 系列单片机有特定的中断函数文件，可以直接在库函数中找到并使用。它有两条高速总线 AHB 和 APB，其中，AHB 总线为高速总线，直接供 STM32 的复位和时钟控制、DMA 以及 USB 等接口使用；而 APB 分为高速和低速，上限速度是高速总线的工作速度，最大为 72MHz，低速总线的工作速度最大为 36MHz。不同的外设使用不同的总线，既方便了系统整体的利用，又可以有效地加快处理器对外设数据的处理速度。表 2-8 列出了 STM32F103 型单片机的部分外设传输速率。

表 2-8   STM32F103 型单片机的部分外设传输速率

外　　设	传　输　速　率
USB	12Mbit/s
USART	4.5Mbit/s
SPI	18MHz
I^2C	400kHz
GPIO	18MHz
PWM	72MHz 时钟输入

2.3.5　ARM 单片机的选择

ARM 单片机具有的众多优点使其在嵌入式应用领域获得广泛重视和应用。但由于 ARM 单片机有多达十几种的内核结构，几十个芯片生产厂家，以及千变万化的内部功能配置组合，给开发人员选择单片机带来一定的困难。

选择 ARM 单片机时应注意以下几个问题：

（1）ARM 单片机核心的选择　　如果希望使用 Windows CE 或标准 Linux 等操作系统以减少软件开发时间，就需要选择 ARM720T 以上带有 MMU（Memory Management Uint）功能的 ARM 芯片，ARM720T、ARM920T、ARM922T、ARM946T、Strong-ARM 都带有 MMU 功能。而 ARM7TDMI 则没有 MMU，不支持 Windows CE 和标准 Linux，但目前有 uCLinux 等不需要 MMU 支持的操作系统可运行于 ARM7TDMI 硬件平台之上。另外，基于 ARM Cortex™-A 的 STM32 系列单片机也可以使用 Windows CE、Linux 或 Android 等操作系统。

（2）系统的工作频率　　系统的工作频率在很大程度上决定了 ARM 单片机的处理能力。ARM7 系列单片机的典型处理速度为 0.9MIPS/MHz，常见的 ARM7 芯片系统主时钟为 20～133MHz；ARM9 系列单片机的典型处理速度为 1.1MIPS/MHz，常见的 ARM9 芯片系统主时钟频率为 100～233MHz；ARM10 芯片系统主时钟频率最高可达 700MHz。STM32 系列单片机的主时钟频率在 20～400MHz 之间，常见的是 72MHz。不同芯片对时钟的要求不同，有的芯片只需要一个主时钟频率，有的芯片内部控制器可以分别为 ARM 内核 USB、UART、DSP、音频等功能部件提供不同频率的时钟。

（3）芯片内存储器的容量　　大多数的 ARM 单片机片内存储器的容量都不太大，如 STM32 系列单片机最小的片内存储器只有 2KB，需要用户在设计系统时外扩存储器，但也有部分芯片具有相对较大的片内存储空间，如 Atmel 的 AT91F40162 就具有高达 2MB 的片内程序存储空间，选用这种类型的单片机，可以简化系统设计。

（4）片内外围电路的选择　除 ARM 单片机核以外，几乎所有的 ARM 芯片均根据各自不同的应用领域扩展了相关功能模块，并集成在芯片之中，称为片内外围电路，如 USB 接口、LCD 控制器、键盘接口、RTC、ADC 和 DAC、DSP 协处理器等，设计者应分析系统的需求，尽可能采用片内外围电路完成所需的功能，这样既可简化系统的设计，同时又可提高系统的可靠性。

2.3.6　ARM 单片机的应用

不同版本的 ARM 体系结构由数字来标识。ARM7 是一款冯·诺依曼（John Von Neumann）体系结构的处理器，而 ARM9 使用的是哈佛（Harvard）体系结构。不同体系结构除了性能方面的差异外，其他差异对汇编语言程序员是不可见的。ARM 处理器当前由 ARM7、ARM9、ARM9E、ARM10 和其他体系系列芯片内核组成，它们为特定的目的而设计，这些系列芯片内核的具体功能和特点如下：

1）ARM7 系列为低功耗 32 位核，最适合对价位和功耗敏感的用户选用。ARM7 系列具有嵌入式在线仿真器调试逻辑以及非常低的功耗，能提供 0.9MIPS/MHz 的 3 级流水线和冯·诺依曼结构，主要应用领域有 Internet 设备、网络和调制解调器设备以及移动电话等多种多媒体和嵌入式应用。

2）ARM9 系列是在高性能和低功耗特性方面最佳的硬宏单元。它具有 5 级流水线，提供 1.1MIPS/MHz 的哈佛体系结构，主要应用于先进的引擎管理、仪器仪表、安全系统、机顶盒、高端打印机、PDA、网络计算机和智能电话等。

3）ARM9E 系列为综合处理器。它带有 DSP 扩充、嵌入式在线仿真调试逻辑，提供 1.1MIPS/MHz 的 5 级流水线和哈佛体系结构。ARM9E 的紧耦合存储器接口可使存储器以最高的处理器速度运转，可直接连接到内核上，非常适用于必须有确定性能和快速访问时间的代码。

ARM9E-S 系列广泛应用于硬盘驱动器和 DVD 播放器等海量存储器设备、语音编码器、调制解调器和软调制解调器、PDA、店面终端、智能电话、MPEG MP3 音频译码器、语言识别及合成，以及免提连接、巡航控制和反锁刹车等自动控制解决方案。

4）ARM10 系列为硬宏单元，带有 DSP 扩展、嵌入式在线仿真调试逻辑、全性能的存储器管理单元、Cache、6 级流水线以及 64 位内部数据通路等。

ARM10 系列专为数字机顶盒、管理器和智能电话等高效手提设备而设计，并为复杂的视频游戏机和高性能打印机提供高级的整数和浮点数运算能力。

5）STM32 系列单片机的 ARM Cortex 处理器基于 ARMv7 架构，从尺寸和性能方面来看，既有少于 3.3 万门电路的 ARM Cortex-M 系列，也有高性能的 ARM Cortex-A 系列。其中，Cortex-A 系列主要针对日益增长的运行需求，包括 Linux、Windows CE 和 Android 在内的消费电子和无线产品；Cortex-R 系列适用于需要运行实时操作系统进行控制的应用系统，包括汽车电子、网络和影像系统；Cortex-M 系列针对开发费用低、功耗低、性能要求不断增加的嵌入式应用系统而设计，如汽车车身控制系统和各种大型家电。

2.4 数字信号处理器（DSP）

数字信号处理器（Digital Signal Processor，DSP）是一种高性能的微处理器，它不仅具有微处理器的高速运算和控制能力，而且还能实时快速地完成数字信号处理算法。DSP 广泛应用于通信、多媒体、视频信号的实时处理。随着智能测试技术的发展，DSP 也越来越多地应用在各种高级智能仪器系统中。

2.4.1 DSP 的特点

DSP 区别于 CPU、MCU 等处理器的主要特点在于 DSP 是为了完成实时信号处理而设计的，信号处理算法的高效实现是 DSP 芯片设计的核心。基于这一点，DSP 在处理器结构、指令系统、指令流程和算法方面均有较大的改进，其主要特点如下。

1. 哈佛结构

早期的微处理器内部大多采用冯·诺依曼结构，其片内程序空间和数据空间是合在一起的，取指令和取操作数通过一条总线分时进行，因此不能同时取指令和取操作数。高速运算时，还会造成传输通道上的瓶颈现象。而 DSP 内部采用的是程序空间和数据空间分开的哈佛结构，它允许同时取指令（来自程序存储器）和取操作数（来自数据存储器），而且还允许在程序空间和数据空间之间相互传送数据。第二代改进的哈佛结构允许指令存储在高速缓存器（Cache）中，执行此指令时，不需要再从存储器中读取指令，节约了一个指令周期的时间。

2. 多总线结构

DSP 芯片内部大都采用多总线结构，以保证在一个机器周期内可以多次访问程序空间和数据空间。如 TMS320C54X 内部有 P、C、D、E 等 4 条总线（每条总线又包括地址总线和数据总线），可以在一个机器周期从程序存储器取一条指令，从数据存储器读 2 个操作数和向数据存储器写一个数据数，大大提高了 DSP 的运行速度。内部总线是 DSP 中十分重要的资源，总线越多，可以完成的功能就越复杂。

3. 流水线结构

执行一条指令，需要通过取指令、译码、取操作数和执行等几个阶段。在 DSP 中采用流水线结构，程序运行过程中这几个阶段是重叠的，从而在执行本条指令的同时，还完成了后面 3 条指令的取操作数、译码和取指令的任务，将指令周期降低到最小值。

利用这种流水线结构，加上执行重复操作，DSP 可以在单个指令周期内完成数字信号处理中最多的乘法累加运算。

4. 多处理单元

DSP 内部一般包括多个处理单元，如算术逻辑运算单元（ALU）、辅助寄存器运算单元（ARAU）、累加器（ACC）以及硬件乘法器（MULT）单元等。它们可以在一个指令周期内同时进行运算，为下一次乘法和累加运算做好充分的准备。因此，DSP 进行连续的乘加运算都是单周期。DSP 的这种多处理器单元结构，特别适用于 FIR 和 IIR 滤波器。此外，许多 DSP 的多处理器单元结构还可以将一些特殊的算法，如 FFT 的位码倒置寻址和取模运算等，在芯片内部用硬件实现，从而提高了运行速度。

5. 特殊的 DSP 指令

为了更好地满足数字信号处理的需要，在 DSP 的指令系统中，还设计了一些特殊的 DSP 指令。如 TMS320C25 中的乘法、累加和数据移动（MACD）指令，具有执行 LT、DMOV、MPY 和 APAC 等 4 条指令的功能；TMS320C54X 中的 FIRS 和 LMS 指令，则专门用于系数对称的 FIR 滤波器和 LMS 算法。

6. 指令周期短

早期的 DSP 的指令周期约为 400ns，采用 4pm 的 NMOS 制造工艺，其运算速度为 5MIPS。随着集成电路工艺的发展，DSP 广泛采用亚微米 CMOS 制造工艺，其运行速度越来越快。以 TMS320C54X 为例，其运行速度可达 100MIPS。TMS320C6203 的时钟为 300MHz，运行速度达到 2400MIPS。

7. 运算精度高

早期 DSP 的字长为 8 位，后来逐步提高到 16 位、24 位和 32 位。为了防止运算过程中溢出，有的累加器达到 40 位。此外，一批浮点 DSP，如 TMS320C3X、TMS320C4X 和 ADSP21020D 等，则提供了更大的动态范围。

8. 硬件配置强

新一代 DSP 的接口功能越来越强，片内具有串行口、主机接口（HPI）、DMA 控制器、ADC、锁相环时钟产生器以及实现在片内仿真符合 IEEE 1149.1 标准的测试仿真接口，使系统设计更易于完成。另外，许多 DSP 芯片都可以工作在省电模式，从而大大降低了系统功耗。

由于 DSP 的上述优点，使其在各个领域得到越来越广泛的应用。

2.4.2 TI 公司 TMS320 系列 DSP

美国德克萨斯仪器公司（Texas Instruments，TI）生产的 DSP 占世界市场相当大的比重，得到广泛的应用。TI 公司的 TMS320 系列 DSP 主要有 2000、5000、6000 三个系列。

1. TMS320C2000 系列 DSP

TMS320C2000 系列 DSP 具有很强的数据处理和数字控制功能。其中，TMS320C24X 系列 DSP 提供了基本解决方案；TMS320C28X 系列 DSP 是目前测控领域具有较高性能的处理器，主要包括 TMS320C281X、TMS320C280X、TMS320C283XX 三种处理器，具有精度高、速度快、集成度高等特点，而且 TMS320C283XX 处理器内核还增加了浮点处理单元。2000 系列的 DSP 主要用于控制、驱动、数据采集及处理，在自动控制、智能仪器、智能传感器、信号采集及监测系统中得到广泛应用。

2. TMS320C5000 系列 DSP

TMS320C5000 系列 DSP 包括 TMS320C54X 和 TMS320C55X。这两类 DSP 性能高、定点 DSP 芯片完全兼容，专门针对无线电通信和消费类电子市场而设计，主要面向 3G 手机、数字播放机、数码相机、PDA（个人数字助理）、GPS 接收机等。TMS320C55X 功耗更低。

3. TMS320C6000 系列 DSP

TMS320C6000 系列 DSP 的处理能力最强，易于采用高级语言编程。定点及浮点 DSP 在图像处理、雷达信号处理、多媒体、网络交换等高端领域得到广泛应用。

2.4.3　TMS320C2000 系列 DSP

TMS320C2000 系列 DSP 集微控制器和高性能数字信号处理功能于一身，具有强大的控制和信号处理能力，能够实现复杂的控制算法。TMS320C2000 系列 DSP 片上整合了 Flash 存储器、快速的 ADC、增强的 CAN 模块、事件管理器、正交编码电路接口、多通道缓冲串口等外设，用户可以利用它开发出高性能的数据采集和控制系统。

TMS320C2000 系列 DSP 中，TMS320C2812 是 32 位的控制专用芯片，为自动控制、数据采集及处理、光学网络等应用而设计。它具有增强的电动机控制外设，高性能的 ADC 和改进的通信接口，具有 8GB 的线性地址空间。TMS320C28X 系列 DSP 的内核提供高达 150MIPS 的计算速度，因此能够实时地完成许多复杂的控制算法。TMS320C283XX 具有浮点运算功能，运算精度高，信号处理功能更强，可以实时完成智能仪器中各种复杂算法和大量计算。

TMS320C2000 系列 DSP 主要包括 C24X、C281X、C283XX 三种类型，这是智能仪器设计中应用最多的一类 DSP。表 2-9 列出了三种 DSP 的主要特征对比。

表 2-9　C24X、C281X、C283XX 三种 DSP 的主要特征对比

DSP 系列	DSP 类型	特　　征
C24X	16 位定点	SCI、SPI、CAN、ADC、事件管理器（Event Manager）、WDT、内部 Flash 存储器、20～40MIPS
C281X	32 位定点	SCI、SPI、CAN、12 位 ADC、McBSP、事件管理器、WDT、内部 Flash 存储器、高达 150MIPS
C283XX	32 位浮点	SCI、SPI、CAN、12 位 ADC、McBSP、增强 PWM 模块、增强捕捉单元、增强光电编码接口、WDT、内部 Flash 存储器、高达 150MIPS

2.4.4　TI 公司 TMS320F28335 型 DSP

TMS320F28335 型 DSP 是 TI 公司的一款 TMS320C28X 系列浮点 DSP 控制器。与以往的定点 DSP 相比，该器件的精度高，成本低，功耗小，性能高，外设集成度高，数据以及程序存储量大，A/D 转换更精确快速等。

TMS320F28335 型 DSP 主要功能如下：高性能的静态 CMOS 技术，指令周期为 6.67ns，主频达 150MHz；高性能的 32 位 CPU，单精度浮点运算单元（FPU），采用哈佛流水线结构能够快速执行中断响应，具有统一的内存管理模式，可用 C/C++ 语言实现复杂的数学算法；6 通道的 DMA 控制器；片上 256K×16 的 Flash 存储器，34K×16 的 SARAM 存储器，1K×16 OTPROM 和 8K×16 的 Boot ROM。其中 Flash、OTPROM 和 16K×16 的 SARAM 均受密码保护；控制时钟系统具有片上振荡器，看门狗模块，支持动态 PLL 调节，内部可编程锁相环，通过软件设置相应寄存器的值改变 CPU 的输入时钟频率；8 个外部中断，相对 TMS320F281X 系列的 DSP，无专门的中断引脚。GPIO0～GPIO63 连接到该中断，GPIO0～GPIO31 连接到 XINT1、XINT2 及 XNMI 外部中断，GPIO32～GPIO63 连接到 XINT3～XINT7 外部中断；支持 58 个外设中断的外设中断扩展控制器（PIE），管理片上外设和外部引脚引起的中断请求；增强型的外设模块：18 个 PWM 输出，包含 6 个高分辨率脉宽调制模块

（HRPWM）、6 个事件捕获输入，2 通道的正交调制模块（QEP）；3 个 32 位的定时器，定时器 0 和定时器 1 用作一般的定时器，定时器 0 接到 PIE 模块，定时器 1 接到中断 INT13；定时器 2 用于 DSP/BIOS 的片上实时系统，连接到中断 INT14，如果系统不使用 DSP/BIOS，定时器 2 可用于一般定时器；串行外设为 2 通道 CAN 模块、3 通道 SCI 模块、2 个 McBSP（多通道缓冲串行接口）模块、1 个 SPI 模块、1 个 I^2C 主从兼容的串行总线接口模块；12 位的 A/D 转换器具有 16 个转换通道、2 个采样保持器、内外部参考电压，转换速度为 80ns，同时支持多通道转换；88 个可编程的复用 GPIO 引脚；低功耗模式。

TMS320F28335 型 DSP 最小系统主要包括电源部分、复位电路、时钟电路和 JTAG 接口。

（1）电源部分　电源部分采用 TI 公司专为 DSP 供电而设计的双路低电压差电源调整芯片 TPS767D301，其输入电压为 5V，输出双路独立电压为 3.3V 和可调 U_a（1.2 ~ 5.5V），因此可为 TMS320F28335 提供 1.9V 内核电压，为 I/O 提供 3.3V 供电电压。

（2）复位电路　TMS320F28335 型 DSP 最小系统复位电路采用 TI 公司推出的 TPS382X 系列电压监控电路，TPS382X 系列器件不需要外围电路即可组成监控电路，同时具有看门狗、手动复位、低电平复位等功能。TPS382X 在微处理器上电时，产生固定 200ms 滞后的低电平复位脉冲信号，且带手动复位功能，可监控电压为 2.5V、3V、3.3V、5V。

（3）时钟电路　时钟电路使用 TMS320F28335 内部振荡电路，外加晶体 30MHz 和两个负载电容（$C_{L1} = C_{L2} = 24pF$）。同时，TMS320F28335 内部的各个时钟部分使用了各片内的 PLL，通过软件编程可以控制各个模块所需的时钟，从而可以选择频率较低的晶振，提高了系统稳定性。

（4）JTAG 接口　TMS320F28335 支持 JTAG 在线实时仿真、调试功能，为用户调试 DSP 提供了简单、快捷的途径。JTAG 接口包括 5 个标准的 IEEE 1149.1 信号（TRST、TCK、TMS、TDI、TDO）和两个 TI 扩展口（EMU0、EMU1）。

2.4.5　TI 公司 TMS320F28377 型 DSP

TMS320F28377 型 DSP 是一款高性能 TMS320C28X 系列 32 位浮点单/双核 DSP 处理器，是 TI 公司研发的一款高性能 DSP 开发板，采用核心板 + 底板方式，底板采用沉金无铅工艺的两层板设计，为用户提供了核心板的测试平台，用于快速评估核心板的整体性能。

基于 TI 主推高性能 TMS320C28X 系列的 TMS320F28377 有单/双核 32 位浮点 MCU，主频高达 200MHz，单/双核两种型号引脚兼容；拓展资源丰富，具备 I^2C、SPI、CAN、ePWM、eQEP、eCAP、McBSP、uPP 等总线接口，适用于各种控制类工业设备，连接稳定可靠，核心板体积极小，为 58mm × 35mm，采用精密工业级 B2B 连接器，占用空间小，稳定性强，易插拔，防反插；核心板满足工业环境需求，具备体积小、性能强、便携性好、发热量少等特点，是手持设备首选；主要应用于工业驱动产品、太阳能微型逆变器和转换器、雷达、数字电源、智能抄表、汽车运输、电力线通信、软件定义无线电等领域。

2.4.6　DSP 在仪器中的应用

随着计算机技术的发展，DSP 的性价比不断提高，智能仪器中越来越多地使用 DSP。DSP 功能强，运算速度快，特别是需要进行大量信号处理涉及大量复杂运算时，DSP 比单片机具有明显的优势。

TMS320C2000 系列 DSP 在智能仪器中使用较多，如 TMS320C2407、TMS320C2812 和 TMS320C28335 等。这几款芯片内部都有 ADC（C24X 有 10 位 ADC，C28X 有 12 位 ADC），能进行多路信号数据采集，可以方便地用于各种智能仪器的设计。这类 DSP 芯片在数字多用表、多功能电能表等智能仪器中得到广泛应用。

TMS320F28335 是 TI 公司较新的产品，其特点是将浮点运算单元（Floating Point Unit，FPU）集成到了控制器中，可以支持 32 位浮点运算，数据处理能力强。同时 TMS320F28335 内部有 12 位 ADC，具备 C28X 系列的丰富的控制功能。这款芯片既能对传感器的数据进行采集和转换，又能实现复杂的信号处理算法，适用于信号处理功能强的智能仪器，同时在数字控制领域有广阔的应用前景。

一些具有信号分析和处理功能强的智能仪器，如用于频谱分析、声呐探测、地质勘探、地震监测、故障检测及诊断、医疗诊断等的仪器，可以用信号处理能力更强的 TMS320C5000、TMS320C6000 系列 DSP 系列芯片实现复杂运算。这类 DSP 可用于图像处理、语音识别、频谱分析、智能控制、智能信息处理等。有的仪器往往使用多个 DSP 芯片完成复杂的测量和信息处理任务。DSP 在测控领域和智能仪器中的应用将越来越广泛。

2.5　现场可编程门阵列（FPGA）

2.5.1　FPGA 器件简介

FPGA（Field-Programmable Gate Array），即现场可编程门阵列，是在 PAL、GAL、CPLD 等可编程器件的基础上进一步发展的产物，与这些传统逻辑电路和门阵列相比，FPGA 具有不同的结构。FPGA 采用逻辑单元阵列 LCA（Logic Cell Array）的概念，内部包括可配置逻辑模块（Configurable Logic Block，CLB）、输入输出模块（Input Output Block，IOB）和内部连线（Interconnect）三个部分。

FPGA 利用小型查找表（16×1RAM）实现组合逻辑，每个查找表连接到一个 D 触发器的输入端，触发器再驱动其他逻辑电路或驱动 I/O，由此构成了既可实现组合逻辑功能又可实现时序逻辑功能的基本逻辑单元模块，模块间利用金属连线互相连接或连接到 I/O 模块。FPGA 的逻辑是通过向内部静态存储单元加载编程数据来实现的，存储在存储器单元中的值决定了逻辑单元的逻辑功能以及各模块之间或模块与 I/O 间的连接方式，并最终决定了 FPGA 所能实现的功能。FPGA 允许无限次的编程。

目前，全球三大 FPGA 生产厂商分别为 Altera 公司、Xilinx 公司和 Actel 公司，其中 Altera 作为世界老牌可编程逻辑器件的厂家，是可编程逻辑器件的发明者，开发了软件 MAX + PLUSII 和 QuartusII。Xilinx 是 FPGA 的发明者，拥有世界一半以上的市场，提供 90% 的高端 65nmFPGA 产品，开发软件为 ISE，其产品主要用于军用和宇航。

2.5.2　Spartan-3 系列 FPGA

Xilinx 的主流 FPGA 分为两大类，一种侧重低成本应用，容量中等，性能可以满足一般的逻辑设计要求，如 Spartan 系列；还有一种侧重于高性能应用，容量大，性能满足各类高端应用，如 Virtex 系列。Spartan-3 系列 FPGA 的主要技术参数见表 2-10。

表 2-10　Spartan-3 系列 FPGA 的主要技术参数

器件名称	逻辑单元	系统门密度/B	CLB阵列	CLB总数	最大用户 I/O	最大差分 I/O	分布式 RAM容量/kbit	BlockRAM容量/kbit
XC3S50	1728	50K	16×12	192	124	56	12	72
XC3S200	4320	50K	24×20	480	173	76	30	216
XC3S400	8064	50K	32×28	896	264	116	56	288
XC3S1000	17280	1M	48×40	1920	391	175	120	432
XC3S1500	29952	1.5M	64×52	3328	487	221	208	567
XC3S2000	46080	2M	80×64	5120	565	270	320	720
XC3S4000	62208	4M	96×72	6912	712	312	432	1728
XC3S5000	74880	5M	104×80	8320	784	344	520	1872

　　Spartan-3 系列 FPGA 专为需要大容量、低价电子应用的用户而设计，它是在 Spartan-IIE 的基础上通过增加逻辑资源、增加内部 RAM 容量、增加 I/O 引脚数量、增加时钟管理功能及增加总体性能来实现的。

2.5.3　Cyclone IV 系列 FPGA

　　Altera® Cyclone™ FPGA 是目前市场上性价比最优且价格最低的 FPGA。Altera 公司先后推出了五代 Cyclone 系列 FPGA 器件，实现了业界最低的系统成本和功耗，具有高效的逻辑集成功能，提供集成收发器型号。

　　Cyclone IV 系列 FPGA 巩固了 Cyclone 系列在低成本、低功耗 FPGA 市场的领导地位，并提供以下两种型号：

　　1）Cyclone IV E 型 FPGA6：低功耗，通过最低的成本实现较高的功能性。

　　2）Cyclone IV GX 型 FPGA6：低功耗，集成 3.125 Gbit/s 收发器的最低成本的 FPGA。

　　Cyclone IV 系列 FPGA 具有以下特性：

　　1）低成本、低功耗的 FPGA 架构，具有 6~150K 的逻辑单元、高达 6.3Mbit 的嵌入式存储器和高达 360 个 18×18 乘法器，实现 DSP 的密集型引用。

　　2）Cyclone IV GX 器件提供高达 8 个高速收发器，以支持高达 3.125Gbit/s 的数据速率。

　　3）Cyclone IV GX 器件对 PCI express（PCIe）Gen 1 提供了专用的硬核 IP。

　　4）Cyclone IV GX 器件提供多种协议支持，如 PCIe Gen 1 ×1，×2 和 ×4（2.5Gbit/s）、千兆以太网（1.25Gbit/s）和 3 倍速率串行数字接口（SDI）（高达 2.97Gbit/s）等协议。

　　5）高达 523 个用户 I/O，840Mbit/s 发送器（Tx），875Mbit/s Rx 的 LVDS 接口，支持 200MHz 的 DDR2 SDRAM 接口和 167MHz 的 QDRII SRAM 和 DDR SDRAM。

　　6）每个器件中高达 8 个锁相环（PLLs）。

　　Cyclone IV E、Cyclone IV GX 器件技术参数见表 2-11、表 2-12。

表 2-11 Cyclone IV E 器件技术参数

参　　数	型　　号								
	EP4CE6	EP4CE10	EP4CE15	EP4CE22	EP4CE30	EP4CE40	EP4CE55	EP4CE75	EP4CE115
逻辑单元（LE）	6272	10320	15408	22320	28848	39600	55856	75408	114480
嵌入式存储器/kbit	270	414	504	594	594	1134	2340	2745	3888
嵌入式 18×18 乘法器	15	23	56	66	66	116	154	200	266
通用 PLL	2	2	4	4	4	4	4	4	4
全局时钟网络	10	10	20	20	20	20	20	20	20
用户 I/O 块	8	8	8	8	8	8	8	8	8
最大用户 I/O	179	179	343	153	532	532	374	426	528

表 2-12 Cyclone IV GX 器件技术参数

参　　数	型　　号							
	EP4CGX15	EP4CGX22	EP4CHX30	EP4CGX30	EP4CGX50	EP4CGX75	EP4CGX110	EP4CGX150
逻辑单元（LE）	14400	21280	29440	29440	49888	73920	109424	149760
嵌入式存储器/kbit	540	756	1080	1080	2502	4158	5490	6480
嵌入式 18×18 乘法器	0	40	80	80	140	198	280	360
通用 PLL	1	2	2	4	4	4	4	4
多用 PLL	2	2	2	2	4	4	4	4
全局时钟网络	20	20	20	30	30	30	30	30
高速收发器	2	4	4	4	8	8	8	8
收发器最大数据速率/(Gbit/s)	2.5	2.5	2.5	3.125	3.125	3.125	3.125	3.125
PCIe（PIPE）硬核 IP 模块	1	1	1	1	1	1	1	1
用户 I/O 块	9	9	9	11	11	11	11	11
最大用户 I/O	72	150	150	290	310	310	475	475

Cyclone IV 器件系列体系结构如下：

（1）FPGA 核心架构　Cyclone IV 器件采用了与成功的 Cyclone 系列器件相同的核心架构，由四输入查找表（LUTs）构成的 LE，存储器模块以及乘法器。每个 Cyclone IV 器件的 M9K 存储器模块都具有 9 kbit 的嵌入式 SRAM 存储器。可以把 M9K 模块配置成单端口、简单双端口、真双端口 RAM 以及 FIFO 缓冲器或者 ROM。

Cyclone IV 器件中的乘法器体系结构与现有的 Cyclone 系列器件相同。嵌入式乘法器模块可以在单一模块中实现一个 18×18 或两个 9×9 乘法器。Altera 针对乘法器模块的使用提供了一整套的 DSP IP，其中包括有限脉冲响应（FIR），快速傅里叶变换（FFT）和数字控制振荡器（NCO）功能。

（2）I/O 特性　Cyclone IV 器件 I/O 支持可编程总线保持、可编程上拉电阻、可编程延迟、可编程驱动能力以及可编程 slew-rate 控制，从而实现了信号的完整性以及热插拔的优化。Cyclone IV 器件支持符合单端 I/O 标准的校准后片上串行匹配（Rs OCT）或驱动阻抗匹配（Rs）。在 Cyclone IV GX 器件中，高速收发器 I/O 位于器件的左侧。器件的顶部、底部及右侧可以实现通用用户 I/O。LVDS SERDES 在器件内核中通过使用逻辑单元来实现。表 2-13 列出了 Cyclone IV 器件系列所支持的 I/O 标准。

表 2-13　Cyclone IV 器件系列所支持的 I/O 标准

类　型	I/O 标准
单端 I/O	LVTTL、LVCMOS、SSTL、HSTL、PCI 和 PCI-X
差分 I/O	SSTL、HSTL、LVPECL、BLVDS、LVDS、mini-LVDS、RSDS 和 PPDS

（3）时钟管理　Cyclone IV 器件包含了高达 30 个全局时钟（GCLK）网络以及高达 8 个 PLL（每个 PLL 上均有 5 个输出端），以提供可靠的时钟管理与综合。可以在用户模式中对 Cyclone IV 器件 PLL 进行动态重配置来改变时钟频率或者相位。

Cyclone IV GX 器件支持两种类型的 PLL，即多用 PLL 和通用 PLL。

1）将多用 PLL 用于同步收发模块。当多用 PLL 没有用于收发器时钟时，多用 PLL 也可用于通用时钟。

2）将多用 PLL 用于架构及外设中的通用应用，如外部存储器接口。一些通用 PLL 可以支持收发器时钟。

（4）外部存储器接口　Cyclone IV 器件支持位于器件顶部、底部和右侧的 SDR、DDR、DDR2 SDRAM 和 QDRII SRAM 接口。Cyclone IV E 器件也支持这些接口位于器件左侧。接口可能位于器件的两个或多个侧面，以实现更灵活的电路板设计。Altera® DDR SDRAM 存储器接口解决方案由一个 PHY 接口和一个存储控制器组成。Altera 提供了 PHY IP，可以将它与定制的存储控制器或 Altera 提供的存储控制器一起使用。Cyclone IV 器件支持在 DDR 和 DDR2 SDRAM 接口上使用纠错编码（ECC）位。

（5）配置　Cyclone IV 器件使用 SRAM 单元存储配置数据。每次器件上电后，配置数据会被下载到 Cyclone IV 器件中。低成本配置选项包括 Altera EPCS 系列串行闪存器件以及商用并行闪存配置选项。这些选项实现了通用应用程序的灵活性，并提供了满足特定配置以及应用程序唤醒时间要求的能力。表 2-14 列出了 Cyclone IV 器件的配置方案。

表 2-14　Cyclone IV 器件的配置方案

器　件	支持的配置方案
Cyclone IV GX	AS、PS、JTAG 和 FPP
Cyclone IV E	AS、AP、PS、FPP 和 JTAG

所有的收发器 I/O 引脚均支持 IEEE 1149.6（AC JTAG），而所有其他引脚均支持用于边界扫描测试的 IEEE 1149.1（JTAG）。

思考题与习题

1. 设计智能仪器时如何选择单片机?

2. 单片机主要有哪些系列?

3. 以 8051 为内核的单片机的制造公司有哪些?它们各有什么特点?

4. 高档单片机增加了哪些附件?在实际应用中有什么优势?

5. 什么是 ARM?它有什么特点?

6. STM32F103 单片机是基于什么内核的处理器?包括哪些主要部件?

7. 什么是 DSP?简述 DSP 的特点。

8. DSP 处理器主要应用在哪些地方?与其他处理器对比有什么优势?

9. 什么是 FPGA?有什么特点?主要的生产厂商有哪些?

10. Cyclone IV 系列 FPGA 器件体系结构主要包括哪些?

第3章

数据采集技术

3.1 概述

微型计算机（简称微机）广泛应用于智能仪器、测控系统和工业自动化设备中。由于微机处理的是数字信号，所以必须将温度、压力、流量、位移及角度等各种模拟量转换为数字信号，再传送到微机中进行处理、存储、显示和传输，这个过程称为数据采集，相应的系统称为数据采集系统。数据采集系统是被测模拟信号进入数字式系统必经的前置通道。

智能化仪表的数据采集系统硬件由两部分组成：一是信号的滤波、放大、采样、保持、转换部分；二是微处理器及其接口部分。图3-1为数据采集系统的结构框图。采样保持环节根据系统要求进行采样并保持采样值，多路转换开关每次接通一路信号，逐次接通各路信号送到A/D（模/数）转换器进行A/D转换，转换结果（数字量）经输入/输出接口进入微处理器，存于寄存器或内存中。

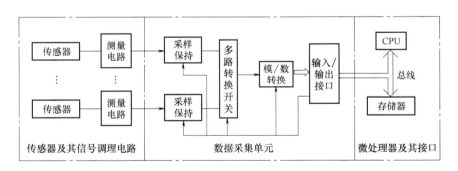

图3-1　数据采集系统结构框图

通常用以下方法组建数据采集系统：

1）采用多片单一功能器件和分立元件，组成数据放大、采样保持、A/D转换和接口电路，与微处理器连接后形成数据采集系统。这种方法灵活，可适用于多种情况。

2）采用单片数据采集系统芯片。

3）采用数据采集卡及其驱动软件。

数据采集包含模拟信号量化过程。首先要对模拟信号进行采样，将一个连续的时间函数 $f(t)$ 用时间离散的连续函数 $f^*(t)$ 来表示。理想采样是抽取模拟信号的瞬间函数值。采样信号仅对时间是离散的，而量值依然是连续的信号，称为离散（对时间）的模拟信号。数字信号是量化的离散模拟信号，即数字信号不仅在时间上是离散的，而且在数值上也是离散的。量化精度取决于最小量化单位，称为量化当量 δ，它是二进制数码最低有效位所对应的模拟信号数值。如 $\delta = 1\text{mV}$，即数字量的最低有效位对应于 1mV。因此，量化当量越小，量化的精度越高。

图 3-2 为一个单通道数据采集系统的原理框图。模拟信号经过前置放大器（A）、抗混叠滤波器（AF）及采样保持放大器（SHA）进入模/数转换器（ADC），转换为数字信号后送入微处理器。其中，前置放大器的作用在于将输入电压放大到 ADC 可接收的最佳范围内；AF 的作用为消除信号中高频成分所造成的混叠误差；SHA 的作用为保证 ADC 达到所需的动态特性。

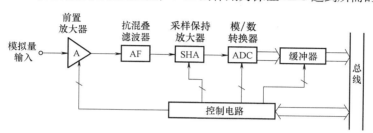

图 3-2　单通道数据采集系统的原理框图

图 3-3 为多通道一般型数据采集系统，它通过多路转换开关（MUX）将各路模拟量依次送给 SHA 及 ADC 进行模/数转换，是多通道型结构中最简单的一种。图 3-4 为多通道同步型数据采集系统，它在每个通道上都加一个 SHA，并受同一触发信号控制，从而可以实现在同一时刻内将采集信号暂存在各自的保持电容上，然后由微机逐一取走并经 ADC 送入存储器中。这种电路可对各通道同一时刻信号的相互关系进行分析。图 3-5 为多通道并行数据采集系统，它是许多单通道数据采集系统的组合，由控制电路进行同步控制，灵活性强，可满足不同精度、不同速度数据采集的要求，但成本最高。

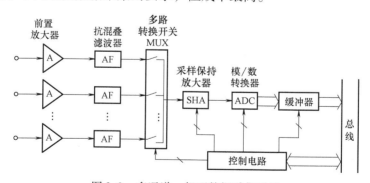

图 3-3　多通道一般型数据采集系统

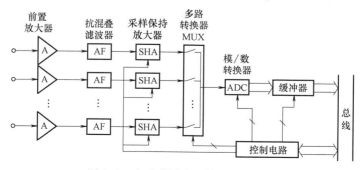

图 3-4　多通道同步型数据采集系统

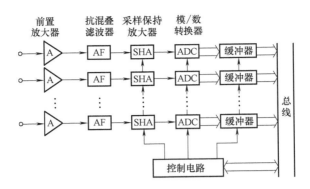

图 3-5　多通道并行数据采集系统

3.2　测量放大器

3.2.1　基本要求

由于传感器测量的信号通常比较微弱，不适合直接进入 A/D 转换器，因此需要用放大器进行放大，以便能充分地利用 ADC 的满刻度分辨率。此外，还要求放大器能抑制干扰和降低噪声，并满足响应时间的要求。

在数据采集系统中，放大器的选用依情况不同而异，总的要求如下：

1）高输入阻抗，反应时间快。

2）频率响应范围宽。

3）高抗共模干扰能力。

4）低漂移、低噪声及低输出阻抗。

只有在最简单的情况下，才可以将传感器输出的模拟信号直接连接至数据采集系统。这是因为传感器的工作环境往往比较复杂和恶劣。在传感器的两个输出端经常产生较大的干扰信号（噪声），有时是完全相同的干扰信号，称为共模干扰。虽然运算放大器对直接输入到差动端的共模信号都有较高的抑制能力，但由于这种电路的低输入阻抗、不平衡输出阻抗、共模抑制能力直接与电阻比的匹配有关等缺陷，使其不能在精密测量场合下使用。

测量放大器（IA）又称数据放大器或仪表放大器，是精密的差动增益部件，能在不利于精密测量的环境下稳定工作。由于测量放大器输入阻抗高、失调电压与温度漂移系数较低、增益稳定、输出阻抗低，因此在热电偶、应变电桥、流量计等微弱信号的数据采集系统中得到了广泛的应用。

3.2.2　通用测量放大器

如图 3-6 所示，通用测量放大器由 A_1、A_2、A_3 构成，其对称性结构使整个放大器具有很高的共模抑制能力，特别适合长距离测量，是智能测量仪器中最常用的放大电路。通常为保证放大器的共模抑制能力，电路参数对称，即 $R_1 = R_2$，$R_3 = R_4$，$R_5 = R_6$。此时放大器的

输出电压为

$$U_{OUT} = (U_{IN+} - U_{IN-})\left(1 + 2\frac{R_1}{R_g}\right)\frac{R_5}{R_3} \tag{3-1}$$

目前已有多种型号的单片仪表放大器集成电路芯片供应市场，其中的一些芯片还具有增益调整能力。如美国 AD 公司生产的集成测量放大器中，有通过芯片上引脚的不同连接来改变增益，如 AD524、AD621、AD624 等；有通过外接可变电阻器来改变增益，如 AD620、AD625 等；还有通过软件编程来改变增益的测量放大器，如 AD526 等。同样，Burr-Brown 公司生产的 INA101、INA114/118/128/129 系列高精度测量放大器因具有较高的性价比而获得了较多的应用。

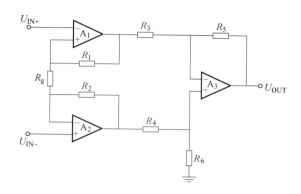

图 3-6　通用测量放大器

AD620 是 AD 公司生产的用于仪器仪表的通用单片放大器，具有成本低、精度高、功耗低、工作频带宽、使用简单等特点。其主要特点与技术指标如下：

1）体积小，只有 8 个引脚。

2）仅用一个外接电阻 R_g 设置增益，增益范围为 $1 \sim 1000$，$G = (49.4k\Omega/R_g) + 1$。

3）电源电压范围宽：$\pm 2.3 \sim \pm 18V$。

4）性能优于 3 个独立的运算放大器。

5）低功耗，电源电流最大为 1.3mA。

6）优良的直流性能，输入失调电压 $< 50\mu V$，输入失调漂移 $< 0.6\mu A/℃$，输入偏置电流 $< 1.0nA$，共模抑制比 $> 100dB$。

7）低噪声。

8）输入信号带宽 120kHz（$G = 100$），到 0.01% 的建立时间为 15μs。

AD620 的引脚分配如图 3-7 所示。图 3-8 是 AD620 与桥路连接用于测量压力的电路，当外接电阻 $R_g = 499\Omega$ 时，AD620 的增益为 $G = (49.4k\Omega/R_g) + 1 = 100$。桥路中的 4 个 3k$\Omega$ 电阻可以是应变片，初始时，调整电桥 4 个臂上的电阻使桥路处于平衡状态，当有压力作用

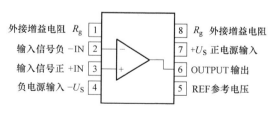

图 3-7　AD620 引脚分配图

时桥路变成不平衡电桥，其不平衡电压输出加在测量放大器 AD620 的输入端，并由 AD620 放大 100 倍后输出给后级的 ADC。后级 ADC 的参考电压由 +5V 电源经 3 个电阻分压后为 3V，运放 AD705 接成跟随器，使 ADC 的模拟参考地电位提高 2V，从而保证了在 AD620 输出 0 ~ 5V 的情况下，通过电平变换满足后级 ADC 要求模拟输入 0 ~ 3V 电压的条件。在本电路中，桥路电流消耗 1.7mA，如果不考虑后级 ADC 对 +5V 电源的消耗，则整个电路总的供电电流仅需 3.6mA。

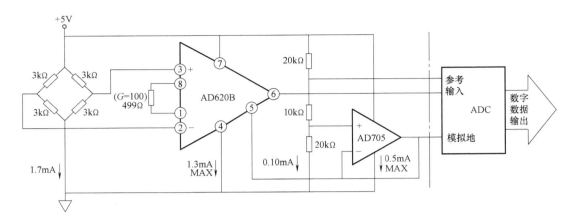

图 3-8   由 AD620 组成的 +5V 单电源供电的压力测量电路

3.2.3   可编程测量放大器

由于各类传感器或进入智能仪器的其他模拟信号往往提供宽范围变化的信号电平（如从 μV 到 V），测量放大器必须随数据采集通道的切换而迅速调整增益，使 A/D 转换器满量程信号达到均一化，从而大大提高了测试精度。图 3-9 为 LH0084 程控增益放大器电路原理图，其内部电路由可变增益输入级、差分输出级、译码器、开关驱动器和电阻网络等组成。

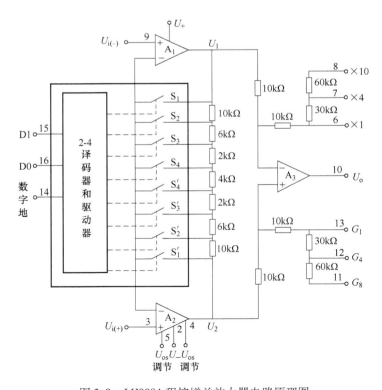

图 3-9   LH0084 程控增益放大器电路原理图

为了保证器件的总增益精度，A_3 的反馈电阻与差动级输入电阻之比应保持很高的精度。为保持输出级的高共模抑制比，等效接地电阻必须与所用的反馈电阻匹配。

从图 3-9 可以看出，开关网络由译码器、开关驱动器及两个 4 通道模拟开关组成。通过程序控制 D0、D1 选择通道，每组控制信号可同时驱动对称的两个开关工作，以保证电路参数对称地变化，获得不同的输入级增益。根据检测端与基准端的不同接法，可获得 A_3 级运算放大器不同的增益。表 3-1 为不同增益下 LH0084 端子的连接方式。

表 3-1　LH0084 的增益和端子连接方式

数字输入		选通模拟通道	输入级增益	端子连接	输出级增益	合计增益
D1	D0					
0	0	S_1，S_1'	1			1
0	1	S_2，S_2'	2	6—10，13—地	1	2
1	0	S_3，S_3'	5			5
1	1	S_4，S_4'	10			10
0	0	S_1，S_1'	1			4
0	1	S_2，S_2'	2	7—10，12—地	4	8
1	0	S_3，S_3'	5			20
1	1	S_4，S_4'	10			40
0	0	S_1，S_1'	1			10
0	1	S_2，S_2'	2	8—10，11—地	10	20
1	0	S_3，S_3'	5			50
1	1	S_4，S_4'	10			100

3.2.4　隔离放大器

来自现场传感器的信号不可避免会夹杂各种干扰和噪声。隔离放大器能对传感器检测的信号进行放大，又能隔断传感器和仪表之间的电气联系，对于消除干扰的影响、提高智能仪表的可靠性具有重要意义。

隔离放大器既可用于输入通道，也可用于智能仪表的输出通道。它通过光电耦合、磁耦合和利用电容器电荷感应的电容耦合等方法实现信号的传递，完成模拟信号放大的功能，而输入、输出电路没有直接的电气联系，因此可实现电路隔离，故也称隔离器。隔离放大器可通过多种方法具体实现，一般包括高性能差分式输入和输出放大器、调制解调器、耦合器、漂移补偿放大器四部分。

隔离放大器的符号如图 3-10 所示。根据耦合器件工作方式的不同，隔离放大器可分为光电耦合隔离放大器、变压器耦合隔离放大器、电容耦合隔离放大器三类。

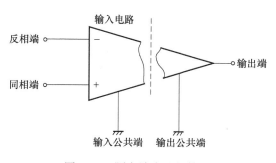

图 3-10　隔离放大器的符号

1. 光电耦合隔离放大器

光电耦合隔离放大器的工作原理如图 3-11 所示。输入级激励发光二极管（LED），由光电管将光信号耦合到输出级，实现信号的传输，保证了输入和输出间的电气隔离。光电耦合隔离放大器输入、输出之间不能有电的连接，即前、后级不能共用电源和地线。

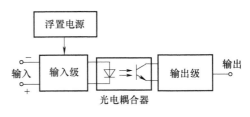

图 3-11　光电耦合隔离放大器的工作原理

采用光电耦合原理的隔离放大器有 BB 公司的 ISO100、ISO130、3650、3652，HP 公司的 HCPL7800/7800A/7800B 等。为简化电路、节省空间、降低成本、提高性能，有一些隔离放大器提供了内置 DC/DC 变换器，给使用者提供更大的灵活性，如 BB 公司的 ISO212、ISO213，Analog Devices 公司的 AD202，AD204、AD210、AD215 等。BB 公司生产的光电耦合隔离放大器 3650 的电路原理如图 3-12 所示。

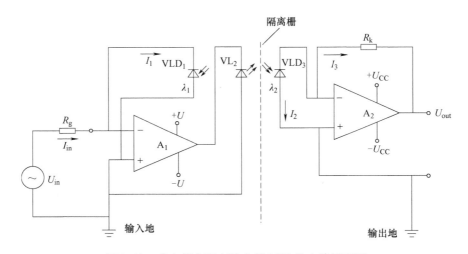

图 3-12　光电耦合隔离放大器 3650 的电路原理图

理想运算放大器 A_1 和光电二极管、发光二极管构成负反馈回路，用于减小非线性和时间温度的不稳定性。由理想运放特性可知，$I_1 = I_{in} = U_{in}/R_g$；$VLD_1$、$VLD_3$ 分别为输入端和输出端两个性能匹配的光电二极管，它们从发光二极管 VL_2 接收到的光量相等，即 $\lambda_1 = \lambda_2$，有 $I_2 = I_1$，则 $I_2 = I_{in} = \dfrac{U_{in}}{R_g}$。输出回路中，放大器 A_2 与内置电阻 $R_k = 1M\Omega$ 构成 I/U 转换电路，

有 $U_{out} = -I_3 R_k = I_2 R_k = \dfrac{R_k}{R_g} U_{in}$。可见，输出与输入呈线性关系。只要 VLD_1、VLD_3 的一致性得到保证，信号的耦合就不会受光电器件的影响。

2. 变压器耦合隔离放大器

变压器耦合隔离放大器的输入部分和输出部分采用变压器耦合，信息传送通过磁路实现。典型的变压器耦合隔离放大器工作原理如图 3-13 所示。

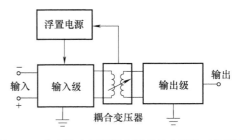

图 3-13　典型的变压器耦合隔离放大器的工作原理

变压器耦合隔离放大器如 BB 公司的 ISO212、3656，AD 公司的 AD202、AD204、AD210、AD215 等。其中，AD202/AD204 是一种微型封装的精密隔离放大器，具有精度高、功耗低、共模性能好、体积小和价格低等特点。AD202 功能框图如图 3-14 所示，芯片由放大器、调制器、解调器、整流和滤波、电源变换器等组成。

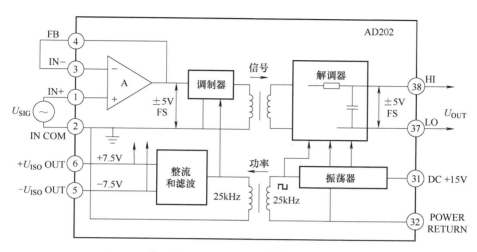

图 3-14   AD202 功能框图

输入级将传感器送来的信号进行滤波和放大，并调制成交流信号，通过隔离变压器耦合到输出级；输出级把交流信号解调成直流信号，再经滤波和放大，输出直流电压。放大器的两个输入端浮空，能够有效地起到测量放大器的作用。根据输入参考电源的不同，变压器耦合隔离放大器可分为双端与三端两类。

3. 电容耦合隔离放大器

线性电容耦合隔离放大器的输入和输出电路用小容量高电压电容隔开。其中，输入电路是压控振荡器，将输入的信号调制产生高频信号后经隔离电容耦合到输出电路；输出电路解调还原输入信号，最后滤波输出。

采用电容耦合的隔离放大器如 BB 公司的 ISO102、ISO103、ISO106、ISO107、ISO113、ISO120、ISO121、ISO122 等。图 3-15 为 BB 公司的隔离放大器 ISO-124P 的内部结构示意图。

ISO124P 的最大非线性度为 0.01%，隔离电压有效值为 1500V，输入阻抗为 200kΩ，输入范围为 ±12.5V，输出范围为 ±12.5V，输出电流为 15mA，纹波电压峰-峰值为 20mV，增益为固定值 1.0，信号带宽为 50kHz，工作电压为

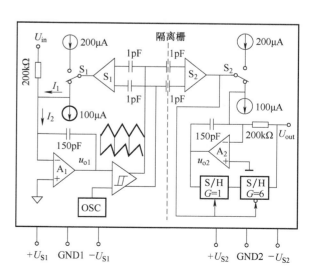

图 3-15   ISO124P 内部结构图

±4.5 ~ ±18V，封装为 16pin DIP。

ISO124P 主要由开关切换的恒流源、积分器、比较器、电容隔离栅和采样保持器等电路组成。隔离放大器 ISO124P 利用占空比调制/解调技术实现信号的隔离。跨接在 2pF（两个 1pF）的差分容性隔离栅的信号以数字化的方式传送，借助于数字调制，隔离栅的特性不会影响信号的质量，从而保证了信号传输的可靠性和频率响应。

隔离变压器 ISO124P 的工作过程为：200μA 的恒流源经过开关 S 切换得到电流 $I_1 = \pm 100\mu A$。输入电压 $U_{in} = 0$ 时，电流 $I_2 = I_1 = \pm 100\mu A$。积分器 A_1 对电流 I_2 积分，其输出 u_{o1} 为对称三角波，比较器的输出为对称方波。当输入电压 $U_{in} \neq 0$ 时，200kΩ 的输入电阻中流过电流，$I_2 \neq \pm 100\mu A$，积分器 A_1 正反向积分的斜率将发生改变，u_{o1} 为锯齿波（见图 3-15）。经过比较器后得到非对称的方波-占空比调制，该信号经过隔离栅被放大器 S_2 感知，并控制右侧的开关电流源给积分器 A_2 提供积分电流。输出级的输出电压 U_{out} 通过 200kΩ 电阻里的电流去平衡占空比调制的电流，使输出电压 U_{out} 的平均值等于输入电压 U_{in}。输出反馈回路中的采样保持器可以滤除解调过程中的纹波。

3.2.5 斩波稳零运算放大器

当放大器的输入电压为零时，因存在输入失调电压和失调电流而使其输出电压不为零。动态斩波稳零技术通过放大和校零交替进行的方式，可以有效地消除 CMOS 器件固有的失调和漂移。

ICL7650 是 Intersil 公司利用动态校零技术和 CMOS 工艺制作的斩波稳零式高精度运放，它具有输入偏置电流小、失调小、增益高、共模抑制能力强、响应快、漂移低、性能稳定及价格低廉等优点，其引脚分布如图 3-16 所示。

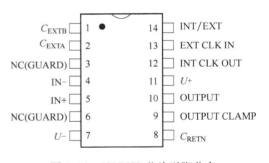

如图 3-17 所示，ICL7650 主要包括：内部时钟发生器，控制电子开关 S_1、S_2 与 S_3 的通断；主放大器 A_1；调零放大器 A_2；输出保持放大器 A_3；内调制补偿电路；模拟量开关电路，用于 ICL7650 的动态校零（稳零）工作过程的切换。

图 3-16 ICL7650 芯片引脚分布

图 3-17 中，开关 S_2 和电容 C_1 以及 S_3、C_2、A_3 分别构成两个采样保持电路。第一个采样保持电路用来对放大器 A_1 进行动态校零；第二个采样保持电路用来维持输出电压的连续性。

ICL7650 的工作过程分为两个阶段，由时钟控制开关完成。第一阶段为误差检测与寄存阶段，在时钟控制作用下，开关 S_1、S_2、S_3 停在①端位置，即 S_2 接通、S_1、S_3 断开，相应等效电路如图 3-18 所示。

由图 3-18 等效电路，得

$$U_{o1} = (U_{os1} - U_{C1})A_{1v} \tag{3-2}$$

$$U_{C1} = (U_{os2} - U_{o1})A_{2v} \tag{3-3}$$

$$U_{C1} = \frac{A_{1v}A_{2v}}{1 + A_{1v}A_{2v}}U_{os1} + \frac{A_{2v}}{1 + A_{1v}A_{2v}}U_{os2} \tag{3-4}$$

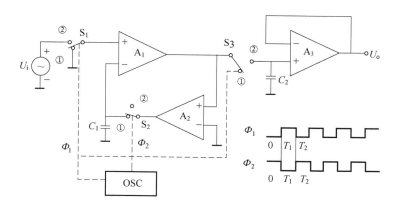

图 3-17 ICL7650 的功能组成

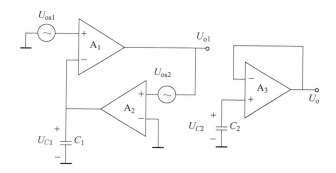

图 3-18 ICL7650 误差检测与寄存阶段的等效电路

$$U_{C1} \approx U_{os1} + \frac{U_{os2}}{A_{1v}} \approx U_{os1} \tag{3-5}$$

由式（3-5）可知，第一阶段电容 C_1 寄存了 A_1 的失调电压 U_{os1}，此时 A_3 与 A_1 之间被切断（S_3 断开），所以 A_3 的输出电压 $U_o = U_{C2}$，保持了前一时刻放大器 A_1 的输出电压。

第二阶段为动态校零和放大阶段，在时钟控制作用下，开关 S_1、S_2、S_3 停留在②端位置，即 S_1、S_3 接通、S_2 断开，相应的等效电路如图 3-19 所示。

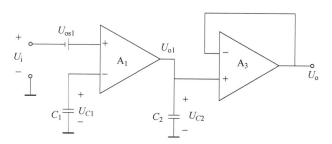

图 3-19 ICL7650 动态校零和放大阶段的等效电路

此时，A_1 同相端与输入信号 U_i 接通，由于 A_1 的反相端还保存着前一时刻的失调电压 $U_{C1} = U_{os1}$，所以此时 A_1 的输出电压 U_{o1} 为

$$U_{o1} = A_{1v} (U_i + U_{os1} - U_{C1}) = A_{1v} (U_i + U_{os1} - U_{os1}) = A_{1v} U_i \qquad (3\text{-}6)$$

由式（3-6）可知，A_1 的输出电压不受放大器失调电压的影响，只与输入信号电压有关。因此，此段工作时间称为动态校零和放大输入信号的工作阶段。此时总输出电压 U_o 为

$$U_o = U_{o1} = U_{C2} = A_{1v} U_i \qquad (3\text{-}7)$$

当时钟控制开关再回到①端位置时，U_{C2} 保持不变，放大器 A_3（接成跟随器工作）继续以 $A_{1v} U_i$ 的幅值向外输出，保证了输出电压的连续性。通过开关的反复通断，A_1 的漂移不断被校正，进而实现动态校零的目的。

3.2.6 运用前置放大器的依据

多数传感器输出模拟信号都比较小，必须选用前置放大器进行放大。本节就以下三个问题进行讨论：

1）如何判断传感器信号大小？采用前置放大器的依据是什么？

2）放大器为什么要前置，即设置在调理电路的最前端？

3）前置放大器的放大倍数应该多大？

1. 放大器前置

由于电路内部噪声源的存在，使得电路在没有信号输入时，输出端仍存在一定幅度的波动电压，这就是电路的输出噪声。把电路输出端测得的噪声有效值 U_{ON} 折算到该电路的输入端，即除以该电路的增益 K，得到的电平值称为该电路的等效输入噪声 U_{IN}，即

$$U_{IN} = U_{ON}/K \qquad (3\text{-}8)$$

如果加在该电路输入端的信号幅度 U_{IS} 小到比该电路的等效输入噪声还要小，那么这个信号就会被电路的噪声所淹没。为了不使小信号被电路噪声所淹没，就必须在该电路前面加一级放大器，如图 3-20 所示。

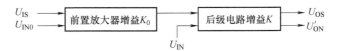

图 3-20　前置放大器的作用

图 3-20 中，前置放大器的增益为 K_0，本身的等效输入噪声为 U_{IN0}。由于前置放大器的噪声与后级电路的噪声是互不相关的随机噪声，因此，图 3-20 电路的总输出噪声 U'_{ON} 为

$$U'_{ON} = \sqrt{ (U_{IN0} K_0 K)^2 + (K_{IN} K)^2 } \qquad (3\text{-}9)$$

总输出噪声折算到前置放大器输入端，即总的等效输入噪声为

$$U'_{IN} = \frac{U'_{ON}}{K_0 K} = \sqrt{ U_{IN0}^2 + \left(\frac{U_{IN}}{K_0} \right)^2 } \qquad (3\text{-}10)$$

假定不设前置放大器时输入信号刚好被电路噪声淹没，即 $U_{IS} = U_{IN}$；加入前置放大器后，为使输入信号 U_{IS} 不再被电路噪声所淹没，即 $U_{IS} > U'_{IN}$，就必须使 $U'_{IN} < U_{IN}$，即

$$U_{IN} > \sqrt{ U_{IN0}^2 + \left(\frac{U_{IN}}{K_0} \right)^2 } \qquad (3\text{-}11)$$

解式（3-11）可得

$$U_{IN0} < U_{IN}\sqrt{1 - \frac{1}{K_0^2}} \qquad (3\text{-}12)$$

由式（3-12）可见，为使电路总的等效输入噪声比后级电路的等效输入噪声低，在电路前端加入的电路必须是放大器，且必须是低噪声的，即 $K_0 > 1$，小信号才能不被电路噪声所淹没。因此，调理电路前端电路必须是低噪声前置放大器。

2. 放大器倍数的选择

有些智能仪器的采集电路在 MUX 与采样保持器之间设置了程控增益放大器（PGA）或瞬时浮点放大器（IFP），为与调理电路中的前置放大器相区别，称采集电路中的放大器为主放大器。采集电路的任务是将模拟信号数字化，为了使前端输入的模拟信号幅值满足后续 A/D 转换器输入的要求，在采集电路中设置了主放大器。

若 A/D 转换器满度输入电压为 E，满度输出数字为 D_{FS}（如 m 位二进制码 A/D 满度输出数字为 $2^m - 1 \approx 2^m$，$3\frac{1}{2}$ 位 BCD 码 A/D 满度输出数字为 1999 等），则 A/D 的量化绝对误差为 q（截断量化）或 $q/2$（舍入量化），即

$$q = E/D_{FS} \qquad (3\text{-}13)$$

如果模拟多路转换器输出的第 i 通道信号的第 j 次采样电压为 U_{ij}，则该采样电压的量化相对误差为

$$\delta_{ij} = q/U_{ij} \qquad (3\text{-}14)$$

由式（3-14）可知，采样电压越低，相对误差越大，转换精度越低。为了避免弱信号采样电压在 A/D 转换时达不到要求的转换精度，必须将它放大 K 倍后再进行 A/D 转换，这样量化精度便可提高 K 倍，从而满足转换精度的要求，即

$$\frac{q}{KU_{ij}} \leqslant \delta_0 \qquad (3\text{-}15)$$

由式（3-15）可见，K 越大，放大后的 A/D 转换相对误差越小，精度越高，但是 K 也不能太大，否则将会产生 A/D 溢出。因此，主放大器的增益 K 应满足两个条件：既不能使 A/D 溢出，又要满足转换精度的要求，即

$$\begin{cases} KU_{ij} \leqslant E \\ \dfrac{q}{KU_{ij}} \leqslant \delta_0 \end{cases} \qquad (3\text{-}16)$$

将式（3-13）代入式（3-16），可得所需主放大器增益 K 为

$$\frac{E/D_{FS}}{\delta_0 U_{ij}} \leqslant K \leqslant \frac{E}{U_{ij}} \qquad (3\text{-}17)$$

如果被测量的多路模拟信号都是恒定或变化缓慢的信号，而且各路信号的幅度也相差不大，也就是说 U_{ij} 随 i 和 j 变化都不大，那就没有必要在采集电路中设置主放大器。只要使各路信号调理电路中的前置放大器增益满足式（3-17）即可。

如果被测量的多路模拟信号都是恒定或变化缓慢的信号，但是各路信号的幅度相差很大，也就是说 U_{ij} 不随 j 变化，但随 i 变化很大，那就应在采集电路中设置程控增益放大器作为主放大器。程控增益放大器的特点是每当多路开关 MUX 在对第 i 通道信号采样时，放大器就采用预先按式（3-17）选定的第 i 通道的增益 K_i 进行放大。

如果被测量的多路模拟信号是随时间变化的信号，而且同一时刻各路信号的幅度也不一样，也就是说，U_{ij} 既随 i 变化，也随 j 变化，那就应在采集电路中设置瞬时浮点放大器作为主放大器。瞬时浮点放大器的特点是，在多路开关 MUX 对第 i 通道信号进行第 j 次采样期间，及时地为该采样幅值 U_{ij} 选定一个符合式（3-17）的最佳增益 K_{ij}。由于该放大器的增益 K_{ij} 是随采样幅值 U_{ij} 而变化调整的，故称浮点放大器，因为放大器增益调整必须在采样电压 U_{ij} 存在的那一瞬间完成，所以又称为瞬时浮点放大器。瞬时浮点放大器曾在数字地震记录仪中广泛采用，其增益取 2 的整数次幂，即

$$K_{ij} = 2^{G_{ij}} \tag{3-18}$$

采样电压 U_{ij} 经浮点放大 $2^{G_{ij}}$ 倍后，再由满度输入电压 E 的 A/D 转换得到满度输出数字 D_{ij}，即

$$U_{ij} \times 2^{G_{ij}} = ED_{ij} \tag{3-19}$$

故有

$$U_{ij} = 2^{-G_{ij}} ED_{ij} \tag{3-20}$$

式（3-20）表明，瞬时浮点放大器和 A/D 转换器一起，把采样电压 U_{ij} 转换成一个阶码为 G_{ij}、尾数为 D_{ij} 的浮点二进制数。因此，由浮点放大器和 A/D 转换器构成的电路又称为浮点二进制数转换电路。由于浮点二进制数一般比定点二进制数表示范围大，因此，这种浮点二进制数转换电路比较适合大动态范围的变化信号，如地震信号的测量。但是浮点放大器电路很复杂，一般测控系统大多采用程控增益放大器作为主放大器。

3.3 模拟多路开关（MUX）

3.3.1 模拟多路开关的功能

在智能仪器中，往往需要同时或依次采集多路信号，在对这些模拟信号进行模数转换时，常常共同使用一个模/数转换器，即采用分时方式占用 ADC，也就是利用模拟多路开关轮流切换每个被采集的信号与 ADC 的通路，因此，采用一种可控制的开关是数据采集系统必不可少的元件，这种开关称为模拟多路开关（Analog Multiplexer，MUX）或模拟多路转换器，简称为多路开关。

表 3-2 列出了模拟多路开关特性的典型数值。

表 3-2 模拟多路开关特性的典型数值

类型	导通电阻/Ω	截止电阻/Ω	开关时间/ms
舌簧继电路	0.1	10^{14}	1
JFET	100	10^9	2×10^{-4}
CMOS	1500	10^8	5×10^{-4}

模拟多路开关器件实际上由多个模拟开关组成，由译码电路实现控制。目前电子模拟多路开关多用 JFET 及 CMOS 器件，而双极型晶体管作为电压开关已很少用（可作为电流开关用），主要因为双极型模拟开关存在着导通时的偏移电压。

3.3.2　模拟多路开关的配置

模拟多路开关的基本配置方式是单端式，如图 3-21a 所示。应用这种方式时，所有输入信号具有相同的模拟地，而且信号电平显著大于出现在系统中的共模电压 V_{CM}。此时，测量放大器的共模抑制能力尚未发挥，但系统可以得到最多的通道数。

图 3-21b 为模拟多路开关的差动配置。这种方式应用在 n 个输入信号有各自独立的参考电位，或者是应用在信号长线传输引起严重的共模干扰的情况。这种配置可以充分发挥测量放大器共模抑制的能力，用以采集低电平信号，但通道数只有图 3-21a 方案的一半。

图 3-21c 为模拟多路开关的伪差动配置。这种方式可保证系统的共模抑制能力，而无须减少一半通道数，仅适用于所有输入信号均参考一个公共电位的系统，而且各信号源均置于同样的噪声环境。

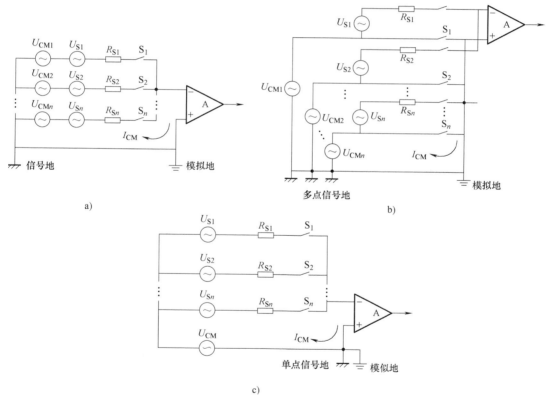

图 3-21　模拟多路开关的配置
a) 单端配置　b) 差动配置　c) 伪差动配置

3.3.3　常用的半导体多路开关芯片

AD7501、AD7503、AD7502 为美国 AD 公司推出的 CMOS 电路，它们均有 8 个输入端和 1 个公共输出端，通道的选择控制分别为 3 位或 2 位二进制地址码与 EN 控制端。AD7503 与 AD7501 的差别是 EN 控制端的控制状态相反。

图 3-22 为 AD7501（AD7503）和 AD7502 的功能框图。

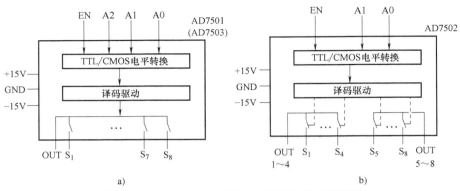

图 3-22　AD7501（AD7503）、AD7502 的功能框图

a）AD7501（AD7503）　b）AD7502

上述三种器件的特性基本相同。表 3-3 列出了它们的主要参数。

表 3-3　**AD7501**（AD7503）、**AD7502** 的主要参数

参　　数	数　　据	参　　数	数　　据
R_{ON}/Ω	170	$t_{ON}/\mu s$	0.8
$R_{ON} \sim V_S$（%）	20	$t_{OFF}/\mu s$	0.8
$R_{ON} \sim T/(\%/℃)$	0.5	C_S/pF	5
ΔR_{ON}（%）	4	C_{OUT}/pF	30
R_{ON} 的温度漂移差/（%/℃）	± 0.01	$C_{S\text{-}OUT}/pF$	0.5
I_S/nA	0.2	C_{SS}/pF	0.5
I_{OUT}/nA	0.5		

表 3-3 中：R_{ON} 为通道开关的导通电阻；$R_{ON} \sim V_S$ 为导通电阻随模拟输入信号的变化；$R_{ON} \sim T$ 为导通电阻的温度漂移；ΔR_{ON} 为任意两个通道间导通电阻的差值；R_{ON} 的温度漂移差为任意两个通道间导通电阻的温度漂移差；I_S 为开关截止时输入端的漏电流；I_{OUT} 为全部开关截止时输出端的漏电流；t_{ON} 为开关导通延迟时间；t_{OFF} 为开关截止延迟时间；C_S 为 S 端（输入端）的对地电容；C_{OUT} 为输出端的对地电容；$C_{S\text{-}OUT}$ 为截止时 S 端对输出端之间的电容；C_{SS} 为任意两个 S 端之间的电容。

AD7506 是集成 CMOS 电路 16 通道的模拟多路开关。AD7507 与 AD7506 基本相同，但 AD7507 为双路 8 通道，适用于差分输入的情况。

图 3-23a 为 AD7506 的功能框图，图 3-23b 为 AD7507 的功能框图。

3.3.4　多路测量通道的串音问题

在多通道数字测试系统中，MUX 常被用作多选一开关或多路采样开关。当某一通道开关接通时，其他各通道开关全都关断。理想情况下，负载上只应出现被接通的那一通道信号，其他被关断的各路信号都不应出现在负载上。然而实际情况并非如此，其他被关断的信号也会出现在负载上，这对本来是唯一被接通的信号形成干扰，这种干扰称为通道间串音干扰，简称串音。

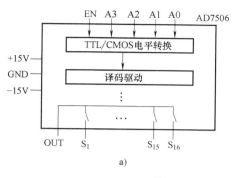 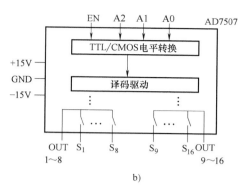

图 3-23　AD7506、AD7507 的功能框图

a）AD7506　b）AD7507

通道间串音干扰的产生主要是由于模拟开关的断开电阻 R_{off} 不是无穷大和多路模拟开关中存在寄生电容的缘故。图 3-24 为第一通道开关接通，其余 $N-1$ 通道开关均关断时的情况。为简化起见，假设各通道信号源内阻 R_i 及电压 U_i 均相同，各开关断开电阻 R_{off} 均相同，图 3-24a、图 3-24b 分别为多路模拟开关的低频与高频等效电路。

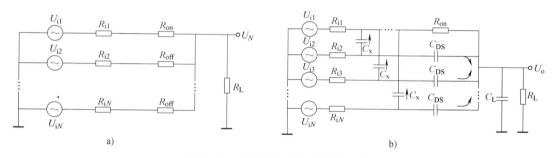

图 3-24　模拟多路开关的等效电路

a）低频等效电路　b）高频等效电路

为减小串音干扰，可采取以下措施：

1）减小 R_i，为此前级应采用电压跟随器。

2）选用 R_{on} 极小、R_{off} 极大的开关管。

3）减少输出端并联的开关数 N。若 $N=1$，则 $U_N=0$。

除 $R_{off} \neq \infty$ 引起串音外，当切换多路高频信号时，截止通道的高频信号还会通过通道之间的寄生电容 C_x 和开关源、漏极之间的寄生电容 C_{DS} 在负载端产生泄漏电压，如图 3-24b 所示。寄生电容 C_x 和 C_{DS} 的数值越大，信号频率越高，泄漏电压就越高，串音开扰也就越严重。因此，为减小串音干扰应选用寄生电容小的模拟多路开关。

3.4　采样保持电路

采样保持电路常称为采样保持放大器（Sample and Hold Amplifier，SHA），是数据采集系统的基本部件之一。ADC 对模拟量进行量化的过程需要一定的时间，即在转换时间内只有保持采样点的数值不变才能保证转换精度。另外，当有多个传感器信号时，需要一种电路将各传感器同一时刻的信号保持住，然后通过共用 A/D 转换器分时进行转换并送入内存，这种电路就是采样保持器。因此 SHA 是一种根据状态控制指令截取输入模拟电压的瞬时值（采样过程），并把这一瞬时值保留一段需要的时间（保持过程）的功能单元。

3.4.1 采样保持器设置原则

设被转换的信号为 $U_i = U_m \cos\omega t$，其最大变化率为

$$\frac{dU_i}{dt}\Big|_{max} = \omega U_m = 2\pi f U_m \tag{3-21}$$

如果被转换信号的正负峰值正好达到 ADC 的正负满量程，而 ADC 的位数（不含符号位）为 m，则 ADC 最低有效位 LSB 代表的量化电平（量化单位）q 为

$$q = \frac{U_m}{2^m} \tag{3-22}$$

如果 ADC 的转换时间为 t_c，为保证 ±1LSB 的转换精度，在转换时间 t_c 内，被转换信号的最大变化量不应超过一个量化单位 q，即

$$2\pi f U_m t_c \leqslant q = \frac{U_m}{2^m} \tag{3-23}$$

则不加采样保持器时，待转换信号允许的最高频率为

$$f_{max} = \frac{1}{2^{m+1}\pi t_c} \tag{3-24}$$

例如，一个 12 位 ADC，$t_c = 25\mu s$，用它来直接转换一个正弦信号并要求精度优于 1LSB，则信号频率不能超过 1.5Hz。由此可见，除了被转换信号是直流电压或变化极其缓慢，即满足式（3-24），可以用 ADC 直接转换而不必在 ADC 前加设采样保持器外，凡是频率不低于式（3-24）确定的 f_{max} 的被转换信号，都必须设置采样保持器把采样幅值保持下来，以便 ADC 在采样保持器保持期间把保持的采样幅值转换成相应的数码。

在 ADC 之前加设采样保持器后，虽然不再会因 A/D 转换期间被转换信号变化而出现误差，但是因采样保持器采样转到保持状态需要一段孔径时间 t_{AP}，使采样保持器电路实际保持的信号幅值并不是原来预期要保持的信号幅值（即保持指令到达时刻的信号幅值）。两者之差即孔径误差为

$$\Delta U_{o,max} = 2\pi f U_m t_{AP} \tag{3-25}$$

在数据采集系统中，若要求最大孔径误差不超过 q，则由此限定的被转换信号的最高频率为

$$f_{max} = \frac{1}{2^{m+1}\pi t_{AP}} \tag{3-26}$$

由于采样保持器的孔径时间 t_{AP} 远小于 ADC 的转换时间 t_c（典型的 $t_{AP} = 10ns$），因此由式（3-26）限定的频率远高于由式（3-24）限定的频率。这也证明在 ADC 前加设采样保持器后大大扩展了被转换信号频率的允许范围。

3.4.2 采样保持器工作原理

采样保持器由输入放大器 A_1、模拟开关 S、保持电容 C 和输出放大器 A_2 组成，如图 3-25

所示。

在采样期，当控制信号使模拟开关 S 闭合时，输入信号 U_i 经输入放大器 A_1 与保持电容 C 相连，输出电压 U_o 可随输入信号 U_i 变化，电容上的电压与输入电压相同；在保持期，当控制信号使模拟开关 S 断开时，电容只与输出放大器 A_2 高阻输入端相连，这可以保持模拟开关断开前瞬间的输入信号 U_i 的值不变，输出放大器 A_2 因此也可在相当长时间保持一恒定输出值不变，直至模拟开关 S 再次闭合。采样保持器的一个工作周期由采样期和保持期组成，如图 3-26 所示。

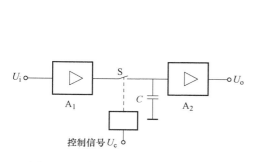

图 3-25 采样保持器工作原理示意图

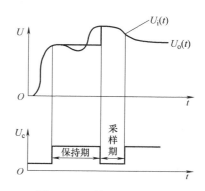

图 3-26 采样保持器波形

3.4.3 采样保持器的主要参数

实际应用中，采样保持器有各种非理想状态，将会给采样保持质量带来影响，主要参数如图 3-27 所示。

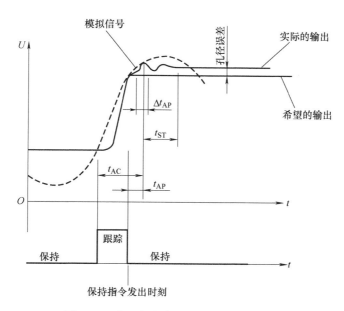

图 3-27 非理想状态对采样保持器的影响

（1）孔径时间　孔径时间 t_{AP} 为保持指令发出瞬间到模拟开关有效切断所经历的时间。模拟开关从闭合到完全断开需要一定的时间，当接到保持指令时，采样保持器的输出并不保持在指令发出瞬时的输入值上，而会跟着输入变化一段时间。假设 t_1 时刻控制信号发生跳变，由于电路的延时作用，模拟开关在 t_2 时刻才完全断开，因此电容 C 保持的是 t_2 时刻的输入信号值，与 t_1 时刻的输入信号值有误差。t_2 与 t_1 之差称为孔径时间，它通常很小，在输入信号变化速度不很快的情况下，引起的误差很小。如果芯片的断开时间可知，输入信号变化很快，则可以通过调整保持信号的跳变时间（前移）来校正这一误差。

孔径时间并不是恒定不变，而是在一定范围内随机变化，其变化范围称为孔径不定时间 Δt_{AP}。

（2）稳定时间　开关断开时，C 上的电压值不稳定，在 t_{AP} 后，输出还有一段波动，经过一段稳定时间 t_{ST} 后才保持稳定。为了量化的准确，应在发出保持指令后延迟一段时间（延迟时间 $\geqslant t_{ST}$），再启动 A/D 转换，这段时间称为稳定时间 t_{ST}。

（3）孔径误差　电容保持的电压稳定后，采样保持器实际保持的输出值与理想输出值存在一定误差，称为孔径误差。

（4）捕捉时间　如图 3-27 所示，当由保持状态转到采样状态时，不管电容 C 上原保持电压大小如何，电容电压跟随输入信号变化达到规定的采样精度（误差小于一定值，如 0.01%）所需的最小时间称为捕捉时间 t_{AC}。它与输入放大器的响应时间、电容充放电时间常数及输入信号的变化率、捕捉精度有关。

（5）保持电压下降率　若保持电压在整个保持时间内不发生变化，便可获得高的保持精度。实际上开关的关断电阻、运算放大器的输入电阻以及电容本身的介质电阻都是有限的，这必将引起电容上电荷的泄漏而使保持电压不断下降。泄漏电流 I_S 可以表示保持电压的下降速率，即

$$\frac{\Delta U}{\Delta t} = \frac{I_S}{C} \tag{3-27}$$

（6）馈送影响（馈通影响）　在保持期间内，由于模拟开关的断开电阻不为无穷大，以及开关极间电容的影响，输入信号会耦合到保持电容上引起输出电压的微小变化。

（7）瞬变效应对保持电压的影响（保持阶跃）　当控制信号产生由采样到保持的跳变时，驱动线路的瞬变电压会通过模拟开关的极间电容和驱动线路与保持电容的杂散电容耦合，使电荷转移到保持电容上，从而对保持电压产生影响。保持电压的变化量计算式为

$$\Delta U_H = \frac{\Delta U_G C_{GD}}{C} \tag{3-28}$$

式中，ΔU_H 为保持电压的变化；ΔU_G 为控制信号的跳变电压，通常为 +5V；C_{GD} 为模拟开关极间电容；C 为保持电容。

3.4.4　常用的采样保持器芯片

1. LF198/LF298/LF398

LF198/LF298/LF398 是比较常用的单片采样保持器。该芯片为 8 引脚双列直插封装形式，原理结构如图 3-28 所示。引脚 3 为模拟量输入端，引脚 5 为模拟量输出端，引脚 8、7 分别为逻辑信号和逻辑参考电平端，引脚 8 加逻辑高电平为采样端，加低电平则为保持端，

引脚 6 为保持电容连接端，用以外接保持电容，引脚 2 为调零端，引脚 1、4 为电源端，电源设置范围为 ±5 ~ ±18V。

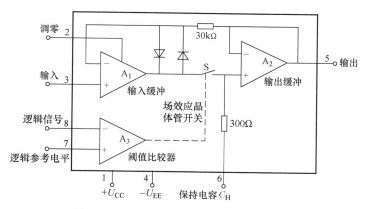

图 3-28　LF198/LF298/LF398 原理结构图

LF198/LF298/LF398 具有采样速度高、保持电压下降速率慢及精度高等特点。其采样时间少于 $6\mu s$ 时精度可达 0.01%，在保持电容为 $1\mu F$ 时，下降速率为 $5mV/min$，作为单位增益跟随器工作时，直流增益精度为 0.002%，其输入阻抗为 $10^{10}\Omega$，与高阻抗信号相连也不会影响精度。

逻辑及逻辑参考电平用来控制采样保持器的工作方式。当逻辑为高电平时，通过控制逻辑电路 A_3 使开关 S 闭合，整个电路工作在采样状态；反之，当逻辑为低电平时，则开关 S 断开，电路工作在保持状态。偏置端为偏差调整引脚，可用外接电阻调整采样保持器的零点。保持电容引脚用来连接外部保持电容。

2. AD582/AD583

AD582 是单片采样保持器，由结型场效应晶体管结构的输入放大器、低泄漏电阻的模拟开关及高性能输出运算放大器组成。芯片为 14 引脚双列直插封装形式，其引脚及其接法如图 3-29 所示。

AD583 是与 AD582 类似的采样保持芯片。区别在于 AD583 为单逻辑输入。AD582/AD583 同样具有捕捉时间短、下降速率慢的特点，而又能差动输入，输入信号电平可达到电源电压 $\pm U_S$。

图 3-29a 为 AD582 的引脚图，图 3-29b、c 分别为 AD582 接成 $A = +1$ 和 $A = 1 + R_F/R_1$ 时的接法。C_H 可小至 100pF，当精度要求较高（$\pm 0.01\%$）且与 12bit ADC 配合时，为了降低直通耦合作用、下降率误差等，C_H 应取 1000pF。

3.4.5　保持电容器的选择

捕捉时间、下降速率和保持阶跃是选择保持电容器容量时应该考虑的三个主要因素。查阅采样保持器器件手册上的曲线、表格可以得到电容量与三个参数之间的关系，根据实际需要综合考虑就可以选择电容量，一般在 1000pF ~ 1μF 之间。

保持电容器的介质吸收是采样保持电路中的一个重要误差来源，选择保持电容器时应该注意。聚苯乙烯、聚苯烯和聚四氟乙烯都是滞后很小、介质吸收低、绝缘电阻很高的介质，这几种介质的电容器可以优先选用；陶瓷电容的滞后一般大于 1%，不宜选用。

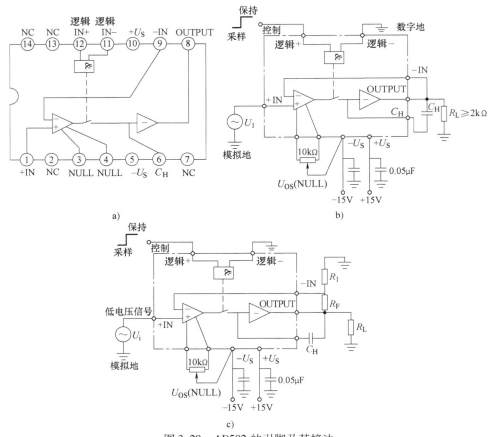

图 3-29　AD582 的引脚及其接法

a）AD582 引脚　b）$A = +1$ 时 AD582′的接法　c）$A = 1 + R_F/R_1$ 时 AD582 的接法

3.4.6　基于采样保持器实现的峰值保持电路

采样保持器不仅可以有效扩展被转换信号的允许范围，而且可以配合其他电路实现特殊的功能。图 3-30 为基于采样保持芯片 LF398 与电压比较器 LM311 实现的峰值保持电路，U_{in} 为输入信号，U_{out} 为保持到的输入信号最大值。

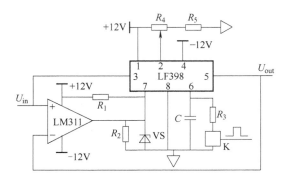

图 3-30　基于采样保持器实现的峰值保持电路

LF398 的引脚定义见表 3-4。当 $U_{in} > U_{max}$，7 引脚高电平，为采样过程；当 $U_{in} < U_{max}$，7 引脚低电平，为保持过程，电路的输出保持了输入信号的最高峰值。

表 3-4　采样保持芯片 LF398 引脚定义

引　　脚	说　　明
1	电源 +
2	调零端
3	模拟信号输入
4	电源 −
5	模拟信号输出
6	外置保持电容
7	采样保持控制信号（高电平为采样，低电平为保持）
8	采样/保持控制信号参考端（接地）

3.5　A/D 转换器及其接口设计

模拟信号经多路开关和采样保持后，必须转换成数字信号才能送入计算机处理，完成上述转换任务的器件称为模拟/数字转换器，简称 A/D 转换器或 ADC。

目前，一些微处理器中已经集成了 A/D 转换器，简化了智能仪器的结构，但当微处理器中的 A/D 转换器不能满足设计要求时，需要外置 A/D 转换器。随着大规模集成电路的发展，目前已经生产出各式各样的 A/D 转换器，以满足数据采集系统设计的需要。如普通型 A/D 转换器 ADC0804（8 位）、ADC7570（10 位）、ADC1210（12 位）；高性能的 A/D 转换器 MOD-1205、AD578、ADC1131 等。

此外，为使用方便，有些 A/D 转换器内部还带有可编程放大器、多路开关、三态输出锁存器等。如 ADC0809 内部有 8 路多路开关，AD363 不但有 16 通道（或双 8 通道）多路开关，而且还有放大器、采样保持器及 12 位 A/D 转换器，还有专门供数字显示、可直接输出 BCD 码的 A/D 转换器，如 AD7555 等。这些 A/D 转换器是计算机与外部设备进行信息转换的桥梁。

3.5.1　A/D 转换器的主要技术指标

在系统设计时，选用 A/D 转换器需要考虑以下问题：
1）模拟输入电压的量程，能测量的最小信号值。
2）线性误差。
3）每完成一次 A/D 转换需要的时间。
4）电源的变化对转换精度的影响。
5）对输入信号的要求，是否需要预处理。
解决上述问题，需要首先了解 A/D 转换器的几个主要技术指标。
（1）精度　A/D 转换器的精度分为绝对精度和相对精度两种。
绝对精度：在一个 A/D 转换器中，任何数码所对应的实际模拟电压与其理想的电压值之差并非是一个常数，将该差的最大值定为绝对精度。对 ADC 而言，可以在每一阶梯的水平中心点测量绝对精度。绝对精度包括所有的误差，也包括量化误差。

相对精度：与绝对精度相似，所不同的是把这个最大偏差表示为满刻度模拟电压的百分数，或者用二进制数来表示相对应的数字量。相对精度通常不包括被用户消除的刻度误差。

（2）转换时间　A/D 转换器完成一次转换所需要的时间称为转换时间。

转换时间是最长转换时间的典型值。在选择 ADC 器件时，需要根据应用需求和价格来考虑这一指标，有时还要考虑数据传输过程中转换器件的工作特点。如有的 ADC 器件虽然转换时间较长，但是对控制信号有闭锁功能，所以在整个转换时间内不需要外部硬件来支持它的工作，微处理器和其他硬件可以在完成转换以前先去处理别的事件而不必等待；而有的 ADC 器件虽然转换时间不算太长，但是在整个转换时间内必须由外部硬件提供连续的控制信号，因而要求微处理器处于等待状态，AD570 就属于这种类型的器件。

（3）分辨率　分辨率是 A/D 转换器对微小输入量变化的敏感程度，即二进制数的末位变化 1 所需要的最小输入电压对满量程之比，称为分辨率。分辨率越高，转换时输入量微小变化的反应越灵敏，通常用数字量的位数表示。分辨率为 8 位，表示它可以对满刻度值的 $1/2^8 = 1/256$ 的变化量做出反应。对于 N 位的 A/D 转换器，其分辨率为

$$分辨率 = \frac{1}{2^N} \times 满刻度值$$

实际上等于 1LSB。

（4）电源灵敏度　当电源电压变化时，将使 A/D 转换器的输出发生变化。这种变化的实际作用相当于 A/D 转换器输入量的变化，从而产生误差。通常 A/D 转换器对电源变化的灵敏度用相当于同样变化的模拟输入值的百分数来表示。如电源灵敏度为 $0.05\%/\% \Delta U_S$ 时，其含义是电源电压变化为电源电压 U_S 的 1% 时，相当于引入 0.05% 的模拟输入值的变化。

3.5.2　A/D 转换器类型及比较

A/D 转换器（ADC）的种类很多，分类方法也很多，见表 3-5。

表 3-5　ADC 的分类

分类方法	类　　型
按器件工艺结构	1）组件型 ADC 2）混合（集成）电路型 ADC 3）单片式 ADC ①双极型；②MOS 型；③双极 MOS 兼容型
按器件工作原理	1）间接型 ADC ①积分型（电压-时间变换型）ADC：单积分型；双积分型；四重积分型；五重积分型；脉宽调制型；电荷平衡型；②电压-频率变换型 ADC（V-F 变换器） 2）比较型（直接型）ADC ①反馈比较型：逐次逼近型；跟踪比较型；②无反馈比较型：并行比较型；串行比较型；串-并比较型 3）Σ-Δ 型 ADC

（续）

分类方法	类　型
按器件转换精度	1）低精度 ADC（8 位及以下） 2）中精度 ADC（9～12 位） 3）高精度 ADC（13～16 位） 4）超高精度 ADC（16 位以上）
按器件转换速度	1）低速 ADC（≥1ms） 2）中速 ADC（1ms～10μs） 3）高速 ADC（10～1μs） 4）超高速 ADC（<1μs）

积分型 ADC 的主要特点是积分周期可使干扰的正、负半周相互抵消，因此精度较高，电路较简单，对元器件精度要求较低，易于集成，成本低，噪声小，温度漂移也较小，但转换速度较低，适用于一般控制用仪器仪表。

采用多斜率转换技术可提高积分型 ADC 的性能。常规的双斜率转换器忽略了残压留在电容器的残压误差，而多斜率转换方式将残压放大并反向积分，再通过反方向的加/减计数来消除附加的计数值。由于每次反向积分留下逐次减小的误差，且测量与计算残压的过程可不断地重复进行，因此多斜率转换具有比常规的双斜率积分更高的分辨率，如 MAX132。

反馈比较型 ADC 内含一个由 DAC 构成的反馈回路，这类转换器的转换速率较快，一般属于中速转换器。逐次逼近型 ADC 是反馈比较型 ADC 的代表。实际应用时，转换器的输入端一般应连接采样保持电路（SHA），影响该类 ADC 精度的误差主要来自芯片内部数/模转换器、比较器和译码器等，并且随着转换速度的增加，误差还会增大，所以逐次逼近型 ADC 的精度很难进一步提高。

无反馈比较型 ADC 转换速率最高。高速 ADC 几乎都是无反馈比较型 ADC。这类转换器线路结构复杂，因此难以实现较高的转换分辨率。

Σ-Δ 型 ADC 是近年来出现的新型 ADC，它采用总和（Σ）-增量（Δ）调制原理，并与现代数字信号处理技术相结合，实现了高精度的 A/D 转换。

Σ-Δ 型 ADC 本质上采用负反馈方式逐步减小输入模拟信号与 DAC 反馈输出的差值，且该差值不是直接加到比较器，而是通过一个积分器后再送到比较器，与积分器输出比较的基准信号是地电平，因而它比逐次逼近方式性能更好。然而，单靠 Σ-Δ 技术并不能达到理想的精度。为此，一些 Σ-Δ 型 ADC 采用了可编程增益放大器、可编程数字滤波、多种自校正技术等先进技术，并采用了专门的微处理器来管理与控制转换程序。Σ-Δ 型 ADC 在通过校正与滤波后可实现 24 位分辨率。采用数字滤波、自校正技术和微处理器控制是 Σ-Δ 型 ADC 器件的主要特点，这也代表了高精度模拟器件的发展方向。

模/数转换器件以提高速度和精度作为其发展的方向。目前，模/数转换器件的速度已高达 1000MHz，分辨率已高达 24 位。

在集成电路的性能上，速度与精度总是一对矛盾。实际上，ADC 未来的发展主要集中在以下三个方面：

一是提高速度，牺牲一些精度指标。例如，速度已达 1000MHz 的超高速 ADC 的分辨率只有 8 位，实际应用时的有效精度只有 6～7 位。

二是提高精度。24 位的 ADS1210/1211 在保证精度下工作时，转换速度仅为 10Hz，原因是校正、滤波要花费大量的时间，特别是滤波，需要多个时钟周期才能完成数/模转换。

三是速度与精度兼顾。很多应用对 ADC 的速度指标和精度指标都有要求，即存在这些 ADC 器件中是以保证速度为主还是以保证精度为主的问题。从目前的市场来看，16 位以下 ADC 的速度有 10MHz、14 位，如 AD9240；16 位以上的有 1.2MHz、16 位，如 AD7723。

表 3-6 从转换时间、分辨率、抗干扰能力和价格等方面对不同原理的 A/D 转换器进行了比较。

表 3-6　几种常用 ADC 的比较

ADC 类型	转换时间	分辨率	抗干扰能力	价格
并行比较型	最快	低	很差	最高
逐次逼近型	快	较高	差	低
Σ-Δ 型	较快	最高	强	较低
双积分型	最慢	高	很强	最低

3.5.3　ADC 与微处理器的接口

设计 ADC 与微处理器的接口，需要考虑电源要求、逻辑兼容性、定时参数、外围硬件及数据传输方式等因素。

（1）电源要求　大多数早期的 ADC 都需要 ±（1±5%）15V 的供电电源，但新近开发的一些 ADC 产品在 +12～+15V 的电压范围内都能正常工作，它们与 +12V 或 +15V 电源兼容。

（2）逻辑兼容性　微处理器要求输入/输出信号与 TTL 电平兼容。绝大多数 ADC 的逻辑电平与 TTL 电平兼容。需要注意的是，有些产品还提供与 CMOS 电平兼容的输出/输入信号。当电源电压为 +5V 时，其数字输入与 TTL 电平兼容；当电源电压为 +10～+15V 时，其数字输入与 COMS 电平兼容。因此在进行系统设计时，应将逻辑兼容性作为一个因素加以考虑。

（3）定时参数　在设计 ADC 与微处理器的接口电路时，特别要注意器件定时参数的极限值。系统控制信号的脉冲宽度、建立时间、保持时间应满足器件的定时要求。此外，还要考虑到温度漂移以及电源电压的波动对定时的影响，对于不使用的引脚应当置成相应的逻辑电平。

（4）外围硬件　为了使 ADC 能够与微处理器传输数据，常常需要增加一些外围硬件电路，如译码器、锁存器等。

（5）数据传输方式　ADC 与微处理器的接口分为并行数据通信与串行数据通信。8 位数据宽度的微处理器的数据总线为 8 位，可与 8 位并行 ADC 直接接口，当与更高分辨率的器件接口时，转换后的数据分两次传送。

串行数据格式为远距离数据传输提供了方便。在较为复杂的系统中，串行数据格式可减少连线并允许更多的信息在总线上传送。此外，串行数据采集器件通常引脚少，可减小印制电路板的体积。需要注意的是，所有串行数据采集器件均需要一个时钟（由外部或内部产生），用以选通数据输入/输出，常用的串行数据接口包括 SPI 总线与 I²C 总线。

3.5.4　A/D 转换器的选择

1. A/D 转换器的位数选择

假设需要转换成有效数码（除 0 以外）的模拟输入电压最大值和最小值分别为 $U_{i,max}$ 和 $U_{i,min}$，A/D 前置放大器增益为 K_g，m 位 A/D 转换器满量程为 E，则应使

$$\begin{cases} U_{i,min} \geqslant q = \dfrac{E}{2^m} \text{（小信号不被量化噪声淹没）} \\ U_{i,max} K_g \leqslant E \text{（大信号不使 A/D 溢出）} \end{cases}$$

所以，必须使

$$\frac{U_{i,max}}{U_{i,min}} \leqslant 2^m \qquad\qquad (3\text{-}29)$$

通常称量程范围上限与下限之比的分贝数为动态范围，即

$$L_1 = 20\lg \frac{U_{i,max}}{U_{i,min}} \qquad\qquad (3\text{-}30)$$

若已知被测模拟电压动态范围为 L_1，则可按式（3-31）确定 A/D 转换器的位数 m，即

$$m \geqslant \frac{L_1}{6} \qquad\qquad (3\text{-}31)$$

由多路开关、采样保持器和 A/D 转换器组成的数据采集电路的总误差是这三个组成部分的分项误差的综合值，则选择各组成部分元器件精度的一般规则是：每个元器件的精度指标应优于系统精度的 10 倍左右。例如，要构成一个误差为 0.1% 的数据采集系统，所用多路开关、采样保持器和 A/D 转换器的组件的线性误差都应小于 0.01%，A/D 转换器的量化误差也应小于 0.01%。A/D 转换器的量化误差为 ±1/2LSB，即满度值的 $1/2^{m+1}$，因此可根据系统精度指标 δ，按式（3-32）估算所需 A/D 的位数 m，即

$$\frac{10}{2^{m+1}} \leqslant \delta \qquad\qquad (3\text{-}32)$$

例如，要求系统误差不大于 0.1% 满度值（即 $\delta = 0.1\%$），则需要采用 m 为 12 位的 A/D 转换器。

2. A/D 转换器的速率选择

A/D 转换器的转换速率即单位时间内所能完成的转换次数。由转换时间 t_c 和休止时间 t_o（从转换结束到再次启动转换）二者共同决定，即

$$\text{转换速率} = \frac{1}{t_o + t_c} \qquad\qquad (3\text{-}33)$$

转换速率的倒数称为转换周期，记为 $T_{A/D}$，若 A/D 转换器在一个采样周期 T_S 内依次完成 N 路模拟信号采样值的 A/D 转换，则

$$T_S = N T_{A/D} \qquad\qquad (3\text{-}34)$$

对于集中采集式测试系统，N 即为模拟输入通道数；对于单路测试系统或分散采集测试系统，则 $N = 1$。

若需要测量的模拟信号的最高频率为 f_{max}，则抗混叠低通滤波器截止频率 f_h 应选取为

$$f_h = f_{max} \qquad\qquad (3-35)$$

根据信号采样理论，$f_h = \dfrac{1}{CT_S} = \dfrac{f_s}{C}$，其中 C 为设定的截频系数，一般 $C > 2$，则

$$T_S = \frac{1}{Cf_{max}} \qquad\qquad (3-36)$$

将式（3-33）代入式（3-35），得

$$T_{A/D} = \frac{1}{NCf_{max}} = t_c + t_o \qquad\qquad (3-37)$$

由式（3-37）可知，对 f_{max} 大的高频（或高速）测试系统，应采取以下措施：

1）减少通道数 N，最好采用分散采集方式，即 $N = 1$。

2）减小截频系数 C，增大抗混叠低通滤波器陡度。

3）选用转换时间 t_c 短的 A/D 转换器芯片。

4）将由 CPU 读取数据改为直接存储器存取（DMA）技术，以大大缩短休止时间 t_o。

3.6 逐次逼近型 A/D 转换器及其接口

3.6.1 逐次逼近型 A/D 转换器的原理

逐次逼近型（也称逐位比较式）A/D 转换器应用比积分型 A/D 转换器更为广泛，主要由逐次逼近寄存器 SAR、D/A 转换器、比较器以及时序和控制逻辑等部分组成，如图 3-31 所示。

逐次逼近型 A/D 转换器的工作过程如下：转换前，先将 SAR 寄存器各位清零。转换开始时，控制逻辑电路先设定 SAR 寄存器的最高位为"1"，其余位为"0"，此试探值经 D/A 转换成电压 U_c，然后将 U_c 与模拟输入电压 U_x 比较。如果 $U_x \geqslant U_c$，说明 SAR 最高位的"1"应予保留；如果 $U_x < U_c$，说明 SAR 最高位的

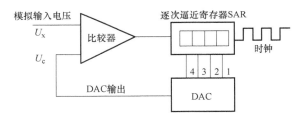

图 3-31 逐次逼近型 A/D 转换器原理图

"1"应予清零。然后再对 SAR 寄存器的次高位置"1"，依上述方法进行 D/A 转换和比较。重复上述过程，直至确定 SAR 寄存器的最低位为止。过程结束后，状态线改变状态，表明已完成一次转换。最后，逐次逼近寄存器 SAR 中的内容就是与输入模拟量 U_x 相对应的二进制数字量。显然 A/D 转换器的位数 N 取决于 SAR 的位数和 D/A 的位数，位数越多，越能准确逼近模拟量，但转换所需的时间也越长。

逐次逼近型 A/D 转换器的主要特点是：转换速度较快，在 1 ~ 100μs 以内，分辨率可达 18 位，特别适用于工业控制系统；转换时间固定，不随输入信号的变化而变化；抗干扰能力相对积分型较差。例如，对模拟输入信号采样过程中，若在采样时刻有一个干扰脉冲叠加在模拟信号上，则采样时，包括干扰信号在内都被采样和转换为数字量，造成较大的误差，所以有必要采取适当的滤波措施。

目前，逐次逼近型 A/D 转换器大多制成单片集成电路的形式，使用时只需发出 A/D 转换启动信号，然后在 EOC 端查知 A/D 转换过程结束后取出数据即可。应用较多的逐次逼近型 A/D 转换器芯片有 ADC0809、ADC1210、AD574、AD1674、TLC549、TLC1543/2543、MAX1241 等。

3.6.2　TLC2543 及其与微处理器的接口

TLC2543 是 TI 公司的具有 11 个通道的 12 位开关电容逐次逼近串行 A/D 转换器，采样速度为 66kbit/s，采样和保持由片内采样保持电路自动完成。TLC2543 的转换器结合外部输入的差分高阻抗的基准电压，具有简化比率转换刻度和模拟电路、逻辑电路，以及隔离电源噪声的特点。多通道、小体积的 TLC2543 转换快、稳定性好、线性误差小，节省口线资源，成本较低，特别适用于单片机数据系统的开发。

1. TLC2543 的硬件描述与工作时序

TLC2543 的控制信号有片选（CS）、AD 转换结束标志（EOC），输入/输出时钟（I/O CLOCK）以及数据输入端（DATA INPUT）和数据输出端（DATA OUTPUT）。片内有一个 14 路模拟开关，可从 11 个模拟输出通道或 3 个内部自测电压中选择其中的一个。在转换结束时，EOC 输出端指示转换完成。

TLC2543 器件的基准电压由外电路提供，可差分输入也可单端输入，范围为 + 2.5V ~ U_{CC}。在温度范围内转换时间小于 $10\mu s$，线性误差小于 ± 1LSB。有片内转换时钟，I/O 最高时钟频率为 4.1MHz。工作电源为（ + 5 ± 0.25）V。

可通过软件设置为下列输出方式：

1）单极性或双极性输出（有符号的双极性，相当于所加基准电压的 1/2）。

2）以 MSB（D11 位）或 LSB（D0 位）作为前导输出。

3）可变输出数据长度。

TLC2543 的引脚排列如图 3-32 所示。

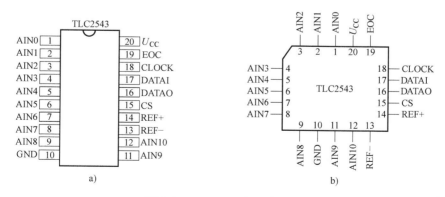

图 3-32　TLC2543 的引脚排列

开始时，片选（CS）为高电平，CLOCK 和 DATAI 被禁止，DATAO 为高阻抗状态。CS 变低电平时，开始转换过程。输入数据是一个包括 4 位模拟通道地址（D7 ~ D4）、2 位数据长度选择（D3 ~ D2）、输出 MSB 或 LSB 在前的位（D1）以及单极性或双极性输出选择位

（DOO）的数据流。这个数据流从 DATAI 端输入，其格式见表 3-7。输入/输出时钟加在 CLOCK 端，以传送该数据流到输入数据寄存器。在传送的同时，输入/输出时钟也将前一次转换的结果从输出数据寄存器移到 DATAO 端。CLOCK 接收输入的 8 位、12 位或 16 位取决于输入数据寄存器中的数据长度选择位。模拟输入的采样开始于 CLOCK 的第四个下降沿，而保持则在 CLOCK 的最后一个下降沿，也使 EOC 端变低电平并开始转换。

表 3-7 输入寄存器格式

功能选择	输入数据字节								备注
	地址位				L1	L0	LSBF	BIP	D7 = MSB
	D7	D6	D5	D4	D3	D2	D1	D0	D0 = LSB
AIN0	0	0	0	0					
AIN1	0	0	0	1					
AIN2	0	0	1	0					
AIN3	0	0	1	1					
AIN4	0	1	0	0					选择
AIN5	0	1	0	1					输入
AIN6	0	1	1	0					通道
AIN7	0	1	1	1					
AIN8	1	0	0	0					
AIN9	1	0	0	1					
AIN10	1	0	1	0					
REF + 与 REF − 差模	1	0	1	1					
REF − 单端	1	1	0	0					内部
REF + 单端	1	1	0	1					测试
软件断电	1	1	1	0					
输出 8 位					0	1			输出
输出 12 位					×	0			数据
输出 16 位					1	1			长度
MSB（高位）先出							0		顺序
LSB（低位）先出							1		输出
单极性（二进制）								0	极性
双极性（2 的补码）								1	

图 3-33 ~ 图 3-35 分别为进行 8 位、12 位或 16 位时钟传送，以 MSB 作为前导输出的时序。

2. TLC2543 的数据采集接口

用 TLC2543 进行数据采集非常方便，与 CPU（特别是单片机）接口很容易，只要按照表 3-7 进行配置即可。图 3-36 为 ADC 与 TLC2543 的接口示意图。不过在 TLC2543 的模拟输入端最好加缓冲器（因输入阻抗较低）。若要将单极性输入变成双极性输入，可在输入端加分压电阻 R_1、R_2。

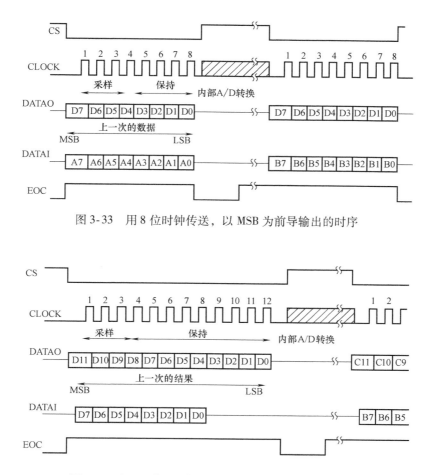

图 3-33　用 8 位时钟传送，以 MSB 为前导输出的时序

图 3-34　用 12 位时钟传送，以 MSB 为前导输出的时序

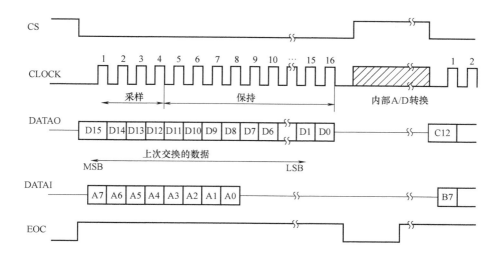

图 3-35　用 16 位时钟传送，以 MSB 为前导输出的时序

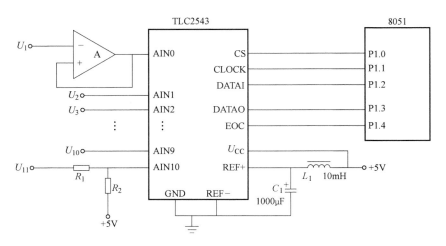

图 3-36　TLC2543 串行接口示意图

3. 数据采集程序

结合图 3-36 TLC2543 串行接口电路，数据采集程序如下：

```c
#include <reg51.h>
#include <stdio.h>
sbit AD_CS = P1^0;                //定义 I/O 口
sbit AD_CLK = P1^1;
sbit AD_EOC = P1^4;
sbit AD_OUT = P1^3;
sbit AD_IN = P1^2;
void main(void)
{
int AD_IN;
int tempt = 0x00;                 //定义 A/D 转换的高位字节
int tempt1 = 0x00;                //定义 A/D 转换的低位字节
int i;
AD_CS = 0;
while(1)
  {
  if(! AD_EOC)
    {
    for(i = 0;i < 8;i ++)          //设置转换位数为 8 位
      {
      AD_CLK = 1;                  //设置 AD_CLK 为高电平
      if(AD_OUT)
```

```
            {
            tempt = tempt || 0x01;              //读 D11 ~ D4 高 8 位
            }
            AD_CLK = 0;                         //设置 AD_CLK 为低电平
            tempt <<1;}                         //左移一位变量
            for(i = 0;i < 4;i ++)               //设置转换次数 4 位
            {
            AD_CLK = 1;                         //设置 AD_CLK 为高电平
            if(AD_OUT)
            {tempt1 = tempt1 || 0x10;}          //读 D3 ~ D0 低 4 位
            AD_CLK = 0;                         //设置 AD_CLK 为低电平
            tempt <<1;                          //左移 1 位变量
            }
        AD_IN = tempt;                          //移位到 AD_IN 线上并输入 TLC2543
        }
        AD_EOC = 0;
    }
}
```

3.7　双积分 A/D 转换器及其接口

3.7.1　双积分 A/D 转换器的原理

双积分 ADC 是一种间接转换式的 A/D 转换器。它的基本原理是把待转换的模拟电压 U_A 变换成与之成比例的时间间隔 Δt，并在 Δt 时间内，用恒定频率的脉冲去计数，把 Δt 转换成数字 N。N 与 U_A 也成正比，常称为模拟电压-时间间隔-数字量转换原理。

图 3-37 为双积分 ADC 的基本原理，它由积分器、过零鉴别器、计数器和控制电路组成。由 RC 积分网络组成的积分器将输入的模拟电压 U_A 进行积分，输出为 U_O；鉴别器用来判别 U_O 的极性，以控制计数器的计数过程。

双积分 A/D 转换器的工作波形如图 3-38a 所示。转换器先将计数器复位、积分电容 C 完全放电后，其工作分为两个阶段：

（1）第一阶段　模拟开关 S_1 将输入电压 U_A（设 $U_A > 0$）接到积分器的输入端，积分器开始积分，其输出 U_O 按 RC 决定的斜率向下变化。鉴别器输出 $U_C = 1$，门打开，启动计数器对脉冲计数。当计数器计到满量程 N_1 时，计数器回零，控制电路使模拟开关由 S_1 转到 S_2，即断开 U_A，接通 $-U_R$，第一阶段结束。这一阶段实质是对 U_A 积分，积分时间 T_1 固定为

$$T_1 = T_{CP}N_1 \tag{3-38}$$

其中，T_{CP} 为恒定频率的脉冲周期。当积分到 T_1 时，积分器输出电压 U_O 为

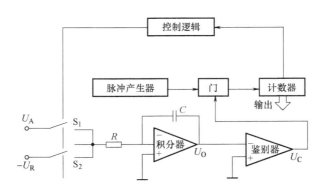

图 3-37 双积分 ADC 原理图

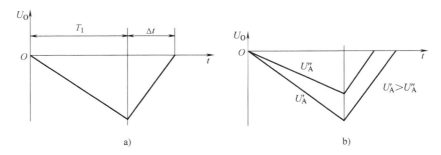

图 3-38 双积分 A/D 转换器的工作波形

$$U_O = -\frac{1}{RC}\int_0^{T_1} U_A \mathrm{d}t \tag{3-39}$$

若电压 U_A 在 T_1 内平均值为 $\overline{U}_A$，R、C 的值也不变，则

$$U_O = -\frac{1}{RC}\overline{U}_A T_1 \tag{3-40}$$

（2）第二阶段　模拟开关 S_2 将基准电压 $-U_R$ 接到积分器输入端，积分器反方向积分，计数器由 0 开始新的一轮计数过程。当积分器输出 U_O 回到起点（0）时，积分器积分过程结束，计数器停止计数，得到本阶段的计脉冲数 N_2。第二次积分时间为 Δt，实质上是将 U_A 转换成与之成正比的时间间隔 Δt，结束积分时的输出为

$$U_O + \frac{1}{RC}\int_0^{\Delta t} U_R \mathrm{d}t = 0 \tag{3-41}$$

当 U_R、R 与 C 均为恒定值时，则有

$$U_O = -\frac{1}{RC}U_R \Delta t \tag{3-42}$$

根据第一阶段的积分输出 U_O，可得

$$-\frac{1}{RC}\overline{U}_A T_1 = -\frac{1}{RC}U_R \Delta t \tag{3-43}$$

$$\Delta t = \frac{T_1}{U_R}\overline{U}_A \tag{3-44}$$

因为 $T_1 = T_{CP}N_1$，$\Delta t = T_{CP}N_2$，所以

$$N_2 = N_1 \frac{\overline{U_A}}{U_R} \tag{3-45}$$

由式（3-45）可以看出，计数值与 U_A 在 T_1 内的平均值成正比。图 3-38b 形象地说明了被转换电压 U_A 与 Δt 之间的关系。U_A 越大，第一阶段（定时积分）结束时 U_0 越大；第二阶段（斜率积分）积分时间 Δt 越长，则计数值 N_2 越大，也就是输出数字量越大。

双积分 ADC 转换过程中进行两次积分，这一特点使其具有如下优点：

1）抗干扰能力强。尤其对工频干扰有较强的抑制能力，只要选择定时积分时间 T_1 为 50Hz 的整数倍即可。

2）具有较高的转换精度。这主要取决于计数脉冲的周期，计数脉冲频率越高，计数精度也就越高。

3）电路结构简单。对积分元件 R、C 参数精度要求不高，只要稳定性好。

4）编码方便。数字量输出既可以是二进制数，也可以是 BCD 码，仅决定于计数器的计数规律。

双积分 ADC 的缺点是转换速度低，常用于速度要求不高、精度要求较高的测量仪器仪表、工业测控系统中。

目前，常用的双积分 A/D 转换器芯片有 ICL7106、ICL7107、ICL7109、ICL7116、ICL7117、ICL7126、ICL7135、ICL7149、MC14433、MAX139、CH259，带微处理器的双积分 A/D 转换器 HI7159A 等。

3.7.2　ICL7135 简介

ICL7135 为 4 位半双积分 A/D 转换器，它动态分时轮流输出 BCD 码，数据输出为非总线形式，具有精度高、价格低的特点。

ICL7135 为高精度 ADC，其主要特性如下：

1）总读数为 ±20000，精度为 ±1。

2）输入阻抗大于 $10^9 \Omega$。

3）自校零，保证零电压输入时读数为零。

4）采用 BCD 码扫描输出。

5）设有 6 个 I/O 辅助信号接口，可与设有 UART 的微处理器或其他复杂电路接口。

6）输出与 TTL 电路兼容。

ICL7135 为 28 线双列直插式封装，其引脚配置如图 3-39 所示。

ICL7135 由 ±5V 电源供电，$U+$ 接 +5V，$U-$ 接 −5V，DGND 为数字地，即接 ±5V 电源的地。U_R 为基准电压高电位输入端，AGND 为模拟地，它既是模拟信号的地又是基准电压的低电位端。INT 为积分器输出，接积分电容。BUF 为缓冲放大器的输出，接积分电阻。AZ 为自动调零输入端，接自动调零电容。CR + 为基准电容

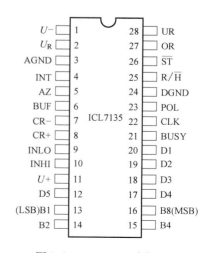

图 3-39　ICL7135 引脚配置

的高电位端，CR－为基准电容低电位端。INHI 为模拟信号输入的正端，INLO 为模拟信号输入的负端。CLK 为时钟信号输入端，R/$\overline{\text{H}}$ 为运行或保持操作端。D1、D2、D3、D4、D5 为位扫描输出端，其中 D1 为个位，D5 为万位。B1、B2、B8、B4 为 BCD 码数据，其中 B1 为低位，B4 为高位。POL 为信号极性输出，信号为正时，POL 为"1"，OR 为超量程状态输出，UR 为欠量程状态输出。BUSY 为忙信号输出，它指示 A/D 正在进行转换还是已转换完毕。$\overline{\text{ST}}$ 为数字选通输出，用以通知微处理器或其他器件准备读取 ICL 的输出数据。

ICL7135 的输出波形如图 3-40 所示。由图可见，ICL7135 在工作期间总是从 B8、B4、B2、B1 引脚将转换后 5 位数字的 BCD 码从高位到低位依次循环扫描输出；同时，引脚 D5～D1 不断送出相应扫描信号，每个位扫描信号宽度为 200 个时钟周期。数字输出选通信号 $\overline{\text{ST}}$ 在每个转换周期内出现一次，一次转换共有 5 个负脉冲，$\overline{\text{ST}}$ 总是出现在每个扫描信号的中部，其宽度为 1/2 时钟周期。

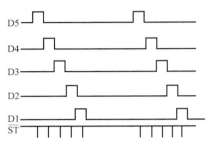

图 3-40　ICL7135 的输出波形

3.7.3　ICL7135 与 MCS-51 单片机 I/O 接口

图 3-41 为 ICL7135 与单片机 89C51 的中断计数法接口方式。图中只画出了数据线 B8、B4、B2、B1，位控线最高位 D5 及相应的标志、状态控制线。

89C51 只能用本身的 I/O 口线与 ICL7135 相连。为了减少占用 I/O 口线，使用 74LS157（4 选 1 数据选择器）。使万位数及其标志信号 B8、B4、B2、B1 与 P1.3～P1.0 共用 I/O 口线。其分时传送通过 D5 控制 74LS157 的选择端 SEL 实现，SEL 输入低电平时，选择 1A～4A 输入端；SEL 输入高电平时，选择 1B～4B 输入端。ICL7135 转换结果输出波形见图 3-40，当每一个转换周期结束后 $\overline{\text{ST}}$ 端发出 5 个负脉冲信号分别与 D5（万位）、D4（千位）、D3（百位）、D2（十位）、D1（个位）位选通信号相对应，在位选通信号（D5～D1）控制下，从 B8、B4、B2、B1 端送出相应位的 BCD 码。万位数只能输出 B1 的 0 或 1，其余三位为 OR

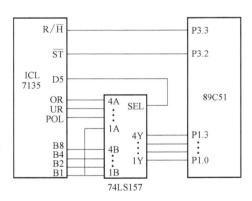

图 3-41　ICL7135 与单片机 89C51 的中断计数法接口方式

（过量程）、UR（欠量程）和 POL（正、负）标志信号。R/$\overline{\text{H}}$ 为自动转换/停止控制，悬空状态时自行产生高电平，按自动转换方式工作；R/$\overline{\text{H}}$ 输入低电平时，本次转换完后进入停止状态，输出值保持不变。

下面用中断计数法实现对 ICL7135 的控制。中断计数法依据 $\overline{\text{ST}}$ 脉冲序列的序号与万、千、百、十、个位数 BCD 码有严格的对应关系设计。用一内存单元（20H）存入除 D5 外尚待读入的 BCD 码位数（#04H），然后每中断一次位数减 1，位数减至零则个位数 BCD 码读完。这种方法可以省去 D1～D4 的接线，从而简化了硬件结构（见图 3-41）。程序流程如

图 3-42 所示。具体的中断服务程序如下：

```
#include <reg51.h>
#include <stdio.h>
sbit P1.0  = P1^0;
sbit P1.1  = P1^1;
sbit P1.2  = P1^4;
sbit P1.3  = P1^3;
sbit P3.2  = P3^2;
int  a[5];
int  DATE;
void tm0_isr()interrupt 1
{
If(i% 5 =0)
    {
    A[j] =8 * P1.3 +4 * P1.2 +2 * P1.1 +1 * P1.0;
    j ++;
    if(j > =5)
        {
        j =0;
        }
    }
}
void main()
    {
        int i =j =0;
        TMOD =0X55;          //计数模式,MODE 1,开始计数
        IP =0X0A;            //优先级设置计数器优先
        TR1 =1;              //启动计数器
        ET1 =1;              //允许计数器 T0 溢出中断
        EA =1;               //开总中断
        TH1 =TL1 =0;
        TF1 =0;
    while(1);
    {
    if(P3.2 ==0)
        {i ++;}
        delay(100);
```

```
DATE = a[4] *10000 + a[3] *1000 + a[2] *100 + a[1] *10 + a[0];
    }
}
```

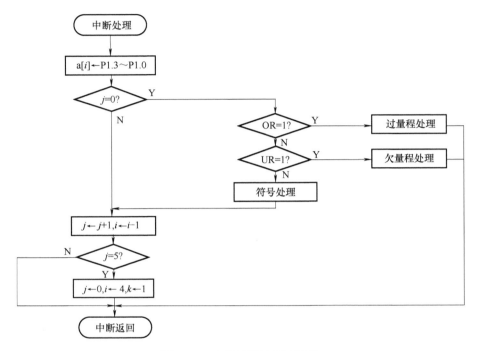

图 3-42　中断计数法程序流程

3.8　∑-Δ 型 A/D 转换器及其接口

∑-Δ 也称为增量调制转换技术，其内部集成了精密比较器、积分器、精密基准电压源、电子开关和脉冲源等功能部件。自 20 世纪 30 年代 ∑-Δ 结构问世以来，它一直被认为是最具发展前景的模/数转换器结构。但直到近期，随着微小尺寸 CMOS 工艺的发展，以及一些新功能的添加，如无闲杂音、高速、定制的数字滤波器，简化的处理器界面以及模拟与数字功能的进一步集成等，使其性能进一步提高。目前商品化的 ∑-Δ 型 A/D 转换器芯片转换精度可达 18 ~ 24 位，完成转换所需的时间为 100 ~ 1000μs，达到了中速 A/D 转换器的水平，而其精度是其他类型 A/D 转换器无法比拟的。

3.8.1　∑-Δ 型 A/D 转换器工作原理

1. 过采样

如果对理想 ADC 输入一恒定直流电压，则多次采样得到的数字输出量总是相同的，而且分辨率会受到量化误差的限制。如果在这个输入直流电压上叠加一个交流信号，并用比这个交流信号频率高得多的采样频率进行采样，则得到的输出数字是变化的，用这些变化的输出的平均值表示 ADC 转换结果，便可以得到比用输入信号频率采样高得多的分辨率，这种方法称作过采样（Oversampling）。如果模拟输入本身就是一个交流信号，采用过采样方法（采样频率远远高于输入信号频率）也同样可以提高 ADC 的分辨率。

一个理想的常规 N 位 ADC 的采样量化噪声功率为 $q/12$（q 为量化单位），均匀分布在直流至输入信号最高频率 f_B 的频带内，且 $f_B = f_S/2$，f_S 为采样频率，如图 3-43a 所示。如果用 Kf_S（K 为过采样倍数）的采样速率对输入信号进行采样，则整个量化噪声位于直流与 $Kf_S/2$ 的频带内，量化噪声功率降为原来的 $1/K$，如图 3-43b 所示。如果在 ADC 后加一个数字滤波器，则可以滤除 $f_S/2 \sim Kf_S/2$ 之间的无用信号而又不影响有用信号，提高了信噪比，实现了用低分辨率 ADC 达到高分辨率的效果，如图 3-43c 所示。

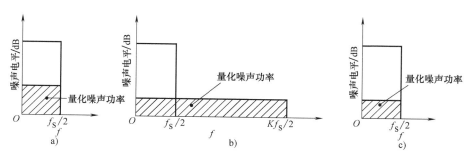

图 3-43　采样及过采样时的量化噪声分布

2. 量化噪声整形

如果简单地使用过采样的方法使分辨率提高 N 位，必须进行 $K = 2^{2N}$ 倍过采样。为使采样速率不超过一个合理的界限，需要对量化噪声的频谱进行整形，使得大部分噪声位于 $f_S/2 \sim Kf_S/2$ 频带内，而仅有很少一部分留在直流至 $f_S/2$ 频带内。使用 Σ-Δ 调制器对量化噪声的频谱进行整形，Σ 表示求和，Δ 表示增量。噪声频谱被调制整形后，数字滤波器可去除大部分量化噪声能量，使总的信噪比大大增加，如图 3-44 所示。

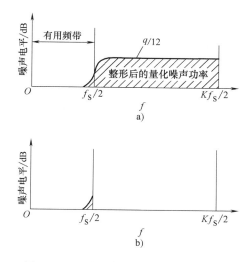

图 3-44　整形及数字滤波后的噪声分布
a）整形后的噪声分布　b）数字滤波后的噪声分布

图 3-45 为一阶 $\Sigma\text{-}\Delta$ ADC 原理框图。点画线框内是 $\Sigma\text{-}\Delta$ 调制器，它以 Kf_S 的采样速率将输入信号转换成 1 和 0 构成的连续串行位流。D 触发器形成 1 位数据流，一路串行进入数字滤波器，一路以负反馈形式与输入信号求和。

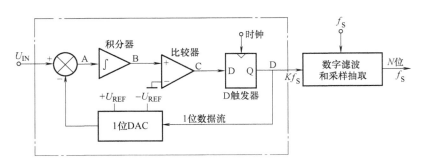

图 3-45　一阶 $\Sigma\text{-}\Delta$ ADC 原理框图

根据反馈理论，具有积分环节的反馈环路的静态误差等于零，因此 DAC 的输出平均值（串行位流）接近输入信号的平均值。用图 3-46 所示频域线性化模型对 $\Sigma\text{-}\Delta$ 调制器做进一步分析。其中，积分器模拟一个传递函数为 $H(s)$ 的滤波器，量化器模拟放大器的输出与量化噪声叠加。假设输入信号为 X，输出信号为 Y。已知 $H(s)=1/s$，则有

$$\begin{cases} Y=(X-Y)/s+Q \\ Y=X/(s+1)+Qs/(s+1) \end{cases} \tag{3-46}$$

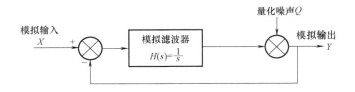

图 3-46　反馈模型

由式（3-46）可以看出，当频率接近于零时（$s\to0$），输出 Y 趋向于 X 且无噪声分量；当频率增高时，X 项的值减小而噪声分量增加。对于高频分量，输出的主要是噪声。实际上，积分器对输入信号具有低通滤波作用，而对噪声分量具有高通滤波作用。因此，可将调制器的模拟滤波作用看作是一种噪声整形滤波器。整形后的量化噪声分布见图 3-44。

同一般的模拟滤波器一样，滤波器的阶数越高，其滤波性能就越好。因此，高阶 $\Sigma\text{-}\Delta$ 调制器得到广泛应用。图 3-47 为二阶 $\Sigma\text{-}\Delta$ ADC 原理框图。

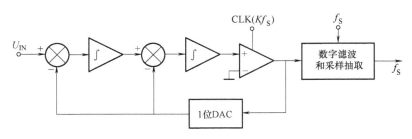

图 3-47　二阶 $\Sigma\text{-}\Delta$ ADC 原理框图

图 3-48 为 $\sum$-Δ 调制器的信噪比与阶数和过采样倍率之间的关系曲线。其中，SNR 为信噪比，K 为过采样倍数。例如，当 $K = 64$ 时，一个理想的二阶 $\sum$-ΔADC 系统的信噪比大约为 80dB，分辨率大约相当于 13 位的 ADC。

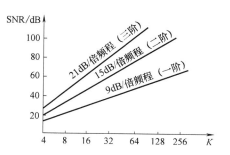

图 3-48 $\sum$-Δ 调制器信噪比与阶数和过采样倍率之间的关系

3. 数字滤波和采样抽取

使用 $\sum$-Δ 调制器对量化噪声整形之后，将量化噪声移到 $f_S/2$ 频带之外，然后再对整形后的噪声进行数字滤波。数字滤波器的作用有两个：一是相对于最终频率 f_S，它必须起到滤波器的作用；二是必须滤除 $\sum$-Δ 调制器在噪声整形过程中产生的高频噪声。

要想不失真地恢复原始信号，数字滤波器在降低带宽后必须满足采样定理。由于采取了过采样，采样过程产生了许多多余信号。数字滤波器通过每输出 M 个数据抽取一个数据的重采样方法，实现了使输出数据低于原来的过采样速率，直到使关心的频带满足采样定理。图 3-49 为 $M = 4$ 的采样抽取，其中输入信号 $X(n)$ 的重复采样频率已降到原来过采样速率的 1/4。

传统的 A/D 转换器采用过采样实现高分辨率有很大的困难，这是因为要获得频率响应特性陡峭和非线性失真很小的模拟滤波器比较困难。虽然增加量化位数 N 减小了量化误差，但由于元器件失配的影响，量化级之间不匹配（间距不等）形成的误差将随 N 的增大而增大。因此，传统 A/D 转换中模拟电路固有噪声容限小的缺点，使得难以获得价

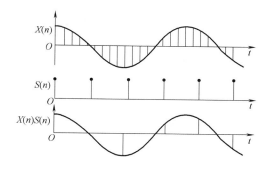

图 3-49 $M = 4$ 的采样抽取

格低廉、性能高的 A/D 转换器。而采用 $\sum$-Δ 转换技术，数字电路占有很大的比重（$\sum$-Δ 调制、数字滤波等），从而使得获得高精度、低成本的转换器成为现实。

$\sum$-ΔADC 具有积分型 ADC 与反馈比较型 ADC 的双重优点。$\sum$-ΔADC 是在电荷平衡式 V/F 转换基础上改进而成，它取消了电荷平衡式 V/F 转换中较为复杂的单稳定时电路，而用比较简单的 D 触发器代替，从而使得在 $\sum$-ΔADC 电路组成中，对精密元器件的要求降到了最低程度。$\sum$-ΔADC 也具有像双积分 ADC 那样对串模干扰的抑制能力。由于它是一个连续转换的闭环系统，对组成电路的某些元器件的要求低于双积分 ADC。例如，比较器的失调与漂移不会影响转换精度。$\sum$-ΔADC 采用了数字式反馈比较，大大降低了量化噪声，提高了分辨率。

$\sum$-ΔADC 具有的上述优点，使其得到广泛重视。目前已有多种 $\sum$-ΔADC 集成芯片投向市场，如美国 AD 公司生产的 AD7701（16 位）、AD7703（20 位）、AD7710 与 AD7714（24 位）、AD7715（16 位，带可编程的 1～128 倍放大器）。$\sum$-ΔADC 目前在音频信号处理和低频模拟测量中得到应用。

3.8.2　AD7703 简介

AD7703 是美国 AD 公司推出的 20 位单片 A/D 转换器，由于采用过采样 Σ-Δ 转换技术和片内自校准控制电路，不仅具有精度高、成本低、工作温度范围宽、噪声低、抗干扰能力强等特点，而且具有灵活的串行输出模式，极易和单片机接口，适用于工业过程参数检测、遥控检测和户外智能化仪器仪表。

AD7703 对工业现场噪声的抑制能力不亚于双积分 ADC，它比双积分型 ADC 有较高的数据输出速率；与逐次逼近型 ADC 相比，有较高的信噪比，分辨率高、线性度好，而且简化了模拟电路结构，不需要采样保持电路。AD7703 芯片还提供了两种自校准（又称自标定）方法，不像一般 ADC 芯片需要手动进行零点调节和增益调节。

AD7703 和普通的 A/D 转换器不同，只要一上电，AD7703 就开始对输入信号进行采样，而不需要启动信号。

AD7703 的主要性能如下：

1) 20 位分辨率。

2) 最大非线性误差为 0.0003%。

3) 满量程误差为 ±4LSB，典型有效值噪声为 1.6LSB。

4) 片内自校准系统。

5) 低通滤波器的转折频率为 0.1～10Hz。

6) 数据传输速率为 4k SPS 输出数据速率。

7) 灵活的串行接口。

8) 工作温度范围 A、B、C 级为 −40 ～ +85℃，S 级为 −55 +125℃；

9) 超低功耗：正常工作为 40mW，睡眠状态为 10μW。

AD7703 的内部结构框图如图 3-50 所示，它由校准微控制器、校准静态 RAM、20 位 Σ-ΔADC、模拟调制器、6 极点高斯低通数字滤波器、时钟发生器和串行接口逻辑等组成。

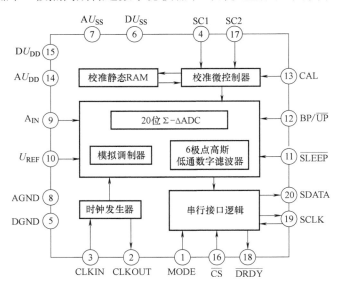

图 3-50　AD7703 内部结构框图

AD7703 以 $f_{\text{CLKIN}}/256$ 的速率对模拟输入信号进行连续采样，采样信号由 $\Sigma\text{-}\Delta\text{ADC}$ 转换成数字脉冲序列，该序列经六极点高斯低通数字滤波器处理后，以 4kHz 的速率更新一个 20 位数据输出寄存器。寄存器中的数据可以从串行接口采用同步内时钟或同步外时钟方式随机读出。

片内用微控制器来控制芯片的自校准，以消除芯片本身的零点误差和增益误差；同时片内还有系统校准（又称系统标定），以消除输入通道的失调和增益误差。校准开始由外部输入的信号 CAL 控制，用户可在任意时刻施加 CAL 信号，启动 AD7703 校准。

AD7703 为 20 引脚双列直插式封装，如图 3-51 所示。

AD7703 的采样速率、输出数据速率、滤波特性、建立时间和校准时间都与主时钟频率 f_{CLKIN} 密切相关。使用外部时钟信号时可加到 CLKIN 引脚（此时 CLKOUT 不用）；使用内部时钟信号时可由石英晶体接在 CLKIN 和 CLKOUT 引脚之间获得，如图 3-52 所示。若用 4.096MHz 的石英晶体，外接电容 C_1、C_2 可省略；若用 3.579MHz 的石英晶体，$C_1 = C_2 = 20\text{pF}$；若用 2MHz 的石英晶体，$C_1 = C_2 = 30\text{pF}$。

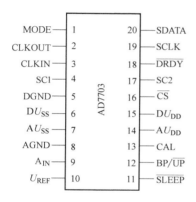

图 3-51　AD7703 的封装

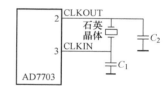

图 3-52　时钟电路

AD7703 是以外部参考源 U_{REF} 为基准的 A/D 转换器，其单、双极性由 $\text{BP}/\overline{\text{UP}}$ 选择。当此引脚接高电平时，AD7703 允许双极性输入，输入电压范围为 $-2.5\sim+2.5\text{V}$；当此引脚接低电平时，AD7703 允许单极性输入，输入电压范围为 $0\sim+2.5\text{V}$。

AD7703 的参考电源为 $1\sim3\text{V}$，通常采用 2.5V。为了保证良好的噪声抑制能力，应选择在 $0.1\sim10\text{Hz}$ 时噪声小的电源，否则会影响 AD7703 的性能。建议采用 AD580 和 LT101 参考源，它们在 $0.1\sim10\text{Hz}$ 带宽内的噪声小于 $10\mu\text{U}$（峰-峰值）。

AD7703 的标定对于芯片能否正常使用起着非常重要的作用。每次系统加电启动或重新复位后，系统应自动为 AD7703 进行一次标定。而用户每次使用 AD7703 从掉电保护状态进入正常工作状态后也应为 AD7703 进行一次标定。

AD7703 包含有自校准和系统校准功能，即能消除 AD7703 本身的零点、增益和漂移误差，以及系统输入通道的失调和增益误差。

AD7703 拥有两种方式的数字接口，即 SSC 方式（同步内时钟方式）和 SEC 方式（同步外时钟方式），采用哪种方式由 MODE 引脚所加的电平决定。当 MODE = 1 时，AD7703 工作在 SSC 方式；当 MODE = 0 时，AD7703 工作在 SEC 方式。SEC 方式具有接口简单、编程方便等优点。下面将着重介绍 SEC 方式，其工作时序如图 3-53 所示。

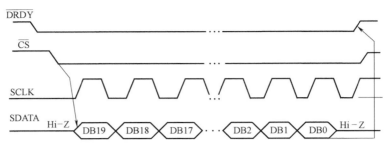

图 3-53　SEC 方式的工作时序

从图 3-53 可以看出，在$\overline{CS}$下降沿串行数据的 MSB 首先有效发送。其后的 19 位数据在外部时钟 SCLK 的下降沿更新，上升沿才稳定有效发送。在最低位 LSB 送出后，$\overline{DRDY}$和 SDADA 引脚变为三态输出。如果当新的数据有效时，$\overline{CS}$为低电平，并且 AD7703 还在发送数据，那么 AD7703 仍旧发送输出寄存器中原先的数据，新数据丢失。

3.8.3　AD7703 与单片机的接口

AD7703 与单片机 8031 的接口电路如图 3-54 所示。AD7703 的内主时钟由 4MHz 石英晶体提供，参考电压 +2.5 V 由 AD580 提供。采用自校准方式，使其上电和复位后恢复到初始状态，以及进行正确标定。

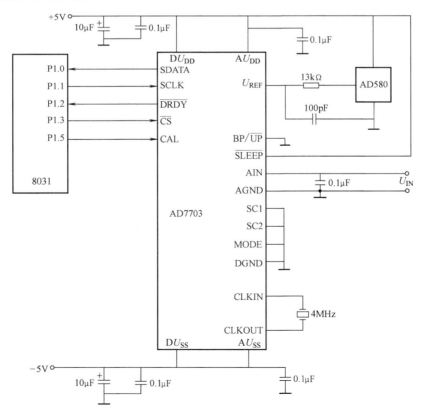

图 3-54　AD7703 与单片机 8031 的接口电路

AD7703 将转换好的 20 位二进制数放入输出寄存器并按一定的时序串行输出，需要通过编程将 AD7703 的输出读取出来。使用 SEC 方式读取数据，要求 8031 为 AD7703 提供外部同步时钟。数据读取的思路：先判断$\overline{DRDY}$是否为低（P1.2 口），若为低表示已有转换好的数据存于输出寄存器中。这时再使$\overline{CS}$信号变低（P1.3 口），接收 20 位数据的 MSB 位。然后，8031 由 P1.1 口送出外同步时钟 SCLK，AD7703 在 SCLK 的下降沿更新数据，数据在 SCLK 的上升沿稳定。8031 在 SCLK 的上升沿后读取数据，不断循环，直到 20 位数据全部读出。

假定从 AD7703 中读出的数据中的高 4 位存于 32H 单元，中 8 位存于 31H 单元，低 8 位存于 30H 单元，AD7703 的读出程序如下：

```
#include <reg51.h>
#include <stdio.h>
sbit P1_0 = P1^0;
sbit P1_1 = P1^1;
sbit P1_2 = P1^2;
sbit P1_3 = P1^3;
void main()
{
int i;
int tempt;tempt1;tempt2;
while(1)
{
if(P1_2 ==0)
{
P1_3 =0;
for(i =0;i <4;i ++)
{
P1_1 =1;
if(P1_0)
tempt =tempt ||0x01
tempt <<1;
else
{ tempt =tempt&0xFE;
tempt <<1;
}
P1_1 =0;
}
for(i =0;i <8;i ++)
```

```
{
P1_1 =1;
if( P1_0)
tempt1 =tempt1 || 0x01
tempt <<1;
else
{ tempt1 =tempt1&0xFE;
tempt1 <<1;
}
P1_1 =0;
}
for(i =0;i <8;i ++)
{
P1_1 =1;
if( P1_0)
tempt2 =tempt2 || 0x01
tempt <<1;
else
{ tempt2 =tempt2&0xFE;
tempt1 <<1;
}
P1_1 =0;
}
}
}
}
```

3.9 数据采集系统设计

前文对数据采集系统的主要组成元件进行了论述，为了能够更深入地理解数据采集技术以及系统的组成，本节从系统设计的角度深入分析数据采集系统的特性和误差。

3.9.1 数据采集系统的特性

1. 输入信号特性

在输入信号的特性方面主要考虑以下问题：信号的数量，信号的特点（模拟量还是数字量），信号的强弱及动态范围，信号的输入方式（如单端输入还是差动输入，单极性还是双极性，信号源接地还是浮地），信号的频带宽度，信号是周期信号还是瞬态信号，信号中的噪声及其共模电压的大小，信号源的阻抗等。

2. 系统性能特性

数据采集系统的主要技术指标如下：

（1）系统的通过速率　系统的通过速率又称为系统速度、传输速率、采样速率或吞吐率，是指在单位时间内系统对模拟信号的采集次数。通过速率的倒数是通过周期（吞吐时间），通常又称为系统响应时间或系统采集周期，表明系统每采样并处理一个数据所占用的时间。它是设计数据采集系统的重要技术指标，对于高速数据采集系统尤为重要。

（2）系统的分辨率　系统的分辨率是指数据采集系统可以分辨的输入信号的最小变化量。通常用最低有效位值（LSB）、系统满刻度值的百分数（% FSR）或系统可分辨的实际电压数值等来表示。

（3）系统精度　系统精度是指当系统工作在额定通过速率时，系统采集的数值和实际值之差。它表明了系统误差的总和。应该注意，系统的分辨率和系统精度是两个不同的概念，不能将二者混淆。

此外，设计数据采集系统还应考虑系统的非线性误差、共模抑制比、串模抑制比等指标。

3. 接口特性

接口特性包括采样数据的输出形式（并行输出还是串行输出）、数据的编码格式、与什么数据总线相接等。

3.9.2　数据采集系统误差分析

1. 采样误差

（1）采样频率引起的误差　为了有效地恢复原来的信号，采样频率必须大于信号最高有效频率f_H的两倍。如果不满足奈奎斯特采样定理，将产生混叠误差。为了避免输入信号中杂散频率分量的影响，在采样预处理之前，用截止频率为f_H的低通滤波器，即抗混叠滤波器进行滤波。

另外，可以通过提高采样频率的方法消除混叠误差。在智能仪器或自动化系统中，如有可能，往往选取高于信号最高频率 10 倍甚至几十倍的采样频率。

（2）系统的通过速率与采样误差　多路数据采集系统在工作过程中需要不断地切换模拟开关，采样保持器也交替地工作在采样和保持状态下，采样是个动态过程。

采样保持器接收到采样命令后，保持电容从原来的状态跟踪新的输入信号，直到经过捕获时间t_{AC}后，输出电压接近输入电压值。采样保持器输出电压达到精度指标（与被测电压的误差在 0.1% ~0.01% 范围之内）。

控制器发出保持命令后，保持开关需要延时一段时间t_{AP}（孔径时间）才能真正断开，这时保持电容才开始起保持作用。如果在孔径时间内输入信号发生变化，则产生孔径误差。只要信号变化速率不太快，孔径时间不太长，孔径误差可以忽略。

采样保持器进入保持状态后，需要经过稳定时间t_{ST}，输出才能达到稳定。

可见，发出采样命令后，必须延迟捕获时间t_{AC}再发保持命令，才可以使采样保持器捕获到输入信号。发出保持命令后，经过孔径时间t_{AP}和稳定时间t_{ST}延迟后再进行 A/D 转换，可以消除由于信号不稳定引起的误差。

多路模拟开关的切换也需要时间，即本路模拟开关的接通时间t_{on}和前一路开关的断开

时间 t_{off}。如果采样过程不满足这个时间要求，就会产生误差。

另外，A/D 转换需要时间，即信号的转换时间 t_c 和数据输出时间 t_o。

系统的通过速率的倒数为吞吐时间，它包括模拟开关切换时间（接通时间 t_{on} 和断开时间 t_{off}）、采样保持器的捕获时间 t_{AC}、孔径时间 t_{AP} 和稳定时间 t_{ST}，A/D 转换时间 t_c 和数据输出时间 t_o。系统通过周期（吞吐时间）t_{TH} 可表示为

$$t_{TH} = t_{on} + t_{off} + t_{AC} + t_{AP} + t_{ST} + t_c + t_o \tag{3-47}$$

如果系统中有放大器，式（3-47）中还应该加上放大器的稳定时间。

为了保证系统正常工作，消除系统在转换过程中的动态误差，模拟开关对 N 路信号顺序进行等速率切换时，采样周期至少为 Nt_{TH}，每通道的吞吐率为

$$f_{TH} \leqslant \frac{1}{Nt_{TH}} \tag{3-48}$$

如果使用重叠采样方式，在 A/D 转换器的转换和数据输出的同时，切换模拟开关采集下一路信号，则可提高每个通道的吞吐率。

设计数据采集系统选择器件时，必须使器件的速度指标满足系统通过速率（吞吐时间）的要求，模拟开关、采样保持器和 A/D 转换器的动态参数必须满足式（3-47），否则在数据采集的过程中，由于模拟开关的切换未完成，或者采样保持器的信号未稳定，或者 A/D 转换器的转换、数据输出未结束，将造成采集、转换的数据误差很大。

如果使用数据采集系统芯片，特别要注意芯片的采样速率，这一指标综合了数据采集系统各部分电路的动态参数。

2. 模拟电路的误差

（1）模拟开关导通电阻 R_{on} 的误差 模拟开关存在一定的导通电阻，信号经过模拟开关会产生电压降。模拟开关的负载一般是采样保持器或放大器。显然，开关的导通电阻 R_{on} 越大，信号在开关上的电压降越大，产生的误差也越大。另外，导通电阻的平坦度 ΔR_{on} 表示导通电阻的起伏，导通电阻的变化会使放大器或采样保持器的输入信号波动，引起误差。误差的大小和开关的负载的输入阻抗有关。一般模拟开关的导通电阻为 $100 \sim 300\Omega$，放大器、采样保持器的输入阻抗为 $10^6 \sim 10^{12}\Omega$，故由导通电阻引起的输入信号误差可以忽略不计。

如果负载的输入阻抗较低，为了减少误差，可以选择低阻开关，有的模拟开关的电阻小于 100Ω，如 MAX313-314 的导通电阻仅为 10Ω。

（2）多路模拟开关泄漏电流 I_s 引起的误差 模拟开关断开的泄漏电流 I_s 一般在 1nA 左右。当某一路接通时，其余各路均断开，它们的泄漏电流 I_s 都经过导通的开关和这一路的信号源流入地，在信号源的内阻上产生电压降，引起误差。例如，一个 8 路模拟开关，泄漏电流 I_s 为 1nA，信号源内阻为 50Ω，断开的 7 路泄漏电流 I_s 在导通这一路的信号源内阻上产生的电压降为 $1 \times 10^{-9}\text{A} \times 7 \times 50\Omega = 0.35\mu\text{V}$。

可见，如果信号源的内阻小，则泄漏电流影响不大，有时可以忽略。如果信号源内阻很大，而且信号源输出的信号电平较低，就需要考虑模拟开关的泄漏电流的影响。一般希望泄漏电流越小越好。

（3）采样保持器衰减率引起的误差 在保持阶段，保持电容的漏电流会使保持电压不断地衰减，衰减率为

$$\frac{\mathrm{d}U}{\mathrm{d}t} = \frac{I_\mathrm{D}}{C_\mathrm{H}}$$

$$(3\text{-}49)$$

式中，I_D 为流入保持电容 C_H 的总泄漏电流。

I_D 包括采样保持器中的缓冲放大器的输入电流和模拟开关截止时的漏电流，以及电容内部的漏电流。如果衰减率大，则在 A/D 转换期间保持电压减小，影响测量准确度。一般选择漏电流小的聚四氟乙烯等优质电容，可以使衰减率引起的误差忽略不计。增大电容的容量也可以减小衰减率，但电容太大会影响系统的采样速率。

（4）放大器的误差　数据采集系统往往需要使用放大器对信号进行放大并归一化。如果输入信号分散在不同的地方而且比较小，则给每路设置一个放大器，将信号放大后再传输。如果信号比较集中且不要求同步采样，多路信号可共用一个程控放大器。由于多路信号幅值的差异可能很大，为了充分发挥 A/D 转换器的分辨率，又不使其过载，可以针对不同信号的幅值调节程控放大器的增益，使加到 A/D 转换器输入端的模拟电压幅值满足 $\frac{1}{2}U_\mathrm{FS} \leqslant U_\mathrm{i} \leqslant U_\mathrm{FS}$。

放大器是系统的主要误差源之一。其中有放大器的非线性误差、增益误差、零位误差等。在计算系统误差时必须把它们考虑进去。

3. A/D 转换器的误差

A/D 转换器是数据采集系统中的重要部件，其性能指标对整个系统起着至关重要的作用，也是系统中的重要误差源。选择 A/D 转换器时，必须从精度和速度两方面考虑，要考虑它的位数、速度及输出接口。

4. 数据采集系统误差计算

计算数据采集系统误差时，必须对各部分电路进行仔细分析，找出主要因素，忽略次要因素，分别计算各部分的相对误差，然后进行误差综合。如果误差项在 5 项以上，按方均根形式综合为宜；若误差项在 5 项以下，按绝对值和的方式综合为宜。

按方均根形式综合误差的表达式为

$$\varepsilon = \sqrt{\varepsilon_\mathrm{MUX}^2 + \varepsilon_\mathrm{AMP}^2 + \varepsilon_\mathrm{SH}^2 + \varepsilon_\mathrm{ADC}^2}$$

$$(3\text{-}50)$$

按绝对值和方式综合误差的表达式为

$$\varepsilon = (\,|\varepsilon_\mathrm{MUX}| + |\varepsilon_\mathrm{AMP}| + |\varepsilon_\mathrm{SH}| + |\varepsilon_\mathrm{ADC}|\,)$$

$$(3\text{-}51)$$

式中，ε_MUX 为多路模拟开关的误差；ε_AMP 为放大器的误差；ε_SH 为采样保持器的误差；ε_ADC 为 A/D 转换器的误差。

3.9.3　数据采集系统的误差分配举例

设计一个数据采集系统，一般首先给定精度要求、工作温度、通道数目和信号特征等条件，然后根据这些条件，初步确定通道的结构方案和元器件选择。

在确定通道的结构方案之后，应根据通道的总精度要求，给各个环节分配误差，以便选择元器件。通常传感器和信号放大电路所占的误差比例最大，其他各环节，如采样保持器和 A/D 转换器等误差，可以按选择元器件精度的一般规则和具体情况而定。

选择元器件精度的一般规则：每一个元器件的精度指标应该优于系统规定的某一最严格的性能指标的 10 倍左右。例如，要构成一个要求 0.1% 级精度性能的数据采集系统，所选择的 A/D 转换器、采样保持器和模拟多路开关组件的精度都应该不大于 0.01%。

初步选定各个元器件之后，还要根据各个元器件的技术特性和元器件之间的相互关系核算实际误差，并且按绝对值和的形式或方均根形式综合各类误差，检查总误差是否满足给定的指标。如果不合格，应该分析误差，重新选择元器件及进行误差的综合分析，直至达到要求。举例说明：设计一个远距离测量室内温度的模拟输入通道。

已知满量程为 100℃，共有 8 路信号，要求模拟输入通道的总误差为 ±1.0℃（即相对误差 ±1%），环境温度为（25 ± 15）℃，电源波动为 ±1%。

模拟输入通道的设计步骤如下。

1. 方案选择

鉴于温度的变化一般很缓慢，故可以选择多通道共享采样保持器和 A/D 转换器的通道结构方案，温度传感器及信号放大电路方案如图 3-55 所示。

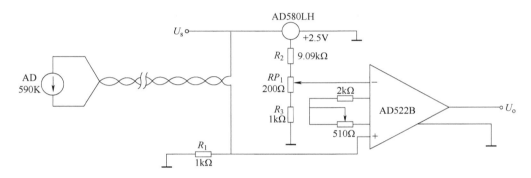

图 3-55　温度传感器及信号放大电路方案

2. 误差分配

由于传感器和信号放大电路是整个通道总误差的主要部分，故将总误差的 90%（即 ±0.9℃ 的误差）分配至该部分。该部分的相对误差为 ±0.9%，数据采集、转换部分和其他环节的相对误差为 ±0.1%。

3. 初选元器件与误差估算

（1）传感器选择与误差估算　由于是远距离测量，且测量范围不大，故选择电流输出型集成温度传感器 AD590K。由技术手册可查出：

1）AD590K 的线性误差为 0.20℃。

2）AD590K 的电源抑制误差：当 $\pm 5V \leqslant U_s \leqslant +15V$ 时，AD590K 的电源抑制系数为 0.2℃/V。现设供电电压为 10V，U_s 变化为 1%，则由此引起的误差为 0.02℃。

3）电流电压变换电阻的温度系数引入误差：AD590K 的电流输出远传至采集系统的信号放大电路，必须先经电阻变为电压信号。电阻值为 1 kΩ，电阻误差为 0.1%，电阻温度系数为 10×10^{-6}/℃。AD590K 灵敏度为 1μA/℃，在 0℃ 时输出电流为 273.2μA。所以，当环境温度变化 15℃ 时，它所产生的最大误差电压（当测量温度为 100℃ 时）为

(273.2×10^{-6})A $\times (10 \times 10^{-6})$/℃ $\times 15$℃ $\times 10^3 \Omega \approx 4.0 \times 10^{-5}$V $= 0.04$mV（相当于 0.04℃）

（2）信号放大电路的误差估算　AD590K 的电流输出经电阻转换成最大量程为 100mV 的电压，而 A/D 的满量程输入电压为 10V，故需加一级放大电路，现选用仪用放大电路

AD522B，放大器输入加一偏置电路。将传感器 AD590K 在 0℃时的输出值 273.2mV 进行偏移，以使 0℃时输出电压为零。为此，尚需一个偏置电源和一个分压网络，由 AD580LH 以及 R_2、RP_1、R_3 构成的电路如图 3-55 所示。偏置后，100℃时 AD522B 的输出值为 10V，显然，放大器的增益为 100。

1）参考电源 AD580LH 的温度系数引起的误差。AD580LH 用来产生 273.2mV 的偏置电压，其电压温度系数为 $25 \times 10^{-6}/℃$，当温度变化 ±15℃时，偏置电压引起的误差为

$$(273.2 \times 10^{-3})V \times (25 \times 10^{-6})/℃ \times 15℃ \approx 1.0 \times 10^{-4}V = 0.1mV（相当于 0.1℃）$$

2）电阻电压引入的误差。电阻 R_2 和 R_3 的温度系数为 $\pm 10 \times 10^{-6}/℃$，±15℃温度变化引起的偏置电压的变化为

$$(273.2 \times 10^{-3})V \times (10 \times 10^{-6})/℃ \times 15℃ \approx 4.0 \times 10^{-5}V = 0.04mV（相当于 0.04℃）$$

3）仪用放大器 AD522B 的共模误差。AD522B 的增益为 100，此时 CMRR 的最小值为 100dB，即 $A_{ud}/A_{uc} = 10^{-5}$，共模电压为 273.2mV，故产生的共模误差为

$$(273.2 \times 10^{-3})V \times 10^{-5} \approx 2.7 \times 10^{-6}V = 2.7\mu V（可以忽略）$$

4）AD522B 的失调电压温度漂移引起的误差。AD522B 的输入失调电压温度系数为 $\pm 2\mu V/℃$，输出失调电压温度系数为 $\pm 25\mu V/℃$，折合到输入端的失调电压温度系数为 $\pm 0.25\mu V/℃$，则总的失调电压温度系数为 $\pm 2.25\mu V/℃$。温度变化为 ±15℃时，输入端出现的失调漂移为

$$(2.25 \times 10^{-6})V/℃ \times 15℃ = 3.375 \times 10^{-5}V \approx 0.03mV（相当于 0.03℃）$$

5）AD522B 的增益温度系数产生的误差。AD522B 的增益为 1000 时的最大温度系数为 $\pm 25 \times 10^{-6}/℃$，增益为 100 时，温度系数要小于这一数值，如仍取这一数值，且设所用增益电阻温度系数为 $\pm 10 \times 10^{-6}/℃$，环境温度变化为 ±15℃，放大器输入为最大值 100mV 时的最大温度增益误差为

$$(25 + 10) \times 10^{-6}/℃ \times 15℃ \times 100mV \approx 0.05mV（相当于 0.05℃）$$

在 100℃时，该误差折合到放大器输入端为 0.05mV，相当于 0.05℃。

6）AD522B 的线性误差。AD522B 的非线性在增益为 100 时近似等于 0.002%，输出 10V 波动范围产生的线性误差为

$$10V \times 0.002\% = 2 \times 10^{-4}V = 0.2mV（相当于 0.2℃）$$

现按绝对值和的方式进行误差综合，则传感器、信号放大电路的总误差为

$$(0.20 + 0.02 + 0.04 + 0.10 + 0.04 + 0.03 + 0.05 + 0.20)℃ = 0.68℃$$

若用方均根综合方式，这传感器信号放大电路的总误差为

$$\sqrt{0.2^2 + 0.02^2 + 0.04^2 + 0.1^2 + 0.04^2 + 0.03^2 + 0.05^2 + 0.2^2}℃ \approx 0.24℃$$

估算结果表明，传感器和信号放大电路部分满足误差分配的要求。

（3）A/D 转换器、采样保持器和多路开关的误差估算　因为分配给该部分的总误差不能大于 0.1%，所以 A/D 转换器、采样保持器、多路开关的线性误差应小于 0.01%。为了能正确地进行误差估算，需要了解这部分器件的技术特性。

1）技术特性。设初选的 A/D 转换器、采样保持器、多路开关的技术特性如下：

① A/D 转换器为 MAX1240，其有关技术特性如下：线性误差为 0.012%（FSR）；微分线性误差为 ± 1LSB；增益温度系数（max）为 $\pm 0.25 \times 10^{-6}/℃$；失调温度系数（max）为

$\pm0.68\times10^{-6}/℃$；电压灵敏度为 3.6（1 $\pm0.0008\%$）V；输入模拟电压范围为 1.0 ~ 3.6V；转换时间为 5.5 ~ 7.5μs。

② 采样保持器为 ADSHC-85，其有关技术特性如下：增益非线性为 $\pm0.01\%$；增益误差为 $\pm0.01\%$；增益温度系数为 $\pm10\times10^{-6}/℃$；输入失调温度系数为 $\pm100\mu$V$/℃$；输入电阻为 $10^{11}\Omega$；电源抑制为 200μV$/$V；输入偏置电流为 0.5nA；捕获时间（10V 阶跃输入、输出为输入值的 0.01%）为 4.5μs；保持状态稳定时间为 0.5μs；衰变速率（max）为 0.5mV$/$ms；衰变速率随温度的变化为温度每升高 10℃，衰变数值加倍。

③ 多路开关为 AD7501 或 AD7503，其主要技术特性如下：导通电阻为 300Ω；输出截止漏电流为 10nA（在整个工作温度范围内不超过 250nA）。

2）常温（25℃）下的误差估算。常温下的误差估算包括多路开关误差、采集器误差和 A/D 转换器误差的估算。

① 多路开关误差估算。设信号源内阻为 10Ω，则 8 个开关截止漏电流在信号源内阻上的电压降为

$$(10\times10^{-9})A\times8\times10\Omega=8\times10^{-8}V=0.8\mu V（可以忽略）$$

开关导通电阻和采样保持器输入电阻的比值，决定了开关导通电阻上输入信号电压降所占的比例，即

$$\frac{300\Omega}{10^{11}\Omega}=3\times10^{-9}（可以忽略）$$

② 采样保持器的误差估算。线性误差为 $\pm0.01\%$；输入偏置电流在开关导通电阻和信号源内阻上所产生的电压降为

$$(300+10)\Omega\times0.5\times10^{-9}A\approx1.6\times10^{-7}V=0.16\mu V（可以忽略）$$

③ A/D 转换器的误差估算。线性误差为 $\pm0.012\%$；量化误差为 $\pm\frac{1}{2^{12}}\times100\%\approx\pm0.024\%$。

滤波器的混叠误差取为 0.01%。采样保持器和 A/D 转换器的增益和失调误差均可以通过零点和增益调整来消除。

按绝对值和的方式进行误差综合，系统总误差为混叠误差、采样保持器的线性误差及 A/D 转换器的线性误差与量化误差之和，即

$$\pm(0.01+0.012+0.024+0.01)\%=\pm0.056\%$$

按方均根形式综合，系统总误差为

$$\pm(\sqrt{0.01^2+0.012^2+0.024^2+0.01^2})\%\approx\pm0.030\%。$$

3）工作温度范围 [（25$\pm$15）℃] 内误差估算。

① 采样保持器的漂移误差。

失调漂移误差　$\pm100\times10^{-6}V/℃\times15℃=\pm1.5\times10^{-3}V$

相对误差　$\pm\frac{1.5\times10^{-3}V}{10V}=\pm0.015\%$

增益漂移误差　$\pm10\times10^{-6}/℃\times15℃\times100\%=\pm0.015\%$

±15V 电源电压变化所产生的失调误差（设电源电压变化为 1%）为

$$200\times10^{-6}V/V\times15V\times1\%\times10^{-1}=0.3\times10^{-5}V（可以忽略）$$

② A/D 转换器的漂移误差。

增益漂移误差　$(\pm 0.25 \times 10^{-6})/℃ \times 15℃ \times 100\% \approx \pm 0.0004\%$　（可以忽略）

失调漂移误差　$(\pm 0.68 \times 10^{-6})/℃ \times 15℃ \times 100\% \approx \pm 0.001\%$　（可以忽略）

电源电压变化的失调误差为 0.00008（可以忽略）。

按绝对值和的方式综合，工作温度范围内系统总误差为

$$\pm (0.015 + 0.015)\% = \pm 0.030\%$$

按方均根方式综合，工作温度范围内系统总误差为

$$\pm (\sqrt{2 \times 0.015^2})\% \approx \pm 0.021\%$$

计算表明，系统总误差满足要求。因此，所选择的各个元器件在精度和速度两方面都满足系统总指标的要求。

思考题与习题

1. 数据采集系统主要实现哪些基本功能？

2. 简述数据采集系统的基本结构形式，并比较其特点。

3. 为什么要在数据采集系统中使用测量放大器？如何选择测量放大器？

4. 根据耦合器件工作方式的不同，隔离放大器可分为哪几种类型？

5. 在设计数据采集系统时，选择模拟多路转换器需要考虑的主要因素是什么？

6. 能否说出一个带有采样保持器的数据采集系统，其采样频率可以不受限制？为什么？

7. 简述斩波稳零运算放大器的工作过程，并说明其特点。

8. 在数据采集系统中，模拟多路转换器的作用是什么？选择型号和配置电路的原则是什么？

9. 如果一个数据采集系统，要求有1%级的精度性能指标，在设计该数据采集系统时，应如何选择系统的各个元器件？

10. 设计一个由 89S51 单片机控制程控隔离放大器增益的接口电路。已知输入信号小于 10mV，要求当输入信号小于 1mV 时，增益为 1000，而输入信号每增加 1mV，其增益自动减少一半，直到 100mV 为止。

11. 一个数据采集系统的采样对象是粮库的温度和湿度，要求测量精度分别是 ±1℃ 和 ±3% RH，每 10min 采集一次数据，应选择哪种类型的 ADC 和通道方案？

▶ 第 4 章

模拟量与开关量信号输出系统

4.1 概述

4.1.1 输出通道的结构

智能仪器的输出通道直接输出模拟量或数字量，可以控制电动机的起停、步进电动机的运转、阀门的开闭及状态显示等。

1. 模拟量输出通道

模拟量输出通道一般由 D/A 转换器、模拟多路开关、保持器等组成，其中 D/A 转换器是完成数/模转换的主要器件。

模拟量输出通道有单通道和多通道之分。其中，多通道结构通常又分为以下两种：

1）每个通道有独自的 D/A 转换器，如图 4-1 所示。这种形式通常用于各个模拟量可分别刷新的快速输出通道。

2）多路通道共享 D/A 转换器，如图 4-2 所示。这种形式通常用于输出通道不太多、对速度要求不太高的场合。模拟多路开关轮流接通各个保持器，予以刷新，而且每个通道要有足够的接通时间，以保证有稳定的模拟量输出。

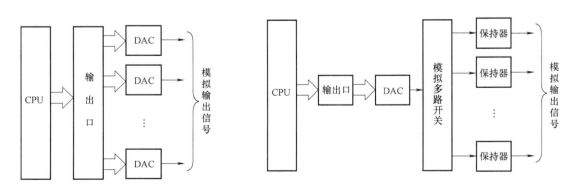

图 4-1　每通道有独自 D/A 转换器的结构　　　　图 4-2　多通道共享 D/A 转换器的结构

2. 数字量输出通道

数字量输出通道主要由输出锁存器、数字光电隔离电路、输出地址译码电路、输出驱动电路等组成，如图 4-3 所示。对生产过程进行控制时，控制数据在输出锁存器中进行锁存，直到 CPU 给出新的值为止；数字光电隔离电路将控制信号与被控信号隔离；输出驱动器对输出信号进行功率放大后传递给执行装置。

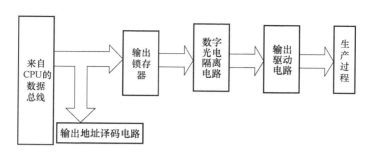

图 4-3　数字量输出通道的结构

4.1.2　输出通道的特点

根据输出和控制对象对控制信号的要求，输出通道具有以下特点：

1）小信号输出，大功率控制。目前微处理器的功率受限，而在有些场合需要控制大功率的设备，如显示器、继电器、电磁开关、电动机等，需要解决功率放大的问题，系统中要增加功率放大、驱动接口电路。经常采用的功率器件有晶体管、晶闸管、固态继电器等。

2）数/模转换。单片机输出数字量控制模拟信号设备，需要解决数字信号与模拟信号的转换问题，因此需要设置 D/A 转换接口。

3）输出通道距干扰源近，干扰大。如果被控对象是电感设备，如电动机、继电器等，电磁干扰就会比较大；被控设备大多使用单向甚至三相交流电，电源干扰也很大。通常采用信号隔离、电源隔离和对大功率开关过零切换等方法防治干扰。

4.2　模拟量输出与接口

智能仪器中模拟量输出的核心器件是数/模转换器（Digital Analog Converter，DAC），用于重建那些以数字形式被加工、存储或从一地传送到另一地的原始模拟信号。它的任务在于将一个某种形式的数字量转换为一个模拟电压、电流或增益。数/模转换器常被用于微机的模拟量输入、输出系统中，作为各种数控图形发生器（如示波器、XY 绘图仪等）的驱动源，也常用作各种模拟执行元件（如伺服电动机、模拟电能表、可编程电源、数字合成信号发生器等）的驱动源。此外，在使用微处理器进行增益控制、信号衰减、乘法运算等方面，数/模转换器也得到了广泛应用。数/模转换器还是许多 A/D 转换器的重要部件，其实际上是微机系统的数字信号和模拟连续信号之间的转换桥梁。

4.2.1　D/A 转换器原理

D/A 转换器是一种译码电路，其输入为数字量 D，输出为模拟量 A。它们的转换关系可表示为

$$A = U_R D \tag{4-1}$$

或　　　$$A = U_R \left(a_1 2^{-1} + a_2 2^{-2} + \cdots + a_{n-1} 2^{-(n-1)} + a_n 2^{-n} \right) = U_R \sum_{i=1}^{n} a_i 2^{-i} \tag{4-2}$$

式中，U_R 为参考模拟量；a_i 为 i 位的二进制码；n 为位数。

式（4-2）表示任意一种二进制 D/A 转换器的基本传递函数。

数/模转换器的总体结构如图 4-4 所示。实际的 DAC 不一定包括图 4-4 中所有的部分，但点画线框中的部分则是必备的。DAC 采用电阻（容）和开关网络，借助于一个适当的模拟参考电压，把代表某量的数码转换成对应的模拟量。DAC 的种类很多，绝大多数 DAC 都为电流输出，有的兼有电流和电压输出；输出模拟量和输入数字量之间的函数关系既有线性的，也有非线性的；数字输入方式有并行的，也有串行的；多数 DAC 既可对普通二进制数进行单极性转换，通过改变外部接线又可以对补码、反码、偏移二进制码或符号-数值码进行双极性转换。

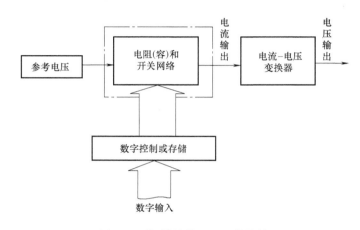

图 4-4　数/模转换器的总体结构

4.2.2　D/A 转换器的技术特性

数/模转换器的电路结构虽然多种多样，但是作为一个标准的功能单元，它的主要技术特性可以归纳为静态特性和动态特性两个方面。

（1）转换准确度

输入端加上给定的数码时所测得的模拟输出值与理想输出值之间的差值称为转换准确度。这个静态的转换误差是增益误差、零点误差、线性误差的综合。

（2）分辨力

转换器的最低位对应的电压值与满度电压值之比称为分辨力。例如，10 位 D/A 转换器的分辨力为 $1/(2^{10}-1)$，近似表示为 0.001；或者简单地用转换器的位数来表示，如 12 位 D/A 转换器的分辨力为 12 位，或近似表示为 $1/2^{12}$。

（3）线性度

通常用非线性误差来表征转换器的线性度。它是指转换器实测的输入-输出特性曲线与一条理想直线的偏离程度。这条理想直线是校准后的转换器的两个端点的连线，如图 4-5 所示。

（4）微分非线性

微分非线性表示在整个输入数码范围内，相邻各数码之间引起的模拟跃变值的差异。若相邻跃变值相等，都为最低位的等效值，则微分非线性为零；若相邻跃变值间的差异超过最低一位的等效值（即量距电压），则将引起微分非线性误差。

（5）稳定时间（建立时间）

输入数码产生满度值的变化时，其模拟输出达到稳态值 $\pm(1/2)$ LSB（最低有效位）所需的时间，称为稳定时间。

（6）温度系数

在规定的范围内，以温度每升高 1℃引起输出模拟电压变化的百分数定义温度系数。它包括增益温度系数和零点温度系数，按整个温度范围内的平均偏差定义。

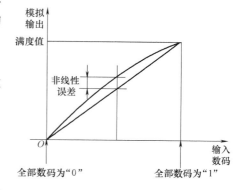

图 4-5　数/模转换器的线性度

4.3　集成 DAC 及其应用

4.3.1　DAC 的分类

集成 DAC 的输出大都为电流输出形式，如 DAC0832、AD7520、AD7521 等。有的集成 DAC 则在内部设有放大器，直接输出电压信号，如 AD7224、AD667 等，电压输出形式有单极性输出和双极性输出两种。D/A 转换器按位数来分有 8 位、10 位、12 位、14 位、16 位和 18 位。随着大规模集成电路的发展，现已生产出各种用途的 D/A 转换器，如双路 D/A 转换器（MAX518、AD7528 等）、四路 D/A 转换器（MAX536、AD7226 等）、八路 D/A 转换器（MAX528、AD7568 等）以及串行 D/A 转换器（DAC80、MAX514）等；有的甚至可以直接输入 BCD 码（如 AD7525）。为了与现在广泛使用的电动单元组合仪表配合使用，还生产出输出电流为 4～20mA 的 D/A 转换器（如 AD1420/1422）。因此，D/A 转换器的应用越来越广泛。表 4-1 列出了几种常用的 DAC 芯片的技术指标。

表 4-1　几种常用的 DAC 芯片的技术指标

型号	位数	建立时间/μs	非线性误差	工作电压/V	输出	数据总线接口	路数
DAC0832	8	1	0.2% FSR	+5～+15	I	并行	1
AD7524	8	0.5	0.1% FSR	+5～+15	I	并行	1
MAX506	8	6	±1LSB	+5 或 ±5	V	并行	4
MAX515	10	25	±1LSB	+5	V	串行	1
AD7520	10	0.5	0.2% FSR	+5～+15	I	并行	1
DAC1210	12	1	0.05% FSR	+5～+15	I	并行	1
MAX538	12	25	±1LSB	+5	V	串行	1
MAX536	12	3	±1LSB	−5/+15	V	串行	4
AD7244	14	4	±2LSB	±5	V	串行	2
AD768	16	0.035	±8LSB	±5	I	并行	1
DAC729	18	8	±2LSB	+5/±15	V	并行	1

4.3.2 单片集成 DAC 举例

1. 8 位并行 D/A 转换器 DAC0832

DAC0832 是一个具有两个输入数据缓冲器并行输入的 8 位 D/A 芯片，其结构如图 4-6 所示。

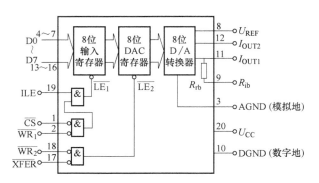

图 4-6 DAC0832 的结构框图

DAC0832 采用反 T 形电阻网络结构，并在数码输入端设置了 8 位输入寄存器和 8 位 DAC 寄存器，可以进行两次缓冲操作，使其对该器件的控制具有更大的灵活性。例如，在微处理器程序的控制下，在输出一个模拟电压的同时可以进行下一个数字信息的输入；又如，在多个 D/A 转换器同时工作的情况下，可在同一瞬时更改其输出的模拟量。

DAC0832 D/A 转换器的控制信号引脚含义如下：

$\overline{CS}$（片选）：输入，低电平有效，来自地址译码器。

ILE（输入寄存器允许）：输入，高电平有效，与$\overline{CS}$信号共同控制$\overline{WR_1}$，以便选通输入寄存器。

$\overline{WR_1}$（读写信号 1）：输入，低电平有效，用来将数据总线上的数据装入输入寄存器。

$\overline{XFER}$（传送控制）：输入，低电平有效，用来控制$\overline{WR_2}$，以便选通 DAC 寄存器。

$\overline{WR_2}$（读写信号 2）：输入，低电平有效，当$\overline{WR_2}$与$\overline{XFER}$同时有效时，输入寄存器中的数据装入 DAC 寄存器，实现第二级缓冲。

由图 4-6 可见，第一级寄存器选通控制的逻辑关系式为：$\overline{LE_1} = ILE \cdot \overline{CS} \cdot \overline{WR_1}$，其下跳沿把数据选通寄存于第一级寄存器。第二级寄存器选通控制的逻辑关系式为：$\overline{LE_2} = \overline{XFER} \cdot \overline{WR_2}$，其下跳沿把第一级寄存器的内容存入第二级寄存器。微机与 DAC0832 常用连接方式如图 4-7 所示。

采用图 4-7 接口电路产生一个锯齿波的程序如下，此时输出端 U_0 的波形如图 4-8 所示。

```
#include <reg51.h>
#include <stdio.h>
void main(void)
{unsigned int temp = 0x00;        //电压初值为零
while(1)
{
```

```
P1 = temp;              //将 temp 的值送给 P1 口输出
temp = temp + 1;        //temp 值自动加 1
}
}
```

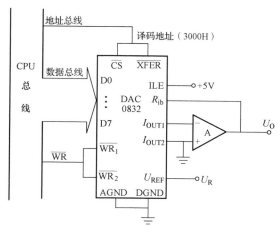

图 4-7　微机与 DAC0832 的常用连接方式

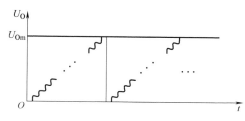

图 4-8　DAC0832 输出的锯齿波形

2. 10 位串行 D/A 转换器 MAX515

串行数字输入 DAC 的数字量输入端使用很少的几个引脚，减少了 DAC 的总引脚数（例如 8 引脚），接口布线大为简化，占用印制电路板的面积也很小，适用于远距离控制。有的串行数字输入 DAC 的数据传输规则遵从于某种现场总线的标准，从而为研制现场智能仪表提供了方便。

串行数字输入 DAC 的缺点在于接收数据较慢。但是目前的集成电路芯片已经能使串行接收数据的波特率达到 10M 以上，而电压输出的 DAC 的建立时间一般为几十微秒，相比之下，串行数字输入过程并不是限制 DAC 工作速度的主要因素。

MAX515 是一种 5V 电源供电、低功耗电压输出串行数字输入 10 位 DAC 芯片，其结构框图及引脚图如图 4-9 所示。

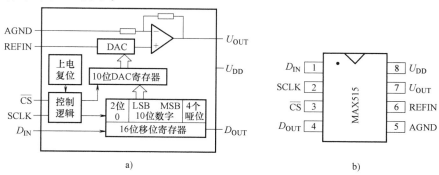

图 4-9　串行数字输入 DAC 芯片 MAX515 结构框图及引脚图

a）结构框图　b）引脚图

图 4-9 中，AGND 与 U_{DD} 分别为地和电源，U_{DD} 一般为 +5V；REFIN 为参考电压输入端，参考电压范围为 $0 \sim (U_{DD} - 2)$ V。U_{OUT} 为模拟电压输出端，输出电压为 $U_{OUT} = 2U_{REF}D/1024$，D 为 DAC 的数字量输入值。$\overline{CS}$ 为片选输入端，低电平有效；D_{IN} 为串行数据输入端；SCLK 为移位脉冲输入端，这三个信号配合作用将输入数字量移入 MAX515 的移位寄存器。MAX515 的工作时序如图 4-10 所示，当 CS 跳变时 SCLK 应保持在低电平，当 $\overline{CS}$ 为低电平时，由 SCLK 的上跳沿将 D_{IN} 的串行数据移入 16 位的移位寄存器，移入的次序为：四个哑位，之后十个数据位（MSB 在先，LSB 在后），最后是作为结尾的两位 "0"。四个哑位通常可以不要，只有当多片 DAC 由 D_{OUT} 连接成菊花链时才需要。当 $\overline{CS}$ 上跳时，移位寄存器中的十个数据位传送给 DAC 寄存器并更新 DAC 的输出。当 $\overline{CS}$ 保持为高电平时，MAX515 内移位寄存器中的数据不受 D_{IN} 及 SCLK 状态的影响。这种三线串行数据接口与 SPI、QSPI 及 MicroWire 标准兼容。

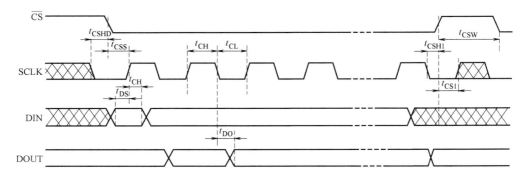

图 4-10　串行数字输入 DAC 芯片 MAX515 的工作时序图

MAX515 与单片机 89C51 的接口电路如图 4-11 所示。对应程序如下：

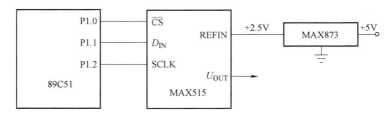

图 4-11　串行数字输入 DAC 芯片 MAX515 与单片机 89C51 接口

```c
#include < reg51.h >
#include < stdio.h >
sbit  P1_0 = P1^0;
sbit  P1_1 = P1^1;
sbit  P1_2 = P1^2;
void main(void)
{
```

```
int A = 0x00;
int B = 0x00;
P1_0 = 0;                        //置CS̅ = 0
while(1)
{
for(i = 0;i < 8;i ++)            //取高 8 位数据
{
if(P1_1)
{A = A‖0x01;
A <<1;
}
else
{ A = A&0x1E;}
A <<1;
}
P1_2 = 1;
P1_2 = 0;                        //输出一个时钟脉冲
for(i = 0;i < 4;i ++)           //重置计数器为 4
{
If(P1_1)
{B = B‖0x01;
B <<1;
}
else
{ B = B&0x1E;}                   //循环输出低 2 位数据及两位"0"
A <<1;
}
P1_2 = 1;
P1_2 = 0;
P1_0 = 1;                        //CS̅上跳,更新 DAC 输出
}
}
```

4.3.3 DAC 的应用

在电子测量和仪器系统中,数/模转换器有着广泛的用途,限于篇幅,这里仅举例进行介绍。

1. 数字可编程的电压源和电流源

在测量和仪器系统中,常常需要高性能的可调电压源或电流源。将数/模转换器与运放

相结合，可以为这种电源实现精密的数字设定。数字设定可用拨盘开关，也可在微处理器控制下自动实现。

电压输出的数/模转换器本身就是数字控制电压源。输出电流正比于数/模转换器的参考电压和数字输入端的二进制数码乘积，选择数/模转换器中输出运算放大器的反馈电阻，即可确定输出电压的大小。而要获得双极性电压源，可将数/模转换器的输出偏移满量程的一半，基于上述原理采用如图 4-12 所示的电路图实现。

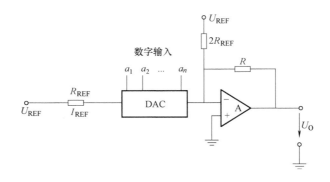

图 4-12 双极性电压源电路

对于单极性输出，输出电压幅度由式（4-3）决定，即

$$U_O = \frac{U_{REF}}{R_{REF}} R (a_1 2^{-1} + a_2 2^{-2} + \cdots + a_n 2^{-n}) \tag{4-3}$$

式中，数码值 a_i 为 0 或 1。

对于双极性电压输出，可将数/模转换器的输出电压偏移满量程一半（见图 4-12 中增加的 $2R_{REF}$ 和 U_{REF}），则

$$U_O = \frac{U_{REF}}{R_{REF}} R \left[(a_1 2^{-1} + a_2 2^{-2} + \cdots + a_n 2^{-n}) - \frac{1}{2} \right] \tag{4-4}$$

2. 可控增益放大器

用 D/A 转换器可以实现对模拟信号的增益（或衰减）进行数字控制。对于单极性模拟信号，若用模拟信号 U_1 代替基准电压 U_R，则可得

$$\frac{U_O}{U_1} = \frac{R}{R_{REF} \times 2^n} (a_{n-1} 2^{n-1} + a_{n-2} 2^{n-2} + \cdots + a_1 2^1 + a_0 2^0) = \frac{R}{R_{REF} \times 2^n} X_P \tag{4-5}$$

可见，信号的增益受加到 D/A 转换器输入数码 X_P 的控制。因此，凡能与可变基准电压配合工作的 D/A 转换器，都可看作是一个数字控制的电位器，它可以由微机设定输入数码，从而改变放大器的增益或衰减系数。

可控增益放大器的具体电路连接如图 4-13a 所示。运算放大器 A 的输出端连接到 D/A 转换器的 15 引脚并作为转换器的基准电压输入，将转换器内部的反馈电阻 R_F 作为放大器的输入电阻 R_1，因此，$R_F = R_1 = R$，故输入电压 U_1 接到 16 引脚。实际上是将 D/A 转换器连接在运算放大器 A 的反馈回路中，其等效电路如图 4-13b 所示。

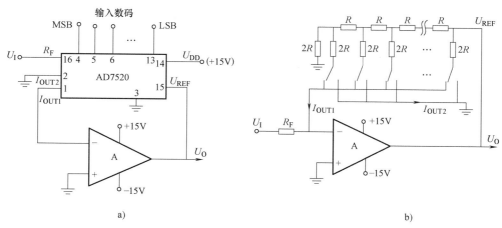

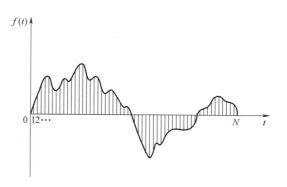

a)

b)

图 4-13 可控增益放大器的电路连接和等效电路

a）电路连接 b）等效电路

因为输入回路电阻 $R_I = R_F = R$，所以

$$U_O = -\frac{2^{10} U_I}{X_P} \tag{4-6}$$

式中，X_P 为 10 位的可控增益的二进制输入数码。通过改变 X_P 的值可以控制放大器的放大倍数。

3. 波形发生器

采用软件控制 DAC 可以制做成任意波形发生器，而且使用灵活，修改方便。凡是用数学式可以表达的曲线，或无法用数学式表达但可以想像出来的曲线，都可以设法用微处理器复制出来。图 4-14 为一个任意波形的离散化，采用手工方法在图样上绘制，不仅效率低而且准确度不高，最好是采用数字化仪把离散的数自动存入微机的存储器中以备取用。离散时取的采样点越多，数值量化的位数越多，以后波形复现的精度就越高但高的复现精度要在复现速度及内存方面付出代价。采用软件控制的波形发生器可以对波形的幅值标尺或时间轴标尺进行扩展或压缩或进行对数转换，因而应用十分灵活。

图 4-14 离散后的任意波形

图 4-15 为调制型数/模转换器（Modulated DAC，MDAC）任意波形发生器原理框图。CPU 是整个仪器的核心，工作前，在面板的控制下，CPU 将待输出的波形预先从 EPROM 波形存储表（或微机内存）中以数据组形式送入 RAM 数据区中，通过锁存器 2 及 DAC2 用数据设定输出 DAC1 所需的参考电压 U_{REF1}。通过可程控频率源产生顺序地址发生器所需的步进触发脉冲频率 f_k，对 RAM 数据区循环寻址，所需的波形即可经锁存器 1 及 DAC1 输出。本任意波形发生器还备有与外部的通信接口 RS-232C 或 GP-IB 总线接口。

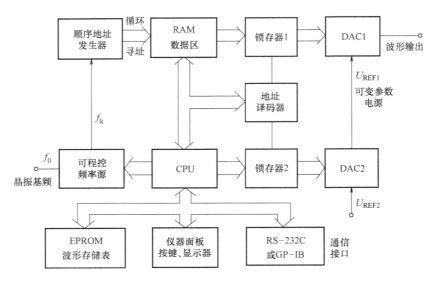

图 4-15　MDAC 任意波形发生器原理框图

4.4　数字量输出与接口

　　智能仪器通过开关量输出通道发出 "0" 或 "1" 两种状态的驱动信号，完成接通发光二极管、控制继电器或无触点开关等的通断动作，以实现诸如越限声光报警、双位式阀门的开启或关闭以及电动机的起动或停车等。下面介绍几种具体的应用。

4.4.1　光电耦合器及其接口

　　光电耦合器是把发光器件和光敏器件组装在一起，通过光线实现耦合，构成电—光—电的转换器件。将电信号送入光电耦合器输入端的发光器件时，发光器件将电信号转换为光信号，光信号经光接收器接收，再将其还原成电信号。

　　1. 光电耦合器的工作原理

　　光电耦合器可根据要求不同，由不同种类的发光器件和受光器件组合成许多系列的光电耦合器。目前应用最广泛的是由发光二极管与光敏晶体管组合而成的光电耦合器，其内部结构如图 4-16a 所示。

　　光电耦合器的工作情况可用输入特性和输出特性来表示。

　　（1）输入特性　光电耦合器的输入端是发光二极管，因此，它的输入特性可用发光二极管的伏安特性来表示，如图 4-16b 所示。光电耦合器的输入特性与普通二极管的伏安特性基本一致，仅有两点不同：一是正向死区较大，即正向管压降大，可达 $0.9 \sim 1.1V$，只有当外加电压大于这个数值时，二极管才发光；二是反向击穿电压很小，只有 6V 左右，比普通二极管的反向击穿电压要小得多。因此，光电耦合器在使用时要特别注意输入端的反向电压不能大于反向击穿电压。

　　（2）输出特性　光电耦合器的输出端是光敏晶体管，因此，光敏晶体管的伏安特性就是光电耦合器的输出特性，如图 4-16c 所示。与普通晶体管的伏安特性相似，光电耦合器的输出特性也分饱和、线性和截止三个区域，不同之处就是它以发光二极管的注入电流 I_f 为参变量。

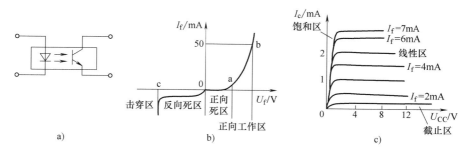

图 4-16　光电耦合器结构与输入、输出特性
a）耦合器结构　b）输入特性　c）输出特性

（3）传输特性　当光电耦合器工作在线性区域时，输入电流 I_f 与输出电流 I_c 成线性对应关系，这种线性关系常用电流传输比 β 来表示，即

$$\beta = \frac{I_c}{I_f} \times 100\% \tag{4-7}$$

式（4-7）中，β 值反映了光电耦合器电信号的传输能力。从表面上看，光电耦合器的电流传输比与晶体管的电流放大倍数是一样的，都是表示输出与输入电流之比。但是晶体管的 $\beta = I_c/I_b$ 总是大于 1，所以把晶体管的 β 称为电流放大倍数；而光电耦合器的 $\beta = I_c/I_f$ 总是小于 1，通常用百分数表示。

在使用光耦器件时，应首先明确光耦器件本身只能隔离传导干扰，但不能隔离辐射及感应干扰。辐射来自空间，感应来自相邻的导体。在印制电路板（PCB）设计中，若将光耦器件的输入和输出电路布置在一起，则干扰不能从光耦器件通过，但很容易经输入电路感应到输出电路。另外，光耦器件隔离传导干扰的能力也只有 1kV 左右，1kV 以上的干扰一般是不能隔离的。如 EMC 的快速脉冲群测试，施加的干扰信号幅值为 2kV、4kV、8kV，光耦器件无法隔离这些干扰信号。

2. 光电耦合器接口电路

常用的光电耦合器有晶体管输出型和晶闸管输出型。

（1）晶体管输出型光电耦合器驱动接口　晶体管输出型光电耦合器的受光器是光电晶体管。光电晶体管除了没有使用基极外，跟普通晶体管一样，取代基极电流的是以光作为晶体管的输入。

晶体管输出型光电耦合器可作为开关运用，这时发光二极管和光电晶体管通常都处于关断状态。在发光二极管通过电流脉冲时，光电晶体管在电流脉冲持续的时间内导通。光电耦合器也可作为线性耦合器运用，在发光二极管上提供一个偏置电流，再把信号电压通过电阻耦合到发光二极管上，引起其亮度的变化，这样，光电晶体管接收到的是随偏置电流大小变化的光信号。输出电流也将随输入的信号电压线性变化。

图 4-17 为光电耦合器 4N25 接口电路。4N25 起到耦合脉冲信号和隔离单片机 8051 系统与输出部分的作用，使两部分的电流相互独立。输出部分的地线接机壳或接大地，而 8051 系统的电源地线浮空，不与交流电源的地线相接，从而可以避免输出部分电源变化对单片机

电源的影响，减少系统所受的干扰，提高系统的可靠性。4N25 输入输出端的最大隔离电压 >2500V。

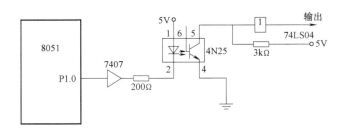

图 4-17　光电耦合器 4N25 接口电路

当单片机 8051 的 P1.0 端输出高电平时，4N25 输入端电流为 0，输出相当于开路，74LS04 的输入端为高电平，输出为低电平。当单片机 8051 的 P1.0 端输出低电平时，7407 输出端为低电压输出，4N25 的输入电流为 15mA，输出端可以流过不小于 3mA 的电流。如果输出端负载电流小于 3mA，则输出端相当于一个接通的开关，74LS04 输出高电平。4N25 的 6 引脚是光电晶体管的基极，在一般的使用中可以不接，该脚悬空。

光电耦合器常用于较远距离的信号隔离传送。一方面光电耦合器可以起到隔离两个系统地线的作用，使两个系统的电源相互独立，消除地电位不同所产生的影响。另一方面，光电耦合器的发光二极管是电流驱动器件，可以形成电流环路的传送形式。由于电流环路是低阻抗电路，它对噪声的敏感度低，因此提高了通信系统的抗干扰能力，常用于在有噪声干扰的环境下传输信号。图 4-18 为由光电耦合器组成的电流环发送和接收电路。

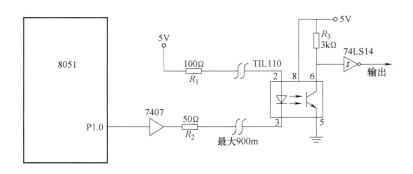

图 4-18　电流环发送和接收电路

图 4-18 所示电路可以用来传输数据，最大传输速率为 50kb/s，最大传输距离为 900m。环路连线的电阻对传输距离影响很大，此电路中环路连线电阻不能大于 30Ω，当连线电阻较大时，100Ω 的限流电阻要相应减小。光电耦合器使用 TIL110，TIL110 的功能与 4N25 相同，但开关速度比 4N25 快，当传输速度要求不高时，也可以用 4N25 代替。电路中光电耦合器放在接收端，输入端由同相驱动器 7407 驱动，限流电阻分为两个，一个是 50Ω（R_1），一个是 100Ω（R_2），50Ω 电阻的作用除了限流外，最主要还是起到阻尼的作用，防止传送的信号发生畸变和产生突发的尖峰。

TIL110 的输出端接一个带施密特整形电路的反相器 74LS14，作用是提高抗干扰能力。

（2）晶闸管输出型光电耦合器驱动接口　晶闸管输出型光电耦合器的输出端是光敏晶闸管或光敏双向晶闸管。当光电耦合器的输入端有一定的电流流入时，晶闸管即导通。有的光电耦合器的输出端还配有过零检测电路，用于控制晶闸管过零触发，以减少用电器在接通电源时对电网的影响。

4N40 是常用的单向晶闸管输出型光电耦合器。当输入端输入 15～30mA 电流时，输出端的晶闸管导通，输出端的额定电压为 400V，额定电流有效值为 300mA，输入输出端隔离电压为 1500～7500V。4N40 的 6 引脚是输出晶闸管的控制端，不使用此端时，此端间对阴极接一个电阻。

MOC3041 是常用的双向晶闸管输出型光电耦合器，带过零触发电路，输入端的控制电流为 15mA，输出端额定电压为 400V，最大重复浪涌电流为 1A，输入输出端隔离电压为 7500V。MOC3041 的 5 引脚是器件的衬底引出端，使用时不需要接线。图 4-19 为 4N40 和 MOC3041 的接口驱动电路。

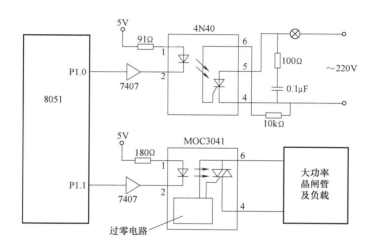

图 4-19　晶闸管输出型光电耦合器驱动接口

4.4.2　继电器及其接口

继电器主要包括电磁继电器和固态继电器两种。

1. 电磁继电器原理及接口

（1）电磁继电器的工作原理　图 4-20 为继电器工作原理。当控制电流流经线圈时，产生一个磁场，磁场力可带动触点 K 动作，使其闭合或断开。通过触点 K 即可控制外界的交流或直流高电压或高电流。

继电器线圈是电感性负载，当电路突然关断时，会出现电感性浪涌电压，所以在继电器两端并联一个阻尼二极管加以保护。

继电器的电路符号如图 4-21 所示。触点 C 为公共端，NC 为常闭触点，继电器不通电时接通；NO 为常开触点，继电器通电时接通。

（2）电磁继电器的接口电路　继电器动作时，对电源有一定的干扰。为了提高单片机系统的可靠性，在单片机和继电器、接触器之间都用光电耦合器隔离。一些超小型的继电器，由于线圈工作电流较小，对电源的影响不大，也可以不加隔离电路。

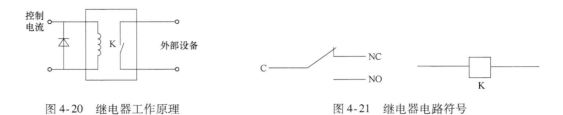

图 4-20　继电器工作原理　　　　　　　图 4-21　继电器电路符号

直流电磁式继电器一般用功率接口集成电路或晶体管驱动。在使用较多继电器的系统中，适宜用功率接口集成电路驱动。

常用的继电器大部分属于直流电磁式继电器，也称为直流继电器。图 4-22 为直流继电器的接口电路。

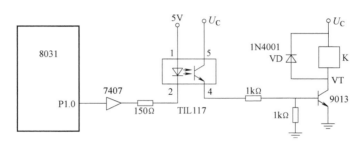

图 4-22　直流电磁式继电器接口电路

继电器动作由单片机 8031 的 P1.0 端控制。P1.0 端输出低电平时，继电器 K 吸合；P1.0 端输出高电平时，继电器 K 释放。采用这种控制逻辑可以使继电器在上电复位或单片机受控复位时不吸合。

继电器 K 由晶体管 9013 驱动，9013 可以提供 300mA 的驱动电流，电流放大倍数大于 50，适用于继电器线圈工作电流小于 300mA 的场合。U_C 的电压范围为 6～30V。光电耦合器使用 TIL117。TIL117 有较高的电流传输比，最小值为 50%。当继电器线圈工作电流为 300mA 时，光电耦合器需要输出大于 6.8mA 的电流，其中晶体管 9013 基极对地的电阻分流约 0.8mA，输入光电耦合器的电流必须大于 13.6mA，才能保证向继电器提供 300mA 的电流。光电耦合器的输入电流由 7407 提供，电流约为 20mA。

二极管 VD 的作用是保护晶体管 VT。当继电器 K 吸合时，二极管 VD 截止，不影响电路工作；当继电器释放时，由于继电器线圈存在电感，这时晶体管 VT 已经截止，所以会在线圈的两端产生较高的感应电压。感应电压的极性为上负下正，正端接在晶体管 VT 的集电极上。当感应电压与 U_C 之和大于晶体管 VT 的集电结反向耐压时，晶体管 VT 就有可能损坏。加入二极管 VD 后，继电器线圈产生的感应电流由二极管 VD 流过，因此不会产生很高的感应电压，晶体管 VT 得到保护。

2. 固态继电器原理及接口

（1）固态继电器的工作原理　固态继电器（SSR）是一种无触点通断功率型电子开关。当施加触发信号后，其主回路呈导通状态；无信号时，主电路呈阻断状态。它利用电子技术实现了控制回路（输入端）与负载回路（输出端）之间的电隔离和信号耦合，而没有任何可动部件或触点，实现了相当于电磁继电器的功能，故称为固态继电器。与普通电磁式继电器相比，固态继电器具有体积小、开关速度快、无机械触点和机械噪声、开关无电弧、耐冲击、抗有害气体腐蚀、寿命长等优点，因而在微机控制系统中得到广泛的应用。

单相固态继电器通常是四端组件，两个输入端、两个输出端，图 4-23 为其原理框图。

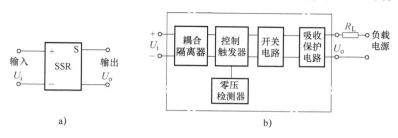

图 4-23　单相固态继电器原理框图
a）外部接线图　b）内部结构图

固态继电器一般由五部分组成，其中耦合隔离器的作用是在输入与输出两端电气完全隔离下传递信号，控制触发器是为后级开关电路导通提供触发，吸收保护电路的功能是为了防止电源的尖峰和浪涌对开关电路造成损坏而采用的 RC 串联网络或压敏电阻，零压检测器用于控制开关开通时刻消除射频干扰，开关电路则是用来接通或关断直流或交流负载的大功率器件。

（2）固态继电器的接口电路　根据负载端所加电压的不同，SSR 可分为直流型和交流型两种，交流型 SSR 又有单相和三相之分。直流型 SSR 内部的开关器件为功率晶体管，交流型 SSR 的开关器件为双向晶闸管和两支反并联的单向晶闸管。交流型 SSR 按控制触发方式不同可分为过零型和非过零型两类，其中应用最广泛的是过零型。过零型交流 SSR 是指当加入控制信号后，交流电压过零时固态继电器为通态；而当断开控制信号后，SSR 要等交流点的正负半周的零电位时（严格说是负载电流小于晶闸管导通的维持电流时）才断开。这种设计能防止固态继电器控制的大功率器件对电网的高次谐波的干扰。

非过零型 SSR 的关断条件同过零型 SSR，但其通态条件简单，只要加入控制信号即可。直流型 SSR 的控制信号（输入）与输出完全同步。图 4-24 分别为直流、单相交流型 SSR 输入/输出的关系波形。

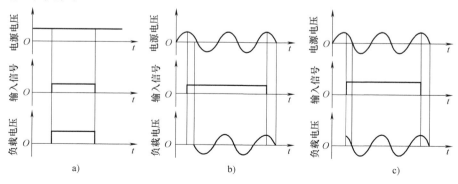

图 4-24　SSR 输入/输出的关系波形
a）直流型　b）交流过零型　c）交流非过零型

SSR 输入 5 ~ 10mA 电流时接通，而输入小于 1mA 电流时关断；输入端工作电压通态一般不低于 3V，断态一般小于 1V。图 4-25 为几种基本的 SSR 输入端驱动方式。

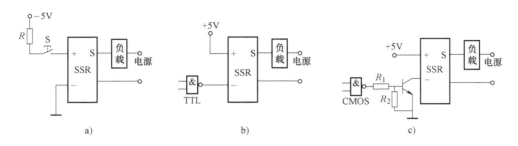

图 4-25 几种基本的 SSR 输入端驱动方式
a）触点控制 b）TTL 驱动 c）CMOS 驱动

对于直流型 SSR，当负载为感性时（如直流电磁阀或电磁铁），应在负载两端并联一只二极管。二极管电流应等于工作电流，电压应大于工作电压的 4 倍，且 SSR 应尽量靠近负载。

大功率的 SSR 应加瞬间过电压保护。由于电源上电时 RC 回路的充放电会产生误动作，而大功率的 SSR 无 RC 吸收保护网络环节，为此，可采用压敏电阻保护。

由于负载断路、浪涌电流等易造成 SSR 器件损坏，一般应按额定电流的 10 倍以上浪涌电流值来选择合适的 SSR。保护措施最好采用快速熔断器或在电源中串接限流电抗器。

SSR 的负载能力受工作环境温度影响较大，温度升高，负载能力随之下降。故在选用 SSR 时应留有一定余量，并注意散热处理。

（3）固态继电器应用实例 图 4-26 和图 4-27 分别为单片机通过固态继电器驱动小功率和大功率交流电动机的典型应用实例。

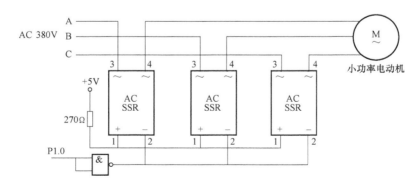

图 4-26 单片机通过固态继电器驱动小功率交流电动机的应用实例

图 4-28 是一个由固态继电器作为路灯通断控制的实际电路。当光照较强时，光敏电阻 R_1 的阻值很小（几十千欧），晶体管 VT 基极回路有电流流过，VT 导通。此时，SSR 控制输入端为低电平，使固态继电器关断，路灯熄灭；当光照很弱时，光敏电阻 R_1 的阻值很大（几十兆欧），VT 的基极回路几乎无电流通过，晶体管截止。此时，SSR 控制电压输入端为 U_{cc}（+9V），使固态继电器接通，路灯点亮。

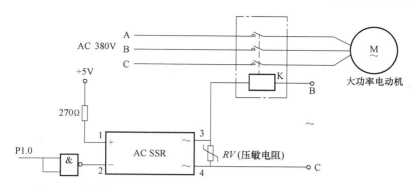

图 4-27　单片机通过固态继电器驱动大功率交流电动机的应用实例

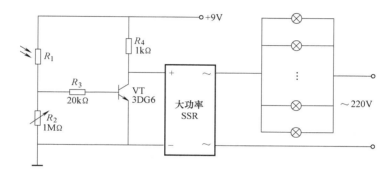

图 4-28　光控路灯开关电路示意图

目前，许多高温箱、烘干箱的温度控制是靠电炉丝工作时间的长短来实现。若将炉内温度的变化反馈给温度控制器，控制固态继电器的输入端，则可不断调节温度。图 4-29 中的固态继电器负载为电阻性负载，选取固态继电器输出额定电压参数值为所用线路电压的 1.5～2 倍。

如图 4-30 所示，依靠控制信号不断使固态继电器导通与关断来驱动电动机正常工作。固态继电器驱动感性负载时，其输出端的额定电压参数值应为所在线路电压的 2～3 倍，必要时可在固态继电器输出端并联一个瞬态抑制电路（如金属氧化物压敏电阻等）。

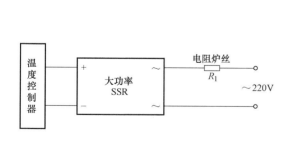

图 4-29　温度控制器电路示意图

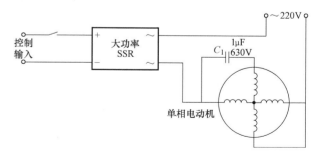

图 4-30　电动机驱动电路示意图

4.5　脉冲宽度调制（PWM）输出

脉冲量输出是指输出通道输出频率可变或占空比可变的脉冲信号。采用脉冲宽度调制

（Pulse-Width Modulation，PWM）技术输出的脉冲信号是智能仪器中常见的脉冲量输出信号。

PWM 的工作原理如图 4-31 所示。其中，图 4-31a 为脉冲信号频率固定［频率为 $1/(t_H + t_L)$］但占空比（t_H/t_{PWM}，$t_{PWM} = t_H + t_L$）可调的 PWM 信号；图 4-31b 为图 4-31a 中 PWM 信号的平均值。由图 4-31 可见，可以通过控制每个 PWM 周期（$t_{PWM} = t_H + t_L$）内高电平时间（t_H）的长短（即占空比）来调节输出信号平均值的大小（图中输出信号平均值是理想值，实际输出信号随 PWM 的频率有微小波动）。也就是说，图 4-31a 的数字信号经滤波后转换成了图 4-31b 的模拟信号，即通过 PWM 及相关的辅助电路可实现数字量（D）到模拟量（A）的转换（D/A 转换）。并且占空比可调节的范围越细小，滤波后输出的模拟信号的分辨率越高。

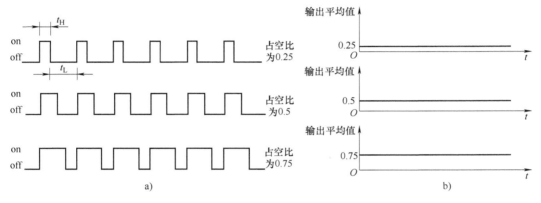

图 4-31　PWM 的工作原理

a）脉冲信号占空比变化示意图　b）PWM 信号平均值

对于内含嵌入式微处理器的智能仪器而言，产生 PWM 信号的方法主要有两种。由于 MCS-51 系列单片机没有专门的 PWM 发生器，所以常用单片机内部的定时器配合一个 I/O 引脚来产生 PWM。近年来，自带 PWM 功能的单片机不断推出，如 C8051 系列单片机就具有 5 个 16 位 PWM 发生器，使用极为方便。

PWM 技术可用于直流伺服电动机的控制。直流伺服电动机有电磁式、永磁式、杯形电枢式、无槽电枢式、圆盘电枢式、无刷式等多种类型，还有一种特殊的直流力矩电动机。不管哪种类型的直流伺服电动机，它们都由定子和转子两大部分组成，定子上装有磁极（电磁式直流电动机的定子磁极上还绕有励磁绕组）；转子由硅钢片叠压而成，转子外圆有槽，槽内嵌有电枢绕组，绕组通过换向器和电刷引出。直流伺服电动机与一般直流电动机最大的区别在于其电枢铁心长度与直径之比较大，而气隙则较小。

在励磁式直流伺服电动机中，电动机的转速由电枢电压决定，在励磁电压和负载转矩恒定时，电枢电压越高，电动机转速就越高，当电枢电压降至零时，电动机停转；当电枢电压极性改变时，电动机反转。所以，直流伺服电动机的转速和转向可以通过控制电枢电压的大小和方向来实现。

采用 PWM 技术实现直流伺服电动机开环调速的结构原理如图 4-32 所示。

直流伺服电动机的平均转速 v_d 与占空比 D 之间的关系如图 4-33 所示。图中，v_{max} 为电动机最高转速；D 为占空比（$D = t_1/T$）。由图可见，v_d 与 D 的关系近似为 $v_d = v_{max}D$（即图中

图 4-32　开环 PWM 直流伺服电动机调速系统结构原理框图

虚线表示的直线，实际上，由于存在非线性，应为图中一条略为弯曲的曲线）。

采用场效应晶体管作为驱动器的开环 PWM 直流伺服电动机调速系统的原理电路如图 4-34 所示。

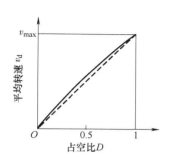

图 4-33　直流伺服电动机平均
转速与占空比的关系

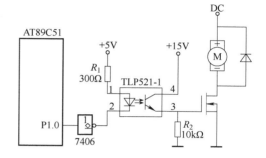

图 4-34　开环 PWM 直流伺服电动机
调速系统原理电路

图 4-34 中，89C51 系列单片机的 P1.0 端输出的 PWM 信号通过光电耦合器隔离后由场效应晶体管驱动电动机，光电耦合器的作用是切断以单片机为主的控制系统与以电动机等为主的控制现场之间的电气联系，提高单片机系统的可靠性。PWM 的频率为 500Hz（即 $T = 2ms$）时能使直流电动机平衡运转，当占空比从 0% ~ 100% 变化时，转速以 1% 的变化率连续可调。为此，计数脉冲应在 0 ~ 2000 范围内以 20 为增量控制计数，以实现 1% 精度调速。

89C51 系列单片机系统的晶振频率为 12MHz（即机器周期为 $1\mu s$），定时器 0 工作在 MODE1 时，要求 PWM 以 70% 的占空比输出控制信号的程序如下：

```
#include < reg51.h >
#include < stdio.h >
unsigned int  count_a,count_b;
sbit   P1_0 = P1^0;           //正/反向计数器中断次数
count_z/count_f;
void  main()
{   TMOD = 0X55;              //计数器模式 MODE1(16 位)
    IP = 0X0A;                //优先级设置计数器优先
    TR0 = TR1 = 1;            //启动计数器
    ET0 = 1;                  //允许计数器 T0 溢出中断
    ET1 = 1;                  //允许计数器 T1 溢出中断
    EA = 1;                   //开总中断
    count_a = count_b = 0;
    TH0 = TL0 = 0;            //定时器初值
```

```
    TH1 =TL1 =0;
    TF0 =TF1 =0;
    count_a =64136;
    count_b =64936;
      while(1)
      {
      }
}
void tm0_isr()interrupt 1
{
    count_a =count_a +1;
    P1_0 =1;
}
void tm1_isr()interrupt 1
{
    count_b =count_b +1;
    P1_0 =0;
}
```

如需改变占空比，只需改变 TH0、TL0 中的预置数。需要注意的是，由于单片机响应中断以及中断响应后执行程序需要一定时间，实际输出的占空比与理论计算稍有差别，通过适当调整可尽可能地减小这个差别，而通过采用自带 PWM 功能的单片机则可以基本消除这个差别。

当电动机需要按两个方向运转时，可采用原理如图 4-35 所示的控制电路。电路的工作原理请自行分析（特别需注意的是，该电路必须用 "0" 信号作为有效信号）。

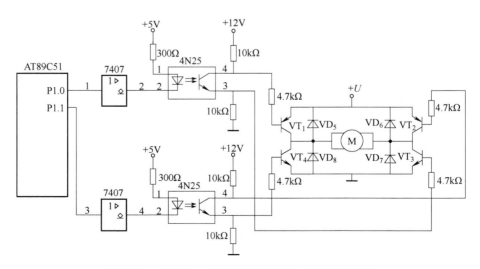

图 4-35　实现正、反转的直流伺服电动机控制电路

为提高直流伺服电动机运行的精度，通常采用闭环控制系统。为此，需在开环系统的基础上增加电动机运行速度和位移检测回路。将回路检测到的速度与位移设定值进行比较，并由数字调节（PID 调节器或直接数字控制）进行调节。

思考题与习题

1. 模拟量输出通道一般有哪几种形式？作用是什么？

2. 数字量输出通道由哪几部分组成？作用是什么？

3. 对于一个 8 位 DAC，试问：

1）若最小输出电压增量为 0.02V，当输入代码为 01001101B 时，输出电压 U_o 为多少？

2）若其分辨率用百分数表示是多少？

4. 电路如图 4-36 所示，图中 $R = 10\text{k}\Omega$，$R_f = 30\text{k}\Omega$，D_0、D_1 为输入的数字量。当数字量为"0"时，电子开关 S_0、S_1 接地；当数字量为"1"时，开关接 +5V。试写出输出电压 U_o 与输入的数字量 D_0、D_1 之间的表达式。

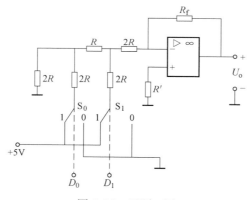

图 4-36 习题 4 图

5. 试设计一个用数字输出口控制光电耦合器的电路，并分析其工作原理。

6. 试设计一个由 8 位 DAC 构成的任意波形发生器（电路中包括时钟、地址发生器、偏移地址累加器、数据存储器等），说明其工作原理，并给出改进设计的意见。

第 5 章

智能仪器外设处理技术

智能仪器的外设主要包括键盘、显示器、打印机、触摸屏等，是智能仪器实现人机交互和信息输出的重要手段。智能仪器设计过程中，应十分注重微处理器与外设之间的接口处理技术，保证智能仪器具有完善的操作性能和丰富的信息输出功能，提高智能仪器的可靠性。

5.1 键盘处理技术

键盘是一组按键的集合，用户通过键盘输入数据或命令，实现简单的人机对话以完成对智能仪器的操作和控制，具有使用方便、简单可靠、软件修改键义容易等特点，是智能仪器最常见的输入设备。在键盘系统的设计工作中，需根据具体情况确定键盘编码方案、选择键盘工作方式，软件处理应注意规范性和通用性。

5.1.1 按键类型

目前常用的按键有三种：机械触点式按键、导电橡胶式按键和柔性按键（又称轻触按键）。机械触点式按键利用金属的弹性使按键复位，具有手感明显、接触可靠的特点。导电橡胶按键则是利用橡胶的弹性来复位，通常采用压制方法把面板上所有的按键制作在一起，体积小，装配方便。柔性按键出现较晚但发展迅速，分为凸球型和平面型两类：前者动作行程触感明显、富有立体感，但工艺复杂；后者动作行程极微、触感较弱，但工艺简单、防尘耐蚀、寿命长、外观和结构容易满足仪器设计要求。

5.1.2 键抖动、键连击及串键的处理

1. 键抖动处理与键连击处理

键触点的闭合或断开瞬间，由于触点的弹性作用，键按下或松开时会产生短暂的抖动现象，其动作情况如图 5-1 所示。抖动时间长短与按键特性有关，一般约为 5~10ms。抖动过程引起电平信号的波动，可能令 CPU 误解为多次按键操作而引起误处理，必须采取适当的方法加以解决。键去抖通常有软件方法和硬件方法。

按键数目较少时，可考虑采用硬件去抖方法：在每个键上加 RS 触发器或单稳态电路组成消除按键抖动电路，如图 5-2 所示。按键数目较多时，通常采用软件去抖方法：当监测到有键按下时，执行一个延时子程序（一般取 5~10ms），等待抖动消失后，如果再次监测到该键仍为闭合状态，才确认该键已按下并进行相应的处

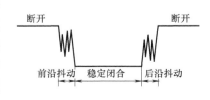

图 5-1　键抖动现象

理工作；同样，键松开时也应采取相同的措施。图 5-3 键盘扫描子程序流程图说明了软件去抖的过程。相比于硬件去抖，软件消除键抖动影响的措施更加切实可行。当然，按键数目较少时也可采用软件消除键抖动。

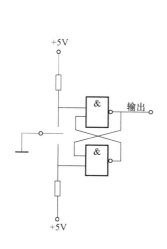

图 5-2　采用 RS 触发器的去抖电路

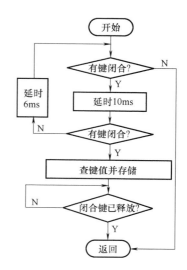

图 5-3　键盘扫描子程序流程

操作者一次按键操作过程（按下键，观察到系统响应，再松开键）的时间为秒级，而 CPU 即使考虑延时去抖动的时间，处理按键操作的速度也很快，这样会造成单次按键而 CPU 多次响应的问题，理论上相当于多次按键的结果。以上现象称为键连击。采用图 5-3 流程即可有效解决键连击问题：当某键被按下时，首先进行去抖动处理，确定键被按下时，执行相应的处理功能，执行完之后不是立即返回，而是等待闭合键释放之后再返回。

键连击现象可合理地加以利用。例如，通常情况下，按键较少的仪器通过多次按键实现有关参数的加 1 或减 1 操作，如果允许存在连击现象，只要按住调整键不放，参数就会连续加 1 或减 1，给操作者带来方便。另外，利用键连击现象可赋予单一按键"短按"和"长按"双重功能，可有效地提高按键的利用率。

2. 键盘串键处理

在同一时间有多个键按下称为串键。采用相关技术可对串键情况加以避免或利用，处理串键有两种技术：N 键锁定技术和 N 键有效技术。

N 键锁定技术只处理一个键，通常只有第一个被按下的键或最后一个松开的键产生键码，视为正确按键，执行相关的处理。

N 键有效技术将所有按键信息都存入缓冲器中，然后逐个处理或组合处理，组合处理方式可赋予串键特定功能，提高按键的利用率。

5.1.3　键盘处理步骤

无论键盘系统采用何种组织形式和工作方式，键盘的处理都应包含以下内容：

1）监视有无键按下（键监视）：判断是否有键按下。若有，进行下一步；若无，则等待或转做其他工作。

2）判断哪个键按下（键识别）：在有键按下的情况下，进一步识别出按下的是哪个键并确定具体按键的键码。

3）实现按键的功能（键处理）：一键一义情况下，CPU 只需根据键码执行相应的键盘处理程序；一键多义情况下，应根据键码和具体键序执行相应的键盘处理程序。

5.1.4 键盘的组织形式和工作方式

键盘按其工作原理可分为非编码式和编码式两种组织形式。非编码式键盘不含编码器，硬件较为简单，主要由软件完成键监视和键识别。编码式键盘内含编码器，软件简单，主要由硬件电路完成键监视和键识别，同时产生选通脉冲与 CPU 进行联络。

键盘的工作方式分为编程扫描方式、定时扫描方式和中断扫描方式，具体采用哪种工作方式应根据实际系统中 CPU 工作的忙、闲情况而定，其原则是既要保证及时响应按键操作，又不要过多占用 CPU 的工作时间。

（1）编程扫描方式 一个工作周期内，CPU 在执行其他任务的空闲时间调用键盘扫描子程序反复扫描键盘，以响应用户从键盘上输入的命令和数据，有键操作则获取键码并执行相应的键处理程序。由于该方法在 CPU 运行其他程序时不响应键盘输入，因此应考虑程序是否对每次按键都会做出及时响应。

（2）定时扫描方式 定时扫描方式每隔一定的时间对键盘扫描一次，通常利用 CPU 内部定时器产生定时中断，CPU 响应定时器溢出中断请求，对键盘进行扫描，有键操作则获取键码并执行相应的键处理程序。由于按键时间一般不小于 100ms，定时中断周期应与按键时间相匹配，以避免漏检按键输入。

（3）中断扫描方式 在 CPU 工作任务十分繁重情况下，只在有键按下时，键盘电路才向 CPU 申请中断，CPU 响应中断并在中断服务程序中进行键盘扫描，获取键码并执行相应的键处理程序。

智能仪器在运行过程中，并不会经常进行键操作，因而编程扫描方式和定时扫描方式使 CPU 经常处于空扫描状态；中断扫描方式无键按下时不进行扫描，并能确保对每次按键操作做出及时响应，可有效地提高 CPU 的工作效率。

5.1.5 非编码键盘的处理

非编码键盘包括独立式键盘和矩阵式键盘两种形式。以下分别介绍独立式键盘和矩阵式键盘的处理。

1. 独立式键盘处理

独立式键盘结构如图 5-4 所示，其特点为一键一线，即每个按键单独占用一根输入口线，可直接通过相应口线的电平变化判断出哪一个按键按下。独立式键盘优点为结构简单，各检测线相互独立，按键容易识别；缺点为占用较多的输入口线，适用于按键较少的场合，不便于组成大型键盘。

图 5-4 中独立式键盘工作于中断扫描方式。独立式键盘的处理较为简单：如果与门输出信号由高变低，说明有键按下（键监视）；CPU 响应中断并在中断服务程序中进行键盘扫描，即读取输入口线电平，判断哪根口线为低电平，然后执行按键前沿去抖操作，如果该口线仍为低电平，则说明该口线对应按键已稳定按下，进而获取该键键码（键识别）；CPU 根

据键码执行相应的键处理程序（键处理）；执行按键后沿去抖操作，确认闭合键释放后返回。图中的上拉电阻保证未按下键对应的检测口线为稳定的高电平。如果去掉与门，则需采用编程扫描方式或定时扫描方式，即 CPU 空闲时或定时器溢出中断发生时进行键盘扫描，依据输入口线电平是否为低电平判断有无按键按下。

2. 矩阵式键盘处理

矩阵式键盘结构如图 5-5 所示，其特点为多键共用行、列线，按键位于行、列线的交叉点上，行、列线分别连接到按键开关的两端，行线通过上拉电阻接到 +5V。无键按下时，行线处于高电平状态；有键按下时，行线电平由与此行线相连的列线电平决定，所以必须将行、列线信号配合起来并做适当的处理，才能确定闭合键的位置。矩阵式键盘按键排列为行列式矩阵结构，也称行列式键盘。图 5-5 中键盘为 4 × 4 矩阵结构，共 16 个键，只占用 8 根数据线，较独立式键盘节省大量数据线，适用于按键数目较多的应用。

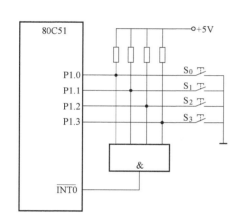

图 5-4　独立式键盘结构

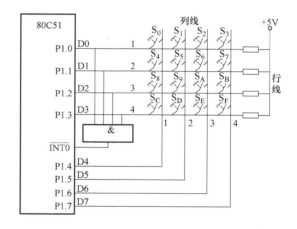

图 5-5　矩阵式键盘结构

图 5-5 中矩阵式键盘工作于中断扫描方式。矩阵式键盘的处理较为烦琐，通常采用的键盘扫描方式有扫描法和线反转法，下面介绍其原理。

（1）扫描法　扫描法是以步进扫描的方式，在确认有键闭合之后，每次在键盘的一列发出扫描信号，若发现某行输入信号与扫描信号一致，则位于该行和扫描列交叉点的键被按下。

1）键监视：初始化过程中，设置 P1.0 ~ P1.3 为输入口，P1.4 ~ P1.7 为输出口，利用输出指令使所有列线为低电平。仪器工作过程中，如果与门输出信号由高变低，说明有键按下，但无法得知被按下键的具体位置，需进一步处理。

2）键识别：CPU 响应中断并在中断服务程序中进行键盘扫描，利用输出指令使列线 1 为低电平，其余列线为高电平，利用输入指令读取行线电平状态，若某行为低电平，说明该行与第一列的交叉点上的按键被按下，转入键处理程序；若所有行都为高电平，说明该列无键按下，继续扫描下一列。行线状态和列线状态的组合确定了闭合键的位置，由行线和列线电平状态构成的数据字节即为按键键码，表 5-1 列出了部分按键的键码。扫描法要逐列扫描查询，当被按下键处于最后一列时，则需要多次扫描才能最后获得此按键的键码，花费时间较多。

表 5-1　部分按键键码

键名	D7	D6	D5	D4	D3	D2	D1	D0	十六进制
S0	1	1	1	0	1	1	1	0	EE
S9	1	1	0	1	1	0	1	1	DB
S6	1	0	1	1	1	1	0	1	BD
SF	0	1	1	1	0	1	1	1	77

3）键处理：获得被按下键的键码后，则可根据该键码执行为其服务的专用子程序，以完成该键的操作功能。

以上叙述了中断扫描法的主要步骤，下面以流程图的形式说明 4×4 矩阵式键盘的编程扫描法按键处理过程，如图 5-6 所示。

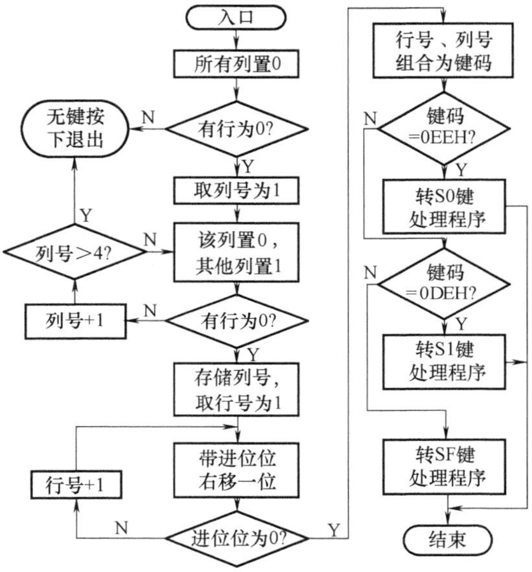

图 5-6　4×4 矩阵式键盘的编程扫描法按键处理流程

（2）线反转法　反转法要求连接矩阵式键盘行线和列线的接口为双向口，而且在行线和列线上都需要接上拉电阻，以保证无键按下时行线或列线处于稳定的高电平状态。图 5-7 为应用线反转法的矩阵式键盘电路。

在线反转法中，无论键盘矩阵规模大小和被按键的具体位置，只需要经过两步操作就能获得被按键键码，与扫描法相比速度较快。

第一步：设置 P1.0～P1.3 为输出口、P1.4～P1.7 为输入口，使 P1 口的

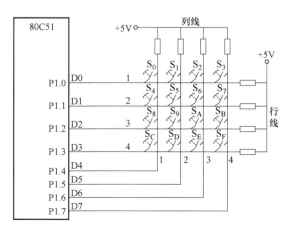

图 5-7　应用线反转法的矩阵式键盘电路

低4位为全0输出（所有行线电平状态为0），从 P1 口的高 4 位读入列电平信息 D7D6D5D4；第二步：输入口和输出口反转，即设置 P1.4 ~ P1.7 为输出口、P1.0 ~ P1.3 为输入口，使 P1 口的高 4 位为全0输出（所有列线电平状态为0），从 P1 口的低 4 位读入行电平信息 D3D2D1D0；两次读入的电平信息的组合 D7D6D5D4D3D2D1D0 即为当前闭合键的特征码。S9 键被按下时获得的特征码为 11011011。无论是单键闭合还是多键闭合，特征码的特点为闭合键所处的行、列线对应的数据位均为0，其他均为1。

上面获得的特征码离散性较大，不便于键盘处理程序做散转处理，因此希望将特征码（键码1）和顺序码（键码2）对应起来。表5-2 为建立的键码转换表，FFH 被定义为空键的特征码和顺序码，表的长度不固定，便于扩张新的键码以用于增加新的复合键。获得特征码后通过查表得到顺序码，可方便地进行分支处理。

表5-2　键码转换表

键　名	特　征　码	顺　序　码	键　名	特　征　码	顺　序　码
S0	EEH	00H	S9	DBH	09H
S1	DEH	01H	SA	BBH	0AH
S2	BEH	02H	SB	7BH	0BH
S3	7EH	03H	SC	E7H	0CH
S4	EDH	04H	SD	D7H	0DH
S5	DDH	05H	SE	B7H	0EH
S6	BDH	06H	SF	77H	0FH
S7	7DH	07H	SB + SC	63H	10H
S8	EBH	08H	空键	FFH	FFH

采用线反转法获取特征码和顺序码的程序如下：

```
#define uchar unsigned char
#define uint  unsigned int
uchar  keyvalue;
uchar code key_code[] = { 0xee,0xde,0xbe,0x7e,
                                     // S0 ~ S3 的特征码
               0xed,0xdd,0xbd,0x7d,
                                     // S4 ~ S7 的特征码
               0xeb,0xdb,0xbb,0x7b,
                                     // S8 ~ SB 的特征码
               0xe7,0xd7,0xb7,0x77,
                                     // SC ~ SF 的特征码
               0x63,                 // SC ~ SF 的特征码
               0xff                  //未按键或空键的特征码
```

```
                              };
  void main()                                    //主函数
  {
    uchar scan_value1,scan_value2,keycode,m;
    while(1)
    {
    P1 = 0xf0;                                   //低4位输出0
    scan_value1 = P1;                            //从高4位读取列信息
    P1 = 0x0f;                                   //高4位输出0
    scan_value2 = P1;                            //从低4位读取列信息
    keycode = scan_value1 | scan_value2;         //行、列信息合成特征码
    if(keycode != 0xff)                          //是否为表格结束标志
    {
      for(m = 0;m < =16;m ++ )                   //按顺序码查表
        {
          if( keycode == key_code[m])            //得到对应的特征码
          {
            keyvalue = m;                        //返回对应的顺序码
          }
        }
      }
  else keyvalue = 0xff;                          //未按键或空键的特征码
    }
  }
```

5.1.6 编码键盘的处理

编码键盘的基本任务是由硬件自动完成键监视和键识别操作，同时产生选通脉冲与CPU进行联络，可以节省CPU相当多的时间。有的编码键盘还具有自动去抖、处理同时按键等功能。编码键盘是采用硬件电路实现键盘编码，不同的编码键盘在硬件线路上有较大的差别。

简单编码键盘通常采用普通编码器。图5-8为采用8-3编码器（74LS148）的键盘接口电路：有键按下时，编码器GS端输出低电平信号至CPU，CPU响应中断，在中断服务子程序中通过P0口读取编码器输出的对应于闭合键的键码。这种编码器不进行扫描，因而称为静态式编码器，其缺点是一键一线，不适合按键数

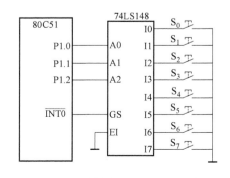

图5-8　简单编码键盘接口电路

目较多的情况，而且需要软件去抖、无法处理同时按键。除采用通用编码器外，也可考虑利用可编程逻辑器件（Programmable Logic Device，PLD）实现编码器功能，使用上较为灵活和方便。

当按键数量较少时，采用上述的键盘处理方法简单易行；而当按键数量较多时，应采用扫描方式，可使用通用键盘管理接口芯片来实现键盘处理。

5.2 LED 显示处理技术

发光二极管（Light-Emitting Diode，LED）显示器是智能仪器常用的显示器。LED 显示器是一种由半导体掺杂工艺制成的 PN 结，由于掺杂浓度很高，正向偏置时会产生大量的电子-空穴复合，把多余的能量释放变为光能。LED 显示器具有工作电压低、功耗小、寿命长、成本低、可靠性高、温度范围宽（$-30 \sim 85^\circ\text{C}$）、响应速度快（小于 $1\mu s$）、颜色丰富（红、黄、绿等）、易于与数字逻辑电路连接等优点，是理想的显示器件。LED 的正向工作电压降一般为 $1.2 \sim 2.6V$，发光工作电流为 $5 \sim 20mA$，发光强度基本与正向电流成正比，实际应用中应串联适当的限流电阻。LED 显示器按照结构不同，可分为单个 LED 显示器（常用作指示灯和报警灯）、LED 数码显示器（显示数字和字符）、点阵式 LED 显示器（显示数字、字符和简单图形）。

5.2.1 LED 数码显示器的结构与原理

LED 数码显示器是由发光二极管显示字段组成的显示器，根据段排列结构分为七段数码管和"米"字段数码管，其中七段数码管最为常用。七段 LED 显示器字段排列结构如图 5-9a 所示，包括 a、b、c、d、e、f、g 字段，通过各显示字段的组合，可显示数字 0~9、多个字母和符号；七段 LED 显示器通常设置 dp 段，用于显示小数点，故也称为八段 LED 显示器。

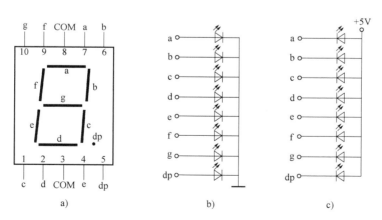

图 5-9 七段 LED 数码显示器
a) 结构图 b) 共阴极 c) 共阳极

LED 数码显示器有共阳极和共阴极两种，如图 5-9b、c 所示。共阴极 LED 显示器的各发光二极管的阴极连接在一起（公共端 COM），此公共端接地，当某个发光二极管阳极为高电平时，发光二极管点亮相应字段；共阳极 LED 显示器的发光二极管的阳极连接在一起（公共端 COM），此公共端接正电源，当某个发光二极管的阴极接低电平时，发光二极管点亮相应字段。每一种 LED 有红、绿、黄等不同的发光颜色，而且有高亮和超高亮规格，适应各种显示需要。实际应用中每个字段应串联适当的限流电阻，以保证合适的亮度，不至于损坏发光二极管。

使用七段 LED 显示器时，需设计一个字形段码来控制 LED 各字段的不同组合，以显示不同的数字或字符。七段 LED 显示器的字形段码占用单字节，各字段与字节中各位对应关系见表 5-3。

表 5-3　七段 LED 显示器字段与字节对应关系

位	D7	D6	D5	D4	D3	D2	D1	D0
字段	dp	g	f	e	d	c	b	a

按照上述格式，七段 LED 显示器的字形段码见表 5-4。

表 5-4　七段 LED 显示器字形段码

字符	共阴极字形段码	共阳极字形段码	字符	共阴极字形段码	共阳极字形段码
0	3FH	C0H	C	39H	C6H
1	06H	F9H	D	5EH	A1H
2	5BH	A4H	E	79H	86H
3	4FH	B0H	F	71H	8EH
4	66H	99H	P	73H	8CH
5	6DH	92H	U	3EH	C1H
6	7DH	82H	Γ	31H	CEH
7	07H	F8H	y	6EH	91H
8	7FH	80H	H	76H	89H
9	6FH	90H	L	38H	C7H
A	77H	88H	"灭"	00H	FFH
B	7CH	83H	…	…	…

相比于七段 LED 显示器，"米"字段数码显示器字段经适当的组合，可显示更多的字符，如数字和 26 个英文字母的大写与小写。"米"字段数码显示器的具体结构和字形段码请自行学习。

5.2.2　硬件译码与软件译码

如前所述，待显示数字和字符必须转换为字形段码才能用于显示，该转换过程即为译码过程。译码分为硬件译码和软件译码两种方式。

硬件译码器一般为 BCD 型，用于将 BCD 码译为七段字形段码，以显示 BCD 码相对应的数字和字符。常用的 BCD 码——七段字形段码译码器主要有 74LS47、MC14495、74LS248、5G4511 等。硬件译码的优点是节省 CPU 时间，但成本较高，且只能译出十进制或十六进制的数字和字符。

软件译码是 CPU 根据字形段码表查找出要显示的数字和字符对应的字形段码，经驱动器后送至 LED 显示器显示。软件译码成本低，可将字段任意组合显示，应用较为广泛。

5.2.3　静态显示与动态显示

LED 显示器有静态显示和动态显示两种方式，相应地，其驱动方法也分静态驱动和动态驱动两种。

所谓静态显示就是所需显示字符的各字段通以连续电流，使所显示的字段连续发光，各位 LED 恒定地显示对应的数字或字符。静态显示的优点是显示程序简单，占用 CPU 工作时间少；缺点是每位 LED 需要一个锁存器锁存段码信号，当显示位数增加时，硬件成本和功耗都要增加，且 LED 常亮，影响器件寿命。

所谓动态显示就是所需显示字段通以断续电流，使所显示的字段断续发光，各位 LED 轮流显示对应的数字或字符，由于人眼的视觉暂留现象和发光二极管的余晖效应，只要各位 LED 的轮流显示时间适当（每秒扫描 50 次左右不会产生闪烁现象），虽然某一时刻只有一个字符通电，也会呈现"同时"显示的视觉效果。动态显示的优点是硬件成本低、功耗小；缺点是 CPU 以扫描方式循环送出各位 LED 的字形段码和位选择信号，占用 CPU 工作时间。在相同的电流幅度情况下，动态显示（断续通电）的亮度要明显弱于静态显示（持续通电）的亮度，因此需要增大电流幅度以获得满意的动态显示亮度，且有必要配以驱动器件。

1. 静态显示接口设计

静态显示方式中每位 LED 需要一个锁存器锁存段码信号，CPU 把数据写到锁存器后，不需再干预，显示器便会持续显示。

静态显示需考虑以下三个方面的问题：

1）器件的驱动能力选择。对于一般仪器仪表中使用的 LED 显示器，其驱动电流往往为 5～15mA，不需要外加驱动器即可工作，而对于需要较大驱动电流的 LED，可选择 74LS07、ULN2003 等器件作为后续的驱动器件。

2）器件的接口方式选择。根据 CPU 引脚的方便程度，可以选择并行或者串行数据接口。

3）显示数据的译码方式选择。智能仪器需要送显的数据通常为 BCD 码，可以选择软件译码或硬件译码。

图 5-10 为并行输入硬件译码静态显示电路，采用锁存译码器 MC14495 将 P1.0 口低 4 位输出的 BCD 码译成七段字形段码，利用 P1.0 口高 4 位作为各锁存译码器的锁存信号。CPU 把送显数据写到锁存器后，对应的各位 LED 即可稳定显示。

2. 动态显示接口设计

动态显示时所有的 LED 显示器共用一个显示代码驱动器，LED 显示器中每位的公共端需分别控制。LED 显示器动态显示方式在实际中得到广泛使用。

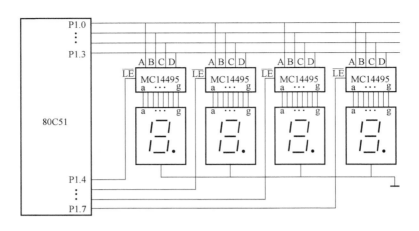

图 5-10　并行输入硬件译码静态显示电路

动态显示需考虑以下几方面的问题：任何时刻只能有一位 LED 接通；每位 LED 显示的内容要有一定的保留时间；最长 20ms，一个显示端口所驱动的所有 LED 必须分别刷新一次；动态显示时每位 LED 断续显示，其点亮电流应比静态显示电量电流大，否则达不到理想的显示亮度；每位 LED 显示内容的停留时间可由软件延时或 CPU 定时来实现。

图 5-11 为串行输入软件译码动态显示电路，使用两片串行移位寄存器 SN74LS595 驱动 8 位 LED 显示器，两片移位寄存器的输出分别接至 LED 显示器的字段端和位控制端。单片机串行口工作于方式 0，即同步移位寄存器输入输出方式。当前待显示位数据经软件译码转换为七段字形段码，将七段字形段码和位选控制信号通过串口 0 发送给级联的两片移位寄存器，单片机发出移位寄存器锁存信号实现当前位的显示。重复上述操作，直至扫描显示全部送显数据。

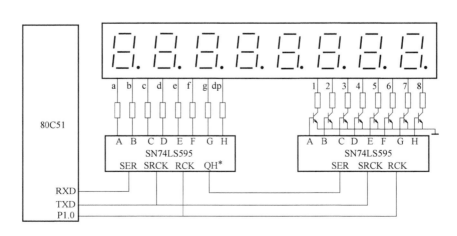

图 5-11　串行输入软件译码动态显示电路

动态显示子程序应具有通用性，不因显示内容不同而变化。为此，在 RAM 区设立显示缓冲区，将待显示的数字或字符的序号值送至显示缓冲区，再调用显示子程序即可完成一次显示。当需变更显示内容时，只需修改显示缓冲区相应内容即可。图 5-12 为软件译码动态显示子程序流程图。

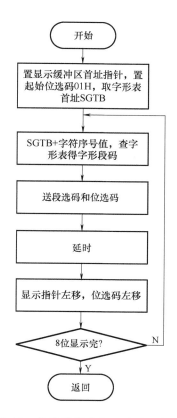

图 5-12　软件译码动态显示子程序流程

当 LED 位数较少时，采用上述的 LED 显示处理方法简单易行；当 LED 位数较多时，应采用动态显示方式，可使用通用显示器接口芯片来实现显示处理，如大规模集成电路芯片 HD7279A。

5.3　LCD 显示处理技术

液晶显示器（Liquid Crystal Display，LCD）本身不发光，只是调制环境光。它具有低电压、微功耗、重量轻、外形薄等特点，是袖珍式仪表和低功耗仪表的首选显示器件。LCD 显示器的缺点是寿命较短，在黑暗环境中使用时需要开启背光而使功耗增加。随着制造技术的发展，LCD 显示器的性价比不断提高，在智能仪器仪表中的应用日益广泛。LCD 显示器按照结构不同，分为段码式 LCD 显示器、字符点阵式 LCD 显示器和图形点阵式 LCD 显示器。

5.3.1　LCD 显示器的结构与原理

液晶是一种介于固体和液体之间的特殊有机化合物。液晶显示器利用液晶的扭曲-向列效应原理制成。液晶显示器有多种结构，图 5-13 为常用的反射式液晶显示器原理示意图，这类液晶显示器由偏光片、玻璃基板、配向膜、电极、反射板及填充在上下配向膜之间的液晶构成。偏光片用于选择某一方向的偏极光，上下偏光片偏极方向垂直；配向膜是镀在玻璃基板上的配向剂，它有相互平行的细沟槽，上下配向膜的沟槽相互垂直；处在配向膜附近的液晶分子按配向膜进行配向，所以处在上下配向膜间的液晶分子上下扭曲 90°。当上下电极不加驱动电压时，外部入射光线通过上偏极片后形成的偏极光进入液晶区后跟着液晶做 90°旋转，光线就会通过下偏光片并经过反射板反射回来，液晶显示器呈现亮的透明状态；当上下电极加有驱动电压时，电极部分对应的液晶分子由于受极化而转成上、下垂直排列，失去旋光性，这样外部入射光线通过上偏极片后形成的偏极光不被旋转，因而无法通过下偏光片并经过反射板反射回来，液晶显示器呈现暗的黑色状态。根据需要，将电极做成字段、点阵形式，就可以构成段码式、字符点阵式及图形点阵式液晶显示器。

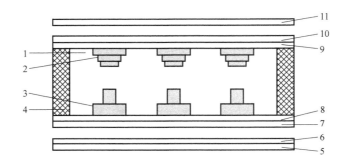

图 5-13　反射式液晶显示器原理示意图

1—液晶　2—上电极　3—下电极　4—封接剂　5—反射板　6—下偏光片
7—下玻璃基板　8、9—配向剂　10—上玻璃基板　11—上偏光片

（1）段码式

段码式液晶显示器由长条状字段组成，主要用于数字显示，也可用于显示西文字母或某些字符。

（2）字符点阵式

字符点阵式液晶显示器由若干小点阵块组成，每组点阵对应一个字符，用于显示数字、字母和特定符号，并允许用户自行定义字符。

（3）图形点阵式

图形点阵式液晶显示器由矩阵式晶格点构成，根据显示清晰度设计像素点的大小，可显示任意字符和图形。

5.3.2　LCD 显示器驱动方式

LCD 必须采用交流驱动方式，以避免直流电压使液晶发生电化学分解反应而导致液晶损坏，延长 LCD 的使用寿命。使用中应注意交流驱动信号的对称性，严格限制其直流分量在 100mV 以下。交流电压频率取 30~200Hz 为宜：频率较低时，由于人眼的视觉暂留时间较短会出现显示闪烁现象；频率较高时，由于 LCD 显示器的容性负载特性会导致功耗增加，且对比度变差。从对比度方面考虑，方波驱动显示效果最好，交流方波电压幅值为 4 ~ 5V。

LCD 显示器的基本驱动电路及驱动波形如图 5-14 所示。图中 LCD 表示液晶显示器的一个像素（段码显示器的一个字段或点阵显示器的一个点）；B 作为公共信号端连接到像素的公共电极上，外加交变的方波电压信号；A 作为控制信号端与公共信号端一起连接到异或门的输入端；异或门的输出 C 连接到像素电极上。从驱动波形可以看出，当 A 端为低电平时，像素两电极上的电压相位相同、两电极间的相对电压为零，该像素不显示；当 A 端为高电平时，像素两电极上的电压相位相反、两电极间的相对电压为两倍幅值方波电压，该像素呈黑色显示状态。

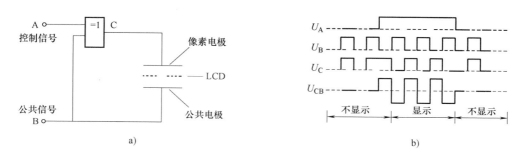

图 5-14　LCD 显示器的基本驱动电路及驱动波形

a）基本驱动回路　b）驱动波形

1. 静态驱动方式

静态驱动方式是指液晶显示器每个像素单独控制的驱动方式，即每个像素对应一个单独的控制信号。静态驱动方式中，每个像素的像素电极单独引出，所有像素的公共电极连在一起引出，引出线和驱动电路随像素的增加而增加，因而适用于像素较少的场合。图 5-15 为七段 LCD 的电极配置和静态驱动电路。

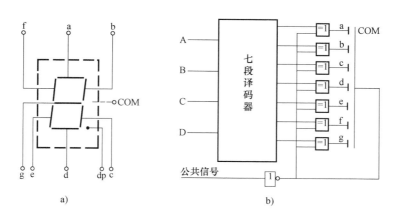

图 5-15　七段 LCD 的电极配置和静态驱动电路

a）电极配置　b）静态驱动电路

2. 动态驱动方式

动态驱动方式也称为时间分割驱动法或多路驱动法。为了适应多像素显示，将显示器件的电极制作成矩阵结构，把水平一组像素的背电极连在一起引出，称为行电极（或公共电极 COM），把纵向一组像素的像素电极连在一起引出，称为列电极（或像素电极 PIX）。每个显示像素都由其所在的行与列的位置唯一确定。动态驱动方式是循环地给每行电极施加选择脉冲，同时所有列电极给出该行像素的选择或非选择驱动脉冲，从而实现所有显示像素的驱动。这种行扫描是逐行顺序进行，循环周期很短，从而使得液晶显示屏上呈现稳定的图像效果。

动态驱动方式既可以驱动字符点阵式液晶显示器，也可以驱动段码式液晶显示器。如图 5-16 所示，将段码式液晶显示器的字段像素电极分为若干组，并将每一组字段像素电极相连作为矩阵的一列（X、Y、Z）；同时，将字段的背电极也分为若干组，每组背电极相连作为矩阵的一行（COM1、COM2、COM3）。任一组像素电极与任一组背电极中，最多只有一个像素电极与背电极为同一像素所有。

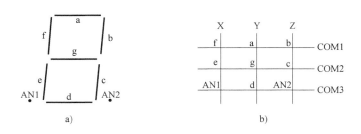

图 5-16　段码式 LCD 显示器动态驱动的行列电极划分

a）电极配置　b）行列电极划分

5.3.3 段码式 LCD 显示器的静态和动态驱动接口

1. 静态驱动接口

图 5-17 为段码式 LCD 显示器的硬件译码方式静态驱动接口电路。图中 4N07 为 4 位段码式 LCD 显示器，工作电压为 3 ~ 6V，阈值电压为 1.5V，工作频率为 50 ~ 200Hz。MC14543 是带锁存器的 CMOS 型译码驱动器，可以将输入的 BCD 码数据转换为七段显示码输出：PH 为驱动方式控制端，在驱动 LCD 时，PH 端输入方波电压信号；BI 为消隐控制端，BI 为高电平时消隐，即输出端 a ~ g 信号与 PH 端信号同相；LD 为内部锁存器选通端，LD 为高电平时输入的 BCD 码进入锁存器，LD 跳变为低电平时锁存输入数据。图中每片 MC14543 驱动一位 LCD。P1.0 ~ P1.3 接到 MC14543 的 BCD 码输入端 A ~ D；P1.4 ~ P1.7 提供 4 片 MC14543 的锁存信号 LD；P3.7 提供给 MC14543 驱动方式控制端 PH 及公共电极端 COM 一个供显示用的低频方波信号，方波信号由单片机内部定时器 T1 的定时中断产生，频率为 50Hz。如需显示小数点，可对接口电路进行扩展。

以下为 LCD 显示器送显程序，待显示数据存放在显示缓冲区中，显示缓冲区的起始地址对应 LCD 显示器的最右端。

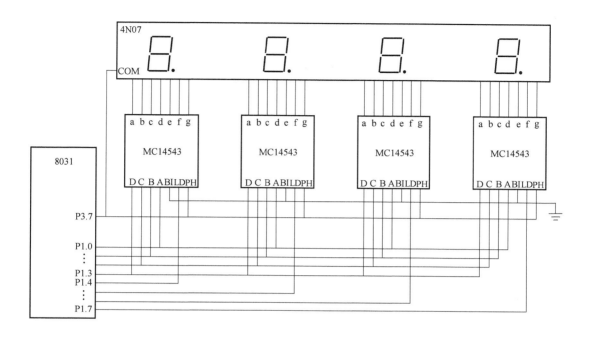

图 5-17　段码式 LCD 显示器硬件译码方式静态驱动接口电路

```
unsigned char display[12];              //定义显示缓冲区
void main(void)                         //主程序入口
{
    TMOD =0x10;                         //置定时器 T1 为方式 1
    TH1 =0xec;                          //10ms 定时,f_osc =6MHz
    TL1 =0x78;
    TR1 =1;                             //启动 T1
    EA =1;                              //开中断
ET1 =1;
    DISPLAY(display);                   //调用显示子程序
}
//显示子程序
void DISPLAY(unsigned char *p)
{
    unsigned char buff;
while( *p!=0)
{
    buff = *p;                          //指向显示缓冲区首地址取显示数据
    buff& =0x0f;                        //保留 BCD 码
```

```
        buff|=0x10;                    //加上锁存控制位
        P1=buff;                       //送入MC14543
        P1&=0x0f;                      //置所有MC14543为锁存状态
        p++;                           //指向显示缓冲区下一位
        }
    }
    //定时器1中断服务程序
    void timer1(void)interrupt 3       //定时器1中断入口
    {
      P3.7=~P3.7;                      //P3.7输出电平取反
      TH1=0xec;                        //置定时器计数初值
      TL1=0x78;
    }
```

2. 静态驱动接口

图 5-18 给出的段码式 LCD 显示器有 3 个列电极和 3 个行电极，又称为三线 LCD 显示器，可利用 6 个驱动信号 X、Y、Z、COM1、COM2、COM3 进行段选。

三线 LCD 译码驱动器 MAX7231/7232/7233/7234 是低功耗 LCD 驱动器，适用于低功耗便携式智能仪器。MAX7231 可驱动 8 位七段码 LCD 显示器和每位两个小数点，输入数据为并行 BCD 码，图 5-18 为使用 MAX7231 的 8 位三线 LCD 显示器动态驱动接口电路。8 位 LCD 的列电极 X、Y、Z 各自独立设置，行电极 COM1 ~ COM3 为各位公用；MAX7231 的并行输入数据 DB3 ~ DB0 由单片机 P0 口低 4 位提供；由于不使用各位左侧小数点而将小数点控制位 AN1 接地，右侧小数点控制位

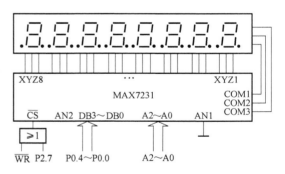

图 5-18　8 位三线 LCD 显示器动态驱动接口电路

AN2 由 P0.4 提供；对应于 8 位 LCD 的地址码 A2 ~ A0 由 P0 口经地址锁存器 74LS373 提供。在内部显示时钟发生器提供的时钟信号控制下，MAX7231 依次送出各位 LCD 的驱动信号，实现硬件译码动态显示。MAX7232 可驱动 10 位七段码和每位两个小数点，输入数据为串行 BCD 码；MAX7233 和 MAX7234 用于 18 个液晶字段的"米"字形 LCD 显示器，其中 MAX7233 可驱动 4 位数字和字符显示的 18 段码，并行输入 6 位数据和 2 位地址，MAX7234 可驱动 5 位数字和字符显示的 18 段码，串行输入 6 位数据和 3 位地址。

5.3.4　字符点阵式 LCD 显示器接口

段码式 LCD 显示器仅能显示数字和少量字符，如需要显示较复杂字符和图形，应选择点阵式 LCD 显示器。点阵式 LCD 显示器按显示原理不同分为字符点阵式和图形点阵式两类。字符点阵式液晶显示器专门用来显示数字、字母和特定符号，允许用户自行定义字符。字符

点阵式 LCD 显示模块具有编程功能，与单片机接口方便。

字符点阵式 LCD 显示模块种类较多，通常采用 5×7 或 5×10 点阵显示字符，从规格上分为每行 8、16、20、24、32、40 字符，有 1 行、2 行、4 行三类，用户可根据需要选择。下面以某公司生产的 EDM2004-03 为例，介绍字符点阵式 LCD 显示模块的基本结构、指令功能和接口方法。

1. 字符点阵式 LCD 显示模块结构

EDM 2004-03 字符点阵式 LCD 显示模块为 20 字符×4 行，采用 5×7 点阵（或称 5×8，第 8 行为光标）显示字符。

图 5-19 为 EDM 2004-03 内部结构及引脚图，表 5-5 为其引脚说明。EDM 2004-03LCD 模块主要由 LCD 显示屏、控制器 HD44780、列驱动器 MSM5239 和偏压产生电路组成。显示控制器 HD44780 为模块管理单元，具有与微处理器兼容的数据总线接口（8 位或 4 位）；控制器内部有字符发生器和显示数据存储器，支持显示 208 个 5×7 点阵字符和 32 个 5×10 点阵字符，并可经过编程自定义 8 个字符（5×7 点阵）以实现简单笔画的中文显示；列驱动器用于扩展显示字符位，当液晶屏字符位较少时可省去。

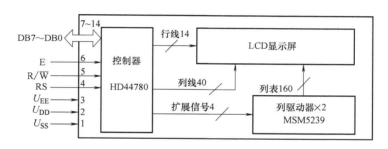

图 5-19　EDM 2004-03 内部结构及引脚

表 5-5　EDM 2004-03LCD 模块引脚说明

引脚号	符号	名　称	功　能
1	U_{SS}	电源地	0V
2	U_{DD}	电源电压	+5V
3	U_{EE}	液晶驱动电压	可调
4	RS	寄存器选择信号	RS=0，指令寄存器；RS=1，数据寄存器
5	R/$\overline{W}$	读/写信号	R/$\overline{W}$=0，读操作；R/$\overline{W}$=1，写操作
6	E	使能信号	读操作，下降沿有效；写操作，高电平有效
7~14	DB0~DB7	8 位数据总线	4 位总线或 8 位总线操作，4 位时使用 DB4~DB7

控制器 HD44780 通过数据总线 DB0~DB7 以及控制信号 E、R/$\overline{W}$、RS 与 CPU 接口，按照规定的时序相互协调作用，如图 5-20 所示，接收 CPU 发送来的指令和数据。CPU 先送出被显示字符在 LCD 显示模块上的地址（位置），存储在指令寄存器中，然后 CPU 送出被显示字符代码，存储在显示数据 RAM 中，控制器据此从字符发生器 ROM 或字符发生器 RAM 中取出对应的字符点阵，送到由指令寄存器中地址指定的显示位置上显示。

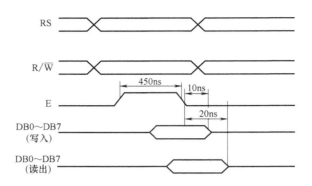

图 5-20　HD44780 的读/写时序

2. 寄存器及存储器

HD44780 内部包含指令寄存器（IR）、数据寄存器（DR）、忙标志位（BF）、地址计数器（AC）、显示数据寄存器（DDRAM）、字符发生器 ROM（CGRAM）和字符发生器 RAM（CGRAM）。用户可以通过 RS 和 R/$\overline{\text{W}}$ 输入信号的组合选择指定的寄存器，进行相应的操作。表 5-6 列出了寄存器的组合选择方式及功能。

表 5-6　寄存器的组合选择方式及功能

RS	R/$\overline{\text{W}}$	功　　能
0	0	将指令代码写入指令寄存器中
	1	分别将忙标志位（BF）和地址计数器（AC）内容读到 DB7 和 DB6 ~ DB0
1	0	将 DB0 ~ DB7 的数据写入数据寄存器中，模块的内部操作自动将数据写到 DDRAM 或者 CGRAM 中
	1	将数据寄存器内的数据读到 DB0 ~ DB7，模块的内部操作自动将 DDRAM 或者 CGRAM 中的数据送入数据寄存器中

（1）指令寄存器（IR）、数据寄存器（DR）　HD44780 内部具有两个 8 位的指令寄存器（IR）和地址寄存器（DR）。指令寄存器（IR）用于存储指令代码，数据寄存器（DR）用于暂时存储 CPU 与控制器内部 DDRAM 和 CGRAM 之间的传送数据。

（2）忙标志位（BF）　忙标志 BF = 1 时，表明控制器正在进行显示模块内部操作，不接收任何外部指令和数据。当 RS = 0、R/$\overline{\text{W}}$ = 1 及 E 为高电平时，BF 输出到 DB7。每次操作之前应进行状态检测，只有在确认 BF = 0 之后，CPU 才能访问模块。

（3）地址计数器（AC）　地址计数器（AC）是 DDRAM 或者 CGRAM 的地址指针。当设置地址指令写入指令寄存器后，指令代码中携带的地址信息自动送入 AC 中。当 DR 与 DDRAM 或者 CGRAM 之间完成一次数据传送后，AC 自动会加 1 或减 1。在 RS = 0、R/$\overline{\text{W}}$ = 1 且 E 为高电平时，AC 的内容送到 DB6 ~ DB0。

（4）显示数据寄存器（DDRAM）　容量为 80 ×8 位的 DDRAM 用于存储单字节字符代码，共计 80 个。DDRAM 地址与 LCD 显示屏显示位置具有对应关系，20（字符）×4（行）形式的对应关系见表 5-7。需要注意的是，执行显示移位操作时，对应的 DDRAM 地址也发生移位。

表 5-7 DDRAM 地址与 LCD 显示屏显示位置的对应关系

字符列位置		1	2	3	4	5	6	7	8	9	10	11	12	13	14	15	16	17	18	19	20
DDRAM 地址	第一行	00	01	02	03	04	05	06	07	08	09	0A	0B	0C	0D	0E	0F	10	11	12	13
	第二行	40	41	42	43	44	45	46	47	48	49	4A	4B	4C	4D	4E	4F	50	51	52	53
	第三行	14	15	16	17	18	19	1A	1B	1C	1D	1E	1F	20	21	22	23	24	25	26	27
	第四行	54	55	56	57	58	59	5A	5B	5C	5D	5E	5F	60	61	62	63	64	65	66	67

（5）字符发生器 ROM（CGROM） CGROM 中固化有 208 个 5×7 点阵的字符字模（字符的点阵位图数据）。字符代码与字符的关系见表 5-8，其中 00H～07H 字符代码与用户在 CGRAM 中生成的自定义字符相对应。

表 5-8 字符代码与字符的关系

低 4 位	高 4 位															
	0000	0001	0010	0011	0100	0101	0110	0111	1000	1001	1010	1011	1100	1101	1110	1111
××××0000	CGRAM (1)			0	@	P	`	p				―	ﾞ	ﾐ	α	ρ
××××0001	(2)		!	1	A	Q	a	q			｡	ｱ	ﾁ	ﾑ	ä	q
××××0010	(3)		"	2	B	R	b	r			｢	ｲ	ﾂ	ﾒ	β	θ
××××0011	(4)		#	3	C	S	c	s			｣	ｳ	ﾃ	ﾓ	ε	∞
××××0100	(5)		$	4	D	T	d	t			､	ｴ	ﾄ	ﾔ	μ	Ω
××××0101	(6)		%	5	E	U	e	u			･	ｵ	ﾅ	ﾕ	σ	ü
××××0110	(7)		&	6	F	V	f	v			ｦ	ｶ	ﾆ	ﾖ	ρ	Σ
××××0111	(8)		'	7	G	W	g	w			ｧ	ｷ	ﾇ	ﾗ	g	π
××××1000	(1)		(	8	H	X	h	x			ｨ	ｸ	ﾈ	ﾘ	√	x̄
××××1001	(2)		)	9	I	Y	i	y			ｩ	ｹ	ﾉ	ﾙ	⁻¹	y
××××1010	(3)		*	:	J	Z	j	z			ｪ	ｺ	ﾊ	ﾚ	j	千
××××1011	(4)		+	;	K	[	k	{			ｫ	ｻ	ﾋ	ﾛ	×	万
××××1100	(5)		,	<	L	¥	l	l			ｬ	ｼ	ﾌ	ﾜ	¢	円

（续）

低4位		高4位															
		0000	0001	0010	0011	0100	0101	0110	0111	1000	1001	1010	1011	1100	1101	1110	1111
××××1101	(6)			一	=	M	]	m	）			ユ	ズ	ヽ	゛	ﾓ	÷
××××1110	(7)		°	＞	N	∧	n	→			ヨ	セ	ホ	゜	ñ	
××××1111	(8)		／	?	O	─	o	←			ﾂ	ソ	マ	□	ö	▮

CGROM 单元地址（字符字模一行的地址）为 12 位，高 8 位 CGROM 地址信号 A11 ~ A4 由字符代码形成，低 4 位地址信号 A3 ~ A0 由内部电路产生；字模数据位 D4 ~ D0 用于表示数据，D7 ~ D5 位为 0；字符字模组的第 8 行表示光标位置，数据位均为 0；第 9 行及以下数据全为 0。表 5-9 为 5×8 点阵字符模组的存储地址与数据格式，对应数据 1 的位置为显示位（黑）。

表 5-9 5×8 点阵字符模组的存储地址与数据格式

CGROM 地址												数据位					
A11	A10	A9	A8	A7	A6	A5	A4	A3	A2	A1	A0	D4	D3	D2	D1	D0	
								0	0	0	0	1	0	0	0	0	
								0	0	0	1	1	0	0	0	0	
								0	0	1	0	1	0	1	1	0	
								0	0	1	1	1	1	0	0	1	
								0	1	0	0	1	0	0	0	1	
								0	1	0	1	1	0	0	0	1	
								0	1	1	0	1	1	1	1	0	
0	1	1	0	0	0	1	0	0	1	1	1	0	0	0	0	0	← 光标位置
								1	0	0	0	0	0	0	0	0	
								1	0	0	1	0	0	0	0	0	
								1	0	1	0	0	0	0	0	0	
								1	0	1	1	0	0	0	0	0	
								1	1	0	0	0	0	0	0	0	
								1	1	0	1	0	0	0	0	0	
								1	1	1	0	0	0	0	0	0	
								1	1	1	1	0	0	0	0	0	
字符代码								行地址									

（6）字符发生器 RAM（CGRAM）　用户可以在 CGRAM 中生成自定义字符的字符模组。CGRAM 可存放 8 个 5×8 点阵的字符模组，相对应的字符代码为 00H ~ 07H 或 08H ~ 0FH。CGRAM 的地址与字符字模、字符代码的关系见表 5-10，表右列是自定义字符"￥"的字模。CGRAM 的地址共 6 位，高 3 位地址为字符代码的低 3 位，CGRAM 地址低 3 位用于选择

字模的不同行。字符字模的第 8 行是光标位置：设置光标显示情况下，应赋值为 0；如果赋值为 1，不论光标显示与否，第 8 行均处于显示状态。

表 5-10　CGRAM 的地址与字符字模、字符代码的关系

字符代码（DDRAM 数据）								CGRAM 地址						字符字模（CGRAM 数据）								
D7	D6	D5	D4	D3	D2	D1	D0	A5	A4	A3	A2	A1	A0	D7	D6	D5	D4	D3	D2	D1	D0	
											0	0	0	×	×	×	1	0	0	0	1	
											0	0	1	×	×	×	0	1	0	1	0	
											0	1	0	×	×	×	0	0	1	0	0	
											0	1	1	×	×	×	1	1	1	1	1	字模
0	0	0	0	0	×	0	1	0	0	1	1	0	0	×	×	×	0	0	1	0	0	
											1	0	1	×	×	×	0	0	1	0	0	
											1	1	0	×	×	×	0	0	1	0	0	
											1	1	1	×	×	×	0	0	0	0	0	光标

3. 指令说明

HD44780 向用户提供了 11 条指令，大致可以分为四类：模块功能设置，诸如显示格式、数据长度等；设置内部 RAM 地址；完成内部 RAM 数据传送；完成其他功能。

（1）清显示指令　指令代码如下：

RS	R/$\overline{\text{W}}$	D7	D6	D5	D4	D3	D2	D1	D0
0	0	0	0	0	0	0	0	0	1

将空位字符码 20H 送入全部 DDRAM 地址中，使 DDRAM 中的内容全部清除，显示消失；地址计数器 AC = 0，自动增 1 模式；显示归位，光标回到原点（显示屏左上角），但并不改变移位设置模式。

（2）归位指令　指令代码如下：

RS	R/$\overline{\text{W}}$	D7	D6	D5	D4	D3	D2	D1	D0
0	0	0	0	0	0	0	0	1	×

把地址计数器 DDRAM 地址清零；如果显示已经位移，指令执行后显示回到起始位置；显示数据存储器的内容不变。

（3）输入方式设置指令　指令代码如下：

RS	R/$\overline{\text{W}}$	D7	D6	D5	D4	D3	D2	D1	D0
0	0	0	0	0	0	0	1	I/D	S

设置读/写 DDRAM 或 CGRAM 后地址计数器（AC）的内容变化方向，并指定整体显示是否移动。I/D = 1，读/写 DDBAM 或 CGBAM 的数据后，AC 自动加 1，光标右移一个字符位；I/D = 0，AC 自动减 1，光标在左移一个字符位。S = 1，整个显示画面向左（I/D = 1）或向右（I/D = 0）移动；S = 0，显示画面不移动。

（4）显示开/关控制指令　指令代码如下：

RS	R/$\overline{\text{W}}$	D7	D6	D5	D4	D3	D2	D1	D0
0	0	0	0	0	0	1	D	C	B

D：显示开/关控制标志。D=1，开显示；D=0，关显示。关显示后，显示数据仍保持在 DDRAM 中，开显示后可以立即显示。

C：光标显示控制标志。C=1，光标显示；C=0，光标不显示。不显示光标并不影响其他显示功能；显示 5×8 点阵字符时，光标在第八行显示。

B：闪烁显示控制标志。B=1，光标所指位置上交替显示全黑点阵和显示字符，产生闪烁效果；通过设置，光标可以与其所指位置的字符一起闪烁。

（5）光标或显示移位指令　指令代码如下：

RS	R/$\overline{\text{W}}$	D7	D6	D5	D4	D3	D2	D1	D0
0	0	0	0	0	1	S/C	R/L	×	×

光标或显示移位指令可使光标或显示在没有读/写显示数据的情况下，向左或向右移动；运用此指令可以实现显示的查找或替换；在双行显示方式下，当移位越过第一行第 40 字符时，光标会从第一行跳到第二行，但显示数据只在本行内水平移位，第二行的显示决不会移进第一行；倘若仅执行移位操作，地址计数器（AC）的内容不会发生改变。移位方式见表 5-11。

表 5-11　光标和显示移位方式

S/C	R/L	说　明
0	0	光标向左移动，AC 自动减 1
0	1	光标向右移动，AC 自动加 1
1	0	光标和显示一起向左移动
1	1	光标和显示一起向右移动

（6）功能设置指令　指令代码如下：

RS	R/$\overline{\text{W}}$	D7	D6	D5	D4	D3	D2	D1	D0
0	0	0	0	1	DL	N	F	×	×

此命令可以说是 HD44780 的初始化命令，在对模块编程时应首先使用这条命令。该命令设置了接口时的数据总线年度、显示屏的行数及字符的点阵。其中，行数和字符点阵设置的组合规定了显示驱动的占空比。

DL：设置接口数据长度。DL=0 表示数据总线有效位长为 4 位（DB7~DB4）；DL=1表示数据总线有效位长为 8 位（DB7~DB0）。

N：设置显示屏的行数。N=0 表示字符行为一行；N=1 表示字符行为两行。

F：设置字符的点阵格式。F=0，字符为 5×7 点阵；F=1，字符为 5×10 点阵。

（7）CGRAM 地址设置指令　指令代码如下：

RS	R/$\overline{\text{W}}$	D7	D6	D5	D4	D3	D2	D1	D0
0	0	0	1	A5	A4	A3	A2	A1	A0

将 CGRAM 的 6 位地址码写入 AC 内，随后 CPU 可对 CGRAM 进行数据读、写操作。CGRAM 地址范围为 00H ~ 3FH。

（8）DDRAM 地址设置指令　指令代码如下：

RS	R/$\overline{\text{W}}$	D7	D6	D5	D4	D3	D2	D1	D0
0	0	1	A6	A5	A4	A3	A2	A1	A0

将 DDRAM 的 7 位地址码送入 AC 内，随后 CPU 可对 DDRAM 进行数据读、写操作。DDRAM 地址范围为 00H ~ 4FH。

（9）读忙标志 BF 和地址计数器 AC 指令　指令代码如下：

RS	R/$\overline{\text{W}}$	D7	D6	D5	D4	D3	D2	D1	D0
0	1	BF	AC6	AC5	AC4	AC3	AC2	AC1	AC0

读忙标志位 BF 的值，BF = 1 时，说明系统内部正在进行操作，不能去接收下一条指令；CGRAM 或 DDRAM 所使用的地址计数器 AC 的值也被同时读出。读出的 AC 值到底是哪个 RAM 的地址，取决于最后一次向 AC 写入的是何地址；AC 值将与忙标志位 BF 同时出现在数据总线上。

（10）CGRAM 或 DDRAM 写数据指令　指令代码如下：

RS	R/$\overline{\text{W}}$	D7	D6	D5	D4	D3	D2	D1	D0
1	0	D	D	D	D	D	D	D	D

将用户自定义字符的字模数据写到已经设置好的 CGRAM 地址中，或者是将要显示的字符的字符码写到 DDRAM 中；待写入的数据 D7 ~ D0 首先暂存在 DR 中，再由内部操作自动写入当前地址指针所指定的 CGRAM 单元或者 DDRAM 单元中。

（11）CGRAM 或 DDRAM 读数据指令　指令代码如下：

RS	R/$\overline{\text{W}}$	D7	D6	D5	D4	D3	D2	D1	D0
1	1	D	D	D	D	D	D	D	D

从地址计数器（AC）指定的 CGRAM 或者 DDRAM 单元中，读出数据 D7 ~ D0；读出的数据 D7 ~ D0 暂存在 DR 中，再由内部操作送到数据总线 DB7 ~ DB0 上。需要注意的是，在读数据之前，应先通过地址计数器（AC）正确指定读取单元的地址。

4. 字符型液晶显示模块接口

液晶显示模块将液晶显示器与控制、驱动器集成在一起，可以直接与微处理器接口，产生液晶控制驱动信号，使液晶显示所需要的内容。字符型液晶显示模块的接口实际上就是 HD44780 与 CPU 的接口，所以需要满足 HD44780 与 CPU 接口部件的要求，关键需要满足

HD44780 的时序关系。从时序关系可知，R/$\overline{\text{W}}$ 的作用与 RS 的作用相似，控制信号的关键是 E 信号的使用，所以在接口分配及程序驱动时要注意 E 信号的使用。单片机与液晶显示模块的接口电路如图 5-21 所示。

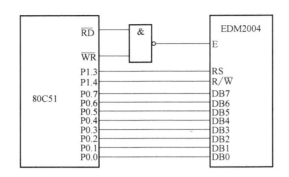

图 5-21　液晶显示模块与 80C51 单片机的接口原理电路

液晶显示模块的初始化、自定义字符字模数据传送、待显示字符送显等程序如下：

```
void LCD_busy(void)
{
  unsigned char ac_dat;
  unsigned char busy_flag;
  do
  {
    LCD_EN = 0;
    LCD_RS = 0;                          //指令
    LCD_RW = 1;                          //读出
    LCD_IO = 0xff;                       //端口置为输入方式(P0)
    LCD_EN = 1;
    ac_datr = LCD_IO;
    LCD_EN = 0;
    busy_flag = ac_dat & 0x80;
  }while(busy_flag);                     // =1 表示忙, =0 表示空闲
}
//写数据到指令寄存器 IR,R1 暂存指令码
void LCD_cmd(unsigned char cmd)
{
  LCD_busy();                            //检测忙
  LCD_RS = 0;                            //指令
  LCD_RW = 0;                            //写入
  LCD_EN = 1;
```

```
    LCD_IO = cmd;                    //传指令
    LCD_EN = 0;                      //下降沿有效
}
//写数据到数据寄存器 DR,R2 暂存字符代码或字符字模数据
void LCD_dat(unsigned char dat)
{
    LCD_busy();                      //检测忙
    LCD_RS = 1;                      //数据
    LCD_RW = 0;                      //写入
    LCD_EN = 1;
    LCD_IO = dat;                    //传数据
    LCD_EN = 0;                      //下降沿有效
}
//初始化模块
void LCD_init(void)
{
    LCD_cmd(0x38);                   //功能设置:8 位数据,双行显示,5×7 点阵
    LCD_cmd(0x01);                   //清显示
    LCD_cmd(0x06);                   //输入方式设置:AC 自动加 1,不移位
    LCD_cmd(0x0C);                   //显示开/关控制设置:开显示,光标关,不闪烁
}
```

//写自定义字符字模数据到 CGRAM,字模数据存放在 0400H 起始的程序存储器中,8 个字符计 64B 数据

```
void write_ CGRAM(unsigned char *p)
{
    LCD_busy();
    LCD_cmd(0x40);                   //设置 CGRAM 地址
    For(i = 0;i < 64;i ++)           //发送完 8 个字符的 64B 数据
    {
        LCD_busy();
        LCD_dat(*p);                 //送字模数据到 CGRAM
        p ++;                        //字模数据地址指针加 1
    }
}
```

//写显示字符的字符代码到 DDRAM,字符代码存放在 0300H 起始的程序存储器中,计 40 个字符

```
void write_DDRAM(unsigned char *p)
```

```
{    unsigned char i;
    LCD_busy();
     LCD_cmd(0x80);              //屏幕第一行,对应的 DDRAM 起始地址为 00H
     i = 0;
     while( * p! = 0)
     {
       LCD_busy();
       LCD_dat( * p);            //送字符代码到 DDRAM
       p ++;                     //字符代码地址指针加1
       i ++;
       if( i > 20)               //第一行显示完? 没显示完,继续;显示完,开始
                                   第二行显示
       break;
     }
     While( * p! = 0)             //第二行待显示字符数为20
     {
       LCD_busy();
       LCD_dat( * p);
       p ++;
       i ++;
       if( i > 20)
       break;
     }
}
```

5.4　触摸屏处理技术

触摸屏是一种新型的智能仪器、仪表输入设备,具有简单、方便、自然的人机交互方式。工作时,操作者首先用手指或其他工具触摸屏,然后系统根据触摸的图标或菜单定位选择信息输入。触摸屏由检测部件和控制器组成,检测部件安装在显示器前面,用于检测操作者的触摸位置,并转换为触摸信号;控制器的作用是接收触摸信号,并转换成触摸坐标后送给 CPU,它同时能接收 CPU 发来的命令并加以执行。

(1) 透明性能　触摸屏由多层复合薄膜构成,透明性能的好坏直接影响到触摸屏的视觉效果;触摸屏的透明性能不仅要从视觉效果来衡量,还应该包括透明度、色彩失真度、反光性和清晰度。

(2) 绝对坐标系统　传统的鼠标是一种相对定位系统,当前位置的确定和前一次鼠标的位置坐标有关;而触摸屏则是一种绝对坐标系统,可以直接点击选择的位置,与相对定位系统有着本质的区别。绝对坐标系统的特点是每一次定位坐标与上一次定位坐标没有关系,

每次触摸产生的数据通过校准转为屏幕上的坐标，同一位置点的输出数据是固定的。

（3）飘移问题　由于技术原理的原因，并不能保证同一触摸点每一次的采样数据相同，这就是触摸屏的漂移；对于性能质量好的触摸屏来说，漂移的情况并不严重。

（4）检测与定位　触摸屏的绝对定位依靠传感器来完成，有的触摸屏本身就是一套传感器系统。各类触摸屏的定位原理和所用传感器决定了触摸屏的反应速度、可靠性、稳定性和使用寿命。

5.4.1　触摸屏的结构及特点

按照触摸屏的工作原理和传输信息介质的不同，触摸屏主要分为四类，即电阻式触摸屏、电容式触摸屏、红外线式触摸屏及表面声波触摸屏。下面介绍各类触摸屏的结构、原理及特点。

1. 电阻式触摸屏

电阻式触摸屏的屏体部分（检测部件）是一块与显示器表面紧密配合的多层复合薄膜，由一层玻璃或有机玻璃作为基层，表面涂有一层阻性导体层（如铟锡氧化物 ITO），上面再盖有一层外表面被硬化处理、光滑防刮的塑料层，塑料层的内表面也涂有一层阻性导体层。在两层导体层之间有一层具有许多细小隔离点的隔离层，把两导体层隔开绝缘，如图 5-22 所示，当手指触摸屏幕时，两导体层在触摸点位置产生了接触，控制器检测到这个接通点后计算出 X、Y 轴坐标，这就是所有电阻式触摸屏的基本原理。

电阻式触摸屏根据引出线数的多少，分为 4 线、5 线、6 线、7 线、8 线等多种类型。下面介绍最基本的 4 线电阻式触摸屏，图 5-23 为 4 线电阻式触摸屏的检测原理图。在一个 ITO 层（如外层）的上、下两边各镀上一个狭长电极，引出瑞为 Y_+、Y_-，在另一个 ITO 层（如内层）的左、右两边也分别镀上一个狭长电极，引出端为 X_+、X_-，为了获得触摸点在 X 方向的位置信号，在内层 ITO 的两电极 X_+、X_- 上分别加 U_{REF}、0V 电压，从而层内 ITO 上形成了 $0V \sim U_{REF}$ 的电压梯度，触摸点至 X_- 端的电压为该电极两端的电阻对 U_{REF}

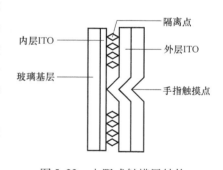

图 5-22　电阻式触摸屏结构

的分压，分压值代表了触摸点在 X 方向的位置，然后将外层 ITO 的一个电极（如 Y_-）端悬空，从另一电极（Y_+）就可以取出这一分压，将该分压进行 A/D 转换，并与 U_{REF} 进行比较，便可以得到触摸点的 X 轴坐标。

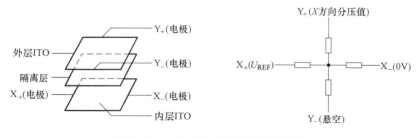

图 5-23　4 线电阻式触摸屏检测原理

为了获得触摸点在 Y 轴方向的位置信号，需要在外层 ITO 的两电极 Y_+、Y_- 上分别加 U_{REF}、0V 电压，而将内层 ITO 的一个电极（X_-）悬空，从另一电极（X_+）上取出触摸点在 Y 轴方向的分压。

电阻式触摸屏对外需要完全隔离，不怕油污、灰尘、水，而且经济性很好，供电要求简单，非常容易产业化。电阻式触摸屏适用于各种领域，尤其在工控领域内，由于它对环境和条件要求不高，更显示出电阻屏的优越性，其产品在触摸屏产品中占到90%的市场份额。

电阻式触摸屏的缺点是由于复合薄膜的外层采用塑料材料，如果触摸用力过大或使用锐器工具触摸，可能会划伤整个触摸屏而导致报废。

2. 电容式触摸屏

电容式触摸屏一般由触摸屏与控制器构成，触摸屏可以是 ITO 导电材料或 PCB 等一类铺有电极的面板，而控制器则是指电容式触控芯片。

根据侦测电容原理的不同，电容式触摸屏分为表面电容式和投射电容式两大类。不同类型的触摸屏应配合相应类型的触控芯片。电容式触控芯片通过侦测相应位置的电容量判断是否有手指或其他导电物体正在碰触屏幕，因而触控芯片在电容式触控模块中属于核心组件。

下面介绍两种不同类型的电容式触摸屏的结构和原理，在后续章节中将对投射式电容触控芯片进行简要的介绍。

（1）表面电容式触摸屏　表面电容式触摸屏的构造主要是在玻璃屏幕上镀一层透明的阻性导体层，再在导体层外加上一层保护玻璃。导体层作为工作面，4 边镀有狭长电极，并从 4 个角引出电极引线，如图 5-24 所示。工作时，从 4 个电极引线上引入高频信号，当手指触摸外层玻璃时，由于人体电场的存在，手指与导体层间会形成一个耦合电容，4 个电极上的高频电流会经此耦合电容分流一部分，分流的电流与触摸到电极的距离成反比，控制器据此比例就可以计算出触摸点的坐标。

（2）投射电容式触摸屏　投射电容式触摸屏是通过测量各电极之间的电容量的变化来确定触控点的位置，如图 5-25 所示。由于人体相当于良导体，所以当手指靠近电极时，手指与电极之间的电容就会增加，此时只要侦测出哪条线的静电容量变大，就知道哪个点被手指触碰。

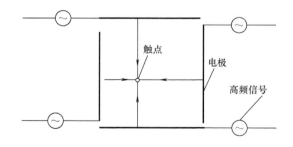

图 5-24　表面电容式触摸屏的工作原理

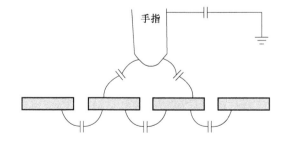

图 5-25　投射电容式触摸屏的工作原理

投射电容式触摸屏的结构如图 5-26 所示，采用 ITO 材料，形成矩阵式分布，以 X 轴和 Y 轴交叉分布作为电容矩阵，触摸屏控制器控制对 X 轴和 Y 轴的扫描，找到电容变化的位置，进而计算出触点坐标。投射电容式触摸屏按测量方法又分为自电容屏和互电容屏，自电容屏是扫描 X/Y 电极与地构成的电容，而互电容屏是扫描 X/Y 电极之间的电容。

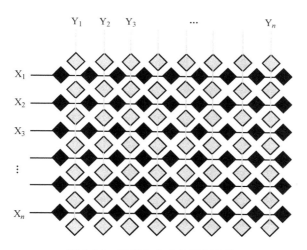

图 5-26　投射电容式触摸屏结构

　　所谓自电容，通常是指扫描电极与地构成的电容。因为自电容屏每次只接通一个电极测量电容，它只有单电极，当手指靠近某个电极时，人体到地的电容才构成能被测量的电容。在玻璃表面有用 ITO 制成的横向和纵向的扫描电极，这些电极和地之间就构成一个电容的两极。当用手触摸时，就会并联一个电容到电路中，从而使在该条扫描线上的总体的电容量有所改变。扫描时，触控芯片依次扫描纵向和横向电极，并根据扫描前后的电容量变换确定触摸点的坐标位置。自电容的扫描方式相当于把触摸屏上的触摸点分别投影到 X 轴和 Y 轴方向，然后分别在 X 轴和 Y 轴方向计算出坐标，最后组合成触摸点的坐标。自电容屏的优势是扫描速度快，扫描完一个周期只需要扫描 $X + Y$（X 和 Y 分别是横轴和纵轴的扫描电极数量）个数据；缺点是当触摸点多于一个时，无法识别鬼点，不能做到真正的多点触摸，如图 5-27 所示。

　　互电容屏与自电容屏的区别在于，两组电极交叉的地方会形成电容，即这两组电极分别构成了电容的两极，其工作原理如图 5-28 所示。当手指触摸到互电容屏时，影响了触摸点附近两个电极间的耦合，从而改变了这两个电极之间的电容量。检测互电容大小时，横向的电极依次发出激励信号，纵向的所有电极同时接收信号，从而可以得到所有横向和纵向电极交叉点的电容值大小。当手指接近时，会导致局部电容量减少，根据触摸屏二维电容变化量数据，可以计算出每一个触摸点的坐标。因此，互电容屏上即使有多个触摸点，也能计算出多个

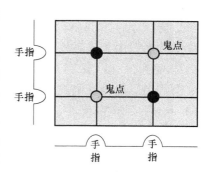

图 5-27　自电容屏产生的鬼点

触摸点的真实坐标。互电容屏与自电容屏的扫描方式相比要长，需要扫描 $X \times Y$ 个数据。

　　电容式触摸屏在众多触摸屏中最可靠、最精确，但价格也最昂贵。电容式触摸屏感应度极高，能准确地感应轻微且快速（约 3ms）的触碰。电容式触摸屏的双玻璃结构不但能保护导体层及感应器，而且能有效地防止环境因素给触摸屏造成的影响。电容式触摸屏反光严重，而且电容技术的复合触摸屏对各波长的透光率不均匀，存在色彩失真的问题，由于光线

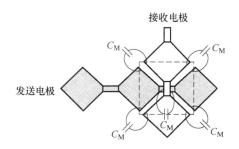

接收电极

发送电极

- C_M为耦合电容
- 手指触摸时耦合电容减少
- 检测耦合电容变化量，确定触摸位置

图 5-28　互电容屏的工作原理

在各层间反射，还易造成图像字符模糊；电容式触摸屏用戴手套的手指或持不导电的工具触摸时没有反应，这是因为增加了更为绝缘的介质。电容式触摸屏最主要的缺点是漂移，当温度、湿度改变，或者环境电场发生改变时，都会引起电容式触摸屏的漂移，造成不准确。

3. 红外线式触摸屏

红外线式触摸屏以光束阻断技术为基本原理，不需要在原来的显示器表面覆盖任何材料，而是在显示屏的四周安放一个光点距（Opti-matrix）架框，光点距架框四边排放了红外线发射管及接收管，在屏幕表面形成一个红外线栅格，如图 5-29 所示。当用手指触摸屏幕某一点时，便会挡住经过该位置的两条红外线，红外线接收管会产生变化信号，计算机根据 X、Y 方向两个接收管变化的信号，就可以确定触摸点的位置。

红外线式触摸屏的主要优点是价格低廉、安装方便，可以用在各档次的计算机上。另外它完全透光，不影响显示器的清晰度。而且由于没有电容的充放电过程，响应速度比电容式触摸屏快。红外线式触摸屏的主要缺点是：由于发射、接收管排列有限，因此分辨率不高；由于发光二极管的寿命比较短，影响了整个触摸屏的寿命；由于依靠感应红外线工作，当外界光线发生变化，如阳光强弱或室内射灯的开、关均会影响其准确度；红外线触摸屏不防水防尘，甚至非常细小的外来物也会导致误

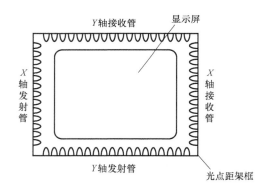

图 5-29　红外线式触摸屏

差。红外线式触摸屏曾经一度淡出过市场，近来红外线式触摸屏技术有了较大的发展，克服了不少原来致命的问题。第二代红外线式触摸屏部分解决了抗光干扰的问题，第三代和第四代产品在提升分辨率和稳定性上也有所改进。

4. 表面声波触摸屏

表面声波触摸屏是在显示器屏幕的前面安装一块玻璃平板（玻璃屏），玻璃屏的左上角和右下角各固定了垂直和水平方向的超声波发射换能器，右上角则固定了两个相应的超声波接收换能器，玻璃屏的四个周边则刻有 45° 由疏到密间隔非常精密的反射条纹，如图 5-30 所示。

以右下角 X 轴发射器为例介绍表面声波触摸屏的工作原理：X 轴发射器发出的超声波经底部反射条纹后，形成向上传递的均匀波面，再由顶部反射条纹聚成向右传递的波束被 X

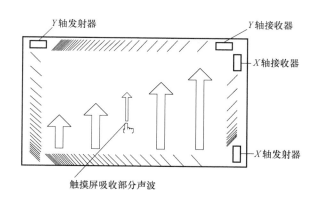

图 5-30　表面声波触摸屏

轴接收器接收，X 轴接收器将返回的声波能量转变为电信号。当发射器发射一个窄脉冲后，会有不同路径的声波能量到达接收器，不同路径的声波能量在 Y 轴经历的路程是相同的，但在 X 轴经历的路程是不同的，反映在接收器的输出端，不同路径的声波能量对应的电信号在时间上有先后。当手指触摸玻璃屏时，某条途径上的声波能量被部分吸收，对应接收器输出的电信号某一时间产生衰减，根据衰减时间就可以确定触摸点的 X 坐标。同样的方法可以判定触点的 Y 坐标。表面声波触摸屏除了能够确定代表触摸位置的 X、Y 坐标外，还能确定代表触摸压力大小的 Z 坐标，Z 坐标根据接收器输出信号的衰减量确定。

表面声波触摸屏的优点是：低辐射、不耀眼、不怕振、抗刮伤性好；不受温度、湿度等环境因素影响，寿命长；透光率高，能保持清晰透亮的图像质量；没有漂移，只需安装时一次校正；有第三轴（即压力轴）效应。

表面声波触摸屏的不足之处是需要经常维护，因为灰尘、油污甚至饮料的液体沾污在屏表面，都会阻塞触摸屏表面的导波槽，使声波不能正常发射，或使波形改变而控制器无法正确识别。另外表面声波触摸屏容易受到噪声干扰。

5.4.2　触摸屏控制器 ADS7843

1. ADS7843 功能简介

ADS7843 是一个内置低导通电阻模拟开关、12 位逐次逼近 A/D 转换器和同步串行接口的 4 线触摸屏控制器，用于实现触摸屏电极驱动切换及电极电压信号 A/D 转换，获取触摸点位置坐标。

ADS7843 供电电源 U_{CC} 为 2.7 ~ 5V，参考电压 U_{REF} 为 1V ~ U_{CC}，转换电压的输入范围为 0 ~ U_{REF}，最高转换速率为 125kHz，在典型工作状况下（2.7V/125kHz）功耗为 150μW，而在关闭模式下的功耗仅为 0.5μW。因此，ADS7843 具有低功耗、高速率、高精度的特点。

ADS7843 有 16 个引脚，其引脚配置如图 5-31

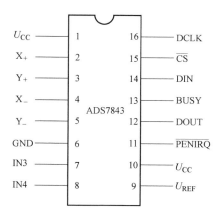

图 5-31　ADS7843 引脚图

所示，引脚功能见表 5-12。

表 5-12　ADS7843 引脚功能

引脚号	引脚名称	功能
1，10	U_{CC}	供电电源 2.7 ~ 5V
2，3	X_+，Y_+	接触摸屏正电极，信号送至内部 A/D 通道
4，5	X_-，Y_-	接触摸屏负电极
6	GND	电源地
7，8	IN3，IN4	两个附属 A/D 通道输入
9	U_{REF}	A/D 参考电压输入，$1V ~ U_{CC}$
11	$\overline{PENIRQ}$	触摸中断输出，需外接 $10 ~ 100k\Omega$ 上拉电阻
12，14，16	DOUT、DIN、DCLK	串行接口输出、输入、时钟端，在时钟下降沿数据移出，上升沿输入数据锁存
13	BUSY	忙指示信号
15	$\overline{CS}$	片选，控制转换时序，使能串行输入/输出寄存器

2. ADS7843 的控制字

ADS7843 的控制字如下：

D7	D6	D5	D4	D3	D2	D1	D0
S	A2	A1	A0	MODE	SER/$\overline{DFR}$	PD1	PD0

S：数据传输起始标志位，该位必须为 1。

A2、A1、A0：用来选择采集触摸点的 X 轴信号或 Y 轴信号。A2A1A0 = 001，采集 Y 轴信号；A2A1A0 = 101，采集 X 轴信号。

MODE：A/D 转换位数选择位。1 选择 8 位精度；0 选择 12 位精度。

SER/$\overline{DFR}$：用来选择参考电压的输入模式。1 为参考电压非差动输入模式；0 为参考电压差动输入模式。

PD1、PD0：用于选择省电模式。00 省电模式允许，在两次 A/D 转换期间掉电，且中断允许；01 同 00，但不允许中断；11 禁止省电模式。

3. ADS7843 的参考电压输入模式

ADS7843 支持两种参考电压输入模式：一种是参考电压固定为 U_{REF}；另一种采取差动输入模式，参考电压来自驱动电极。两种模式分别称为参考电压非差动输入模式及参考电压差动输入模式，两种模式的内部接法如图 5-32 所示，采用差动模式可以消除开关导通电压降带来的影响。表 5-13 和表 5-14 为两种参考电压输入模式所对应的内部开关状态。

表 5-13　参考电压非差动输入模式内部开关状态（SER/$\overline{DFR}$ = 1）

A2	A1	A0	X_+	Y_+	IN3	IN4	− IN	X 开关	Y 开关	+ REF	− REF
0	0	1	+ IN				GND	OFF	ON	$+ U_{REF}$	GND
1	0	1		+ IN			GND	ON	OFF	$+ U_{REF}$	GND
0	1	0			+ IN		GND	OFF	OFF	$+ U_{REF}$	GND
1	1	0				+ IN	GND	OFF	OFF	$+ U_{REF}$	GND

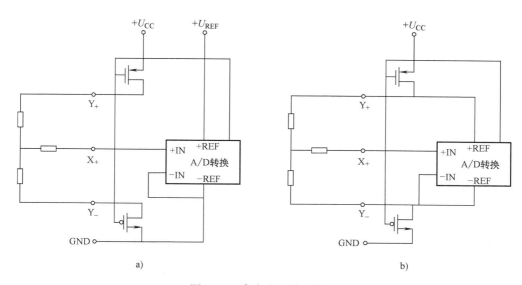

图 5-32　参考电压输入模式

a）非差动输入模式　　b）差动输入模式

表 5-14　参考电压差动输入模式内部开关状态（$\mathrm{SER}/\overline{\mathrm{DFR}} = 0$）

A2	A1	A0	X_+	Y_+	IN3	IN4	$-\mathrm{IN}$	X 开关	Y 开关	$+\mathrm{REF}$	$-\mathrm{REF}$
0	0	1	$+\mathrm{IN}$				Y_-	OFF	ON	Y_+	Y_-
1	0	1		$+\mathrm{IN}$			X_-	ON	OFF	X_+	X_-
0	1	0			$+\mathrm{IN}$		GND	OFF	OFF	$+U_{\mathrm{REF}}$	GND
1	1	0				$+\mathrm{IN}$	GND	OFF	OFF	$+U_{\mathrm{REF}}$	GND

4. ADS7843 的 A/D 转换时序

为完成一次电极驱动切换和电极电压 A/D 转换，需要先通过串口往 ADS7843 发送控制字，A/D 转换完成后再通过串口读出电压转换值。标准的一次转换需要 24 个时钟周期，如图 5-33 所示。由于串口支持双向同时进行传送，并且在一次读数与下一次发控制字之间可以重叠，所以转换速率可以提高到每次 16 个时钟周期。条件允许的情况下，如果 CPU 可以产生 15 个 CLK，转换速率还可以提高到每次 15 个时钟周期。

为获得一个触点坐标，ADS7843 与 CPU 之间需要经过三次 8 位串行操作。首先经过 DIN 引脚向 ADS7843 传送控制字，当 ADS7843 接收到控制字的前 5 位后，A/D 转换器进入采样阶段。控制字节输入完毕后，在每个 DCLK 的下降沿，A/D 转换的结果从高位到低位逐位从 DOUT 引脚向 CPU 输出。12 位的 A/D 转换结果数据在第 13 个 DCLK 时钟传送完毕，需由 CPU 发出两次 8 位读操作完成数据接收。由于 DCLK 既是串行数据 IO 的同步时钟，也是片内逐次逼近寄存器 SAR 的运行时钟，当 BUSY 为高表示 A/D 转换开始后，即可通过串行接口逐位读出转换结果。

5. 触摸点坐标定位原理

ADS7843 芯片内含模拟电子开关和逐次逼近 A/D 转换器。通过片内模拟电子开关的切换，将 X_+（或 Y_+）端接正电源 U_{REF}，X_-（或 Y_-）端接 0V，在参考电压非差动输入模式

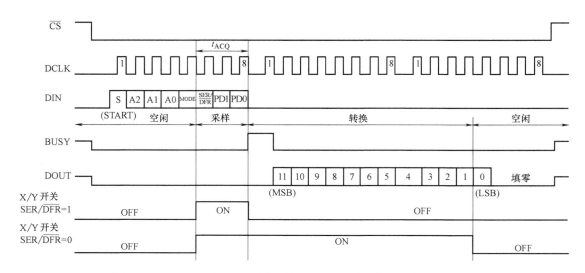

图 5-33　ADS7843 的 A/D 转换时序（24 个时钟周期，8 位总线接口）

下将 Y_+（或 X_+）端接到 A/D 转换器的输入端。点击触摸屏的不同位置，则由 Y_+（或 X_+）端输入到片内 A/D 转换器的电压值不同，输入电压经片内 A/D 转换后得到触摸点的 X（或 Y）输出值，该输出值与触摸点的位置呈近似线性关系。因此，ADS7843 的输出值 X（或 Y）便能描述触摸点的坐标。参考电压差动输入模式下的工作原理与此类同。

6. ADS7843 接口方法

ADS7843 为串行接口芯片，与单片机 80C51 的接口非常简单，如图 5-34 所示。

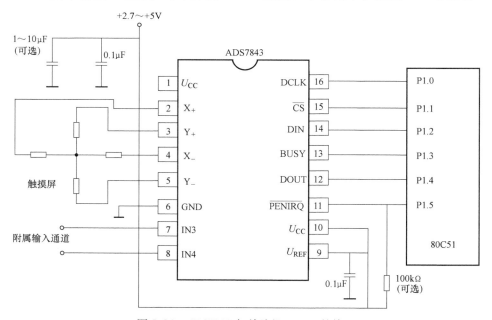

图 5-34　ADS7843 与单片机 80C51 的接口

在程序设计中，可循环检测 BUSY 信号，当 BUSY 为高电平后，启动串行读操作。当控制字发送完毕后，也可在软件中延迟一段时间后启动串行读操作。ADS7843 的坐标获取流程如图 5-35 所示。

7. 实际应用时应注意的问题

在 4 线电阻式触摸屏中，X 轴的位置电压从右向左逐渐增加，Y 轴的位置电压从下向上逐渐增加，因此 X 轴、Y 轴位置电压对应坐标的原点在触摸屏的右下角。

触摸屏常与点阵式液晶显示（LCD）屏叠加在一起配套使用，而触摸屏的坐标原点、标度和显示屏的坐标原点、标度不一致，有时还会出现配合扭曲的问题。电阻式触摸屏的电阻分布并不是理想的线性关系，通过 ADS7843 片内 A/D 转换器获取的触摸点坐标与触摸点的实际位置存在偏差。由于上述问题的存在，触摸屏通常需要进行校准和坐标变换，才能准确得到触摸点在 LCD 屏上的位置坐标。

触摸屏和点阵式 LCD 屏配合使用时，X、Y 轴位置电压转换值必须与 LCD 屏的点阵（$W \times N$ 点阵，原点坐标位置在左下角）相对应，采用的计算公式为

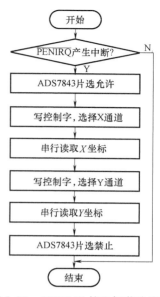

图 5-35　ADS7843 的坐标获取流程

$$x = \frac{X_{\max} - X}{X_{\max} - X_{\min}}W, \ y = \frac{Y - Y_{\min}}{Y_{\max} - Y_{\min}}N$$

式中，X 和 Y 分别为触摸点在触摸屏 X 工作面和 Y 工作面上的电压的实际测量值，(X, Y) 反映了触摸点在触摸屏上的坐标；$X_{\min}$、$Y_{\min}$、$X_{\max}$ 和 $Y_{\max}$ 分别为触摸屏最小和最大坐标点在 X 工作面和 Y 工作面上电压的实际测量值，$(X_{\min}, Y_{\min})$ 和 $(X_{\max}, Y_{\max})$ 反映了触摸屏上最小和最大坐标点的坐标；(x, y) 为触摸点映射到 LCD 屏上的像素点坐标。

对于触摸屏在按下和释放过程中的抖动问题，可通过软件去抖。简单方法为进行两次比较，具体工作原理是连续测量 X 和 Y 坐标值两次，若差值在允许的误差范围则认为是有效点击。

5.4.3　电容触摸屏控制器 ST1332

1. ST1332 功能简介

ST1332 系列芯片是一种互电容触摸屏控制芯片，内嵌有 8 位的 MCU，最多可支持 4 点触控。

ST1332 系统架构如图 5-36 所示，由 MCU、触摸屏接口、外部接口、看门狗定时器和稳压器等构成。

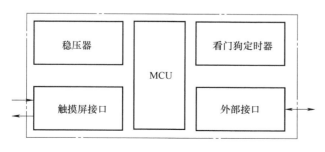

图 5-36　ST1332 系统架构

触摸屏接口：主要功能是实现对触摸屏上电容值的采集，采集到的信息经过电容电压转换器、低通滤波器、A/D 转换器送入 MCU。

MCU：一款 RISC 结构体系的微处理器，主要用来处理采集到的信息，并存储原始数据和坐标数据。

外部接口：包括与 HOST 进行数据交换的 I^2C/SPI 接口，通用输入/输出接口 GPIO，外部复位信号$\overline{RESET}$。

ST1332 有 QFN 和 TSSOP 两种封装形式，并有 40 和 48 引脚两种类型，以 48 引脚芯片为例，引脚配置如图 5-37 所示，引脚功能见表 5-15。

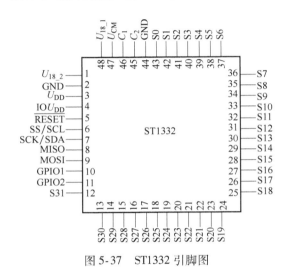

图 5-37　ST1332 引脚图

表 5-15　ST1332 引脚功能

引脚号	引脚名称	功能
1	U_{18_2}	内核电源，需对地接 $4.7\mu F$ 电容
2	GND	地
3	U_{DD}	供电电源
4	IOU_{DD}	I/O 接口电源
5	$\overline{RESET}$	系统复位，低电平有效
6	SS/SCL	SPI：SLAVE 模式，片选信号，低电平有效 I^2C：时钟引脚
7	SCK/SDA	SPI：时钟引脚 I^2C：数据引脚
8	MISO	SPI：主机输入从机输出
9	MOSI	SPI：主机输出从机输入
10	GPIO1	通用 I/O
11	GPIO2	通用 I/O
12~43	S31~S0	触摸传感器输入
44	GND	接地

（续）

引脚号	引脚名称	功　　能
45	C_2	接 10 倍于触摸板电容值的电容
46	C_1	接 10 倍于触摸板电容值的电容
47	U_{CM}	共模电压，对地接 $0.1\mu F$ 电容
48	U_{18_1}	内核电源，需对地接 $4.7\mu F$ 电容

2. ST1332 结构

ST1332 内部 MCU 已经固化了数据处理程序，MCU 控制模拟多路开关依次扫描触摸屏 X/Y 电极之间的电容，然后将电容转换成电压，经低通滤波后进行 A/D 转换，并将转换后的数字量送给 MCU 处理。具体的结构框图如图 5-38 所示。

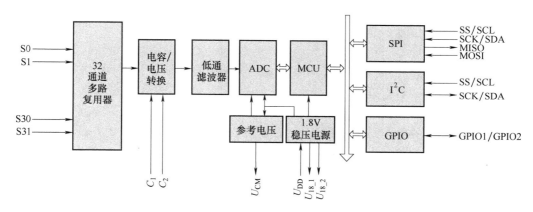

图 5-38　ST1332 结构框图

由于 ST1332 内部 MCU 固化了数据处理程序，因此减少了用户的工作量，且支持主机读取 ST1332 内部 ADC 的原始数据、触摸点坐标值及当前控制寄存器的状态值。同时，由于互电容触摸屏的特点，使得触摸屏在使用时不再需要校准。不同于电阻式触摸屏，ST1332 触摸点的识别不需要机械动作（如按压），所以可以不考虑消抖问题。用户只需对 ST1332 进行简单的初始化，对其发送相应的命令，即可读出所需数据。

3. ST1332 与 HOST 间的通信接口及通信协议

ST1332 和主处理器（HOST）之间的通信接口如图 5-39 所示。接口包含以下两组信号：串行信号、ST1332 对 HOST 的中断信号。

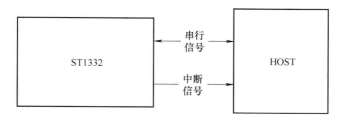

图 5-39　ST1332 和 HOST 之间的通信接口

ST1332 和 HOST 间可通过 I^2C 或 SPI 接口进行通信。下面以 I^2C 接口为例说明 ST1332 与主机通信的过程，I^2C 的 SDA、SCL 时序如图 5-40 所示。

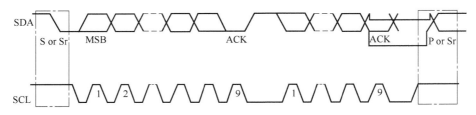

图 5-40　I^2C SDA、SCL 时序

I^2C 总线是由数据线 SDA 和时钟 SCL 构成的串行总线，可发送和接收数据。在 CPU 与被控 IC 之间、IC 与 IC 之间进行双向传送，最高传送速率为 100kbit/s。I^2C 总线在传送数据过程中共有三种类型信号，分别是开始信号、结束信号和应答信号。

1）开始信号：SCL 为高电平时，SDA 由高电平向低电平跳变，开始传送数据。

2）结束信号：SCL 为高电平时，SDA 由低电平向高电平跳变，结束传送数据。

3）应答信号：接收数据的 IC 在接收到 8 位数据后，向发送数据的 IC 发出特定的低电平脉冲，表示已收到数据。CPU 向受控单元发出一个信号后，等待受控单元发出一个应答信号，CPU 接收到应答信号后，根据实际情况做出是否继续传递信号的判断。若未收到应答信号，可判断为受控单元出现故障。

4）重启动信号：在主控器控制总线期间完成了一次数据通信（发送或接收）之后，如果想继续占用总线再进行一次数据通信（发送或接收），而又不释放总线，就需要利用重启动信号 Sr 时序。重启动信号 Sr 既作为前一次数据传输的结束，又作为后一次数据传输的开始。利用重启动信号的优点是在前后两次通信之间主控器不需要释放总线，从而不会丢失总线的控制权，即不让其他主器件节点抢占总线。

HOST 读取触摸信息可使用查询模式和中断模式，后文应用例程中给出了查询模式两点触控解决方案。

ST1332 的 I^2C 总线从机地址默认为 0x55（7 位）。主机写操作的包格式如图 5-41 所示，由主机发送从机地址及写操作位、数据地址字、数据字组成。主机读操作的包格式如图 5-42 所示，由主机发送写指令设定待读取数据的首地址，然后发送读指令依次读取首地址及后续地址的数据。

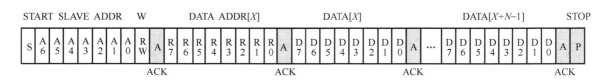

图 5-41　主机写操作的包格式

4. ST1332 常用寄存器

ST1332 常用的操作指令地址及数据位定义见表 5-16，完整表格请查阅数据手册。

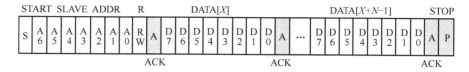

图 5-42　主机读操作的包格式

表 5-16　ST1332 常用的操作指令地址及数据位定义

地址	名称	位7	位6	位5	位4	位3	位2	位1	位0	操作权限
00h	Firmware Version	Version								R
01h	Status Reg.	Error Code				Device Status				R
02h	Device Control Reg.	Reserved						Power Down	Reset	R/W
03h	Timeout to Idle Reg.	Timeout to Idle（sec.）								R/W
04h	XY Resolution （High Byte）	X_Res_H				Y_Res_H				R/W
05h	X Resolution （Low Byte）	X_Res_L								R/W
06h	Y Resolution （Low Byte）	Y_Res_L								R/W
10h	Fingers	Reserved				Fingers				R
11h	Keys	Keys								R
12h	XY0 Coord. （High Byte）	Valid	X0_H			Reserved	Y0_H			R
13h	X0 Coord. （Low Byte）	X0_L								R
14h	Y0 Coord. （Low Byte）	Y0_L								R
15h	XY1 Coord. （High Byte）	Valid	X1_H			Reserved	Y1_H			R
16h	X1 Coord. （High Byte）	X1_L								R
17h	Y1 Coord. （High Byte）	Y1_L								R
3fh	Contact Count Max.	Max Number of Contacts Supported								R

（1）Status Register Status Register（01h）记录的是设备与主机通信的实时状态，包含设备状态和错误代码，具体含义见表 5-17。

表 5-17 **Status Register** 寄存器含义

设备状态		错误代码	
00h	Normal	00h	No Error
01h	Init	01h	Invalid Address
02h	Error	02h	Invalid Value
03h	Reserved	03h	Invalid Platform
04h	Idle	04h	Device Not Found
05h	Power Down	05h ~ 0fh	Reserved
06h	Boot ROM		
07h ~ 0fh	Reserved		

（2）Device Control Register Device Control Register（02h）用于主机对设备复位或进入低功耗模式。当 Power Down = 1 时，触摸屏控制器进入低功耗模式，ST1332 内部时钟停止工作，主机可通过对设备复位来唤醒控制器，保留位请确保置 0。

（3）Timeout to Idle Register Timeout to Idle Register（03h）可用来设置当触摸屏无触摸时控制器进入空闲模式。此寄存器置 0xff 可以失能空闲模式，置 0 可立即使能空闲模式。寄存器默认值为 0x08，8s 内触摸屏无操作控制器将进入空闲模式。

（4）XY Resolution Register XY Resolution Register（04h ~ 06h）用于设置触摸屏的分辨率。

（5）Finger Register 读 Finger Register（10h）可得到触摸屏检测到的触摸点的数目，或手指的数目。

（6）XY Coordinate Register XY Coordinate Register（12h ~ 17h）用于存储触摸点的坐标。

5. 应用例程

以 STM32F207VCT6 作为主机，扩展电容式触摸屏，触摸屏尺寸为 320 × 240 像素，触摸屏控制器为 ST1332，实现初始化和触摸点坐标读取。与主机的通信选用 I^2C 总线模式，地址选用芯片默认地址 0x55（7 位）。程序中，将存储在 ST1332 三个坐标寄存器中的触摸点 0（或触摸点 1）的坐标转换成两个 16 位的无符号数，定义结构体 xyz_data_t 和 TS_Coord_data 分别储存转换前后的坐标值。例程中，I2C_Init、I2C_Write、I2C_Read、I2C__Delay、I2C_ReadMultiple、DrawTsError 分别表示 I^2C 总线的初始化函数、I^2C 读寄存器函数、I^2C 写寄存器函数、延时函数、I^2C 连续读寄存器、触摸屏初始化错误提示函数。由于主机 MCU 不同，相应的底层函数也有差异，故此处没有给出。程序的初始化流程如图 5-43 所示，触摸点坐标读取流程如图 5-44 所示。

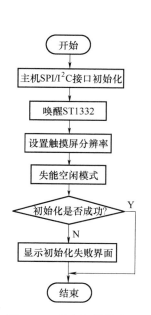

图 5-43　程序初始化流程

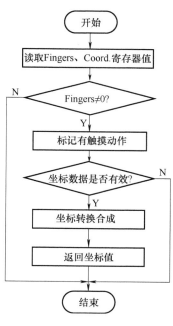

图 5-44　触摸点坐标读取流程

初始化和触点坐标读取程序如下：

```
typedef unsigned           char uint8_t;
typedef unsigned short  int uint16_t;
voidST1332_Init(uint16_t DeviceAddr);      //ST1332 初始化
void get_coordinates(uint16_t DeviceAddr,TS_Coord_data * TS_Co-
ord);                                      //读取坐标

typedef struct
{
    uint8_t    y_h:3,                      //Y 坐标高 3 位
               reserved:1,                 //保留
               x_h:3,                      //X 坐标高 3 位
               valid:1;                    //坐标有效标志位
    uint8_tx_l;                            //X 坐标低 8 位
    uint8_ty_l;                            //Y 坐标低 8 位
}xyz_data_t;

typedef struct
{
    uint8_    tfingers:4,                  //对应地址 10h
```

```
                    reserved:4;
    uint8_       tkeys;                    //对应地址 11h
    xyz_data_txy_data[2];                  //对应地址 12h~17h
}stx_report_data_t;
typedef struct
{
    uint8_       tpressed;                 //触摸屏是否操作
    uint16_t    x0;                        //触摸点 1 横坐标
    uint16_t    y0;                        //触摸点 1 纵坐标
    uint16_t    x1;                        //触摸点 2 横坐标
    uint16_t    y1;                        //触摸点 2 纵坐标
}TS_Coord_data;


voidST1332_Init(uint16_t DeviceAddr)       //DeviceAddr 表示 I²C 设备地
                                             址,下同

{
    I2C_Init();                            //初始化 I²C 接口
    I2C_Write(DeviceAddr,0x02,0);          //唤醒 ST1332
    I2C_Write(DeviceAddr,0x04,(uint8_t)(((X_Resolution&0x0F00)>
>4)|((Y_Resolution&0x0F00)>>8)));
    I2C_Write(DeviceAddr,0x05,(uint8_t)(X_Resolution&0x00FF));
    I2C_Write(DeviceAddr,0x06,(uint8_t)(Y_Resolution&0x00FF));
                                           //设置触摸屏分辨率
    I2C_Write(DeviceAddr,0x03,0xFF);       //失能空闲模式
    if(I2C_Read(DeviceAddr,0x01)!=0)       //读取状态寄存器
    {
    DrawTsError();                         //在液晶屏上显示触摸屏初始化
                                             失败信息

    }
}


void get_coordinates(uint16_t DeviceAddr,TS_Coord_data *TS_Coord)
{
    uint8_t buf[8];
    TS_Coord->pressed=0;
    stx_report_data_t  *pdata;
    I2C_ReadMultiple(DeviceAddr,0x10,buf,sizeof(buf));
                                           //连续读出 10h~17h 寄存器数值
```

```
        pdata = (stx_report_data_t *)buf;
        if(pdata->fingers)                              //判断是否有触摸点
        {
            TS_Coord->pressed = 1;                      //标记触摸屏有触摸动作
            if(pdata->xy_data[0].valid)                 //判断数据是否有效
            {
                TS_Coord->x0 = pdata->xy_data[0].x_h << 8 | pdata->xy_da-
ta[0].x_l;
                                                        //合成触摸点一坐标
                TS_Coord->y0 = pdata->xy_data[0].y_h << 8 | pdata->xy_da-
ta[0].y_l;
            }
            if(pdata->xy_data[1].valid)
            {
                TS_Coord->x1 = pdata->xy_data[1].x_h << 8 | pdata->xy_da-
ta[0].x_l;
                                                        //合成触摸点二坐标
                TS_Coord->y1 = pdata->xy_data[1].y_h << 8 | pdata->xy_da-
ta[0].y_l;
            }
        }
    }
```

5.5　智能仪器监控程序

5.5.1　监控程序

　　智能仪器键盘、显示器等外设都由监控程序管理。监控程序是整个仪器软件的核心，上电复位后仪器首先进入监控程序。监控程序一般都被放在 0 号单元开始的内存中，它的任务是识别命令、解释命令，并获得完成该命令的相应模块的入口。如果把整个软件比作一棵树，则监控程序就是树干，其余是树枝和树叶。监控程序起着引导仪器进入正常工作状态，并协调各部分软硬件有条不紊地工作的重要作用。

　　监控程序通常包括对系统中可编程器件输入/输出口参数的初始化、自检、调用键盘、触摸屏、显示管理模块以及实时中断管理和处理模块等功能。除初始化和自检外，监控程序一般总是把其余部分连接起来构成一个无限循环，仪表所有功能都在这一循环中周而复始地有选择地执行。除非掉电或按复位（RESET）键。监控程序流程如图 5-45 所示。

　　不同的硬件、不同的系统采取的监控程序不同。图 5-45 监控程序是一个示例。在这种监控系统中，首先进入初始化，然后再进行自检，自检后即等待键盘/外设中断，若有中断，首先区分是键盘中断还是外设中断：如果是键盘中断，设立键盘服务标志；如果是外设中断，需判别是手动还是自动，然后根据相应的状态转入相应的中断服务子程序中。无论什么

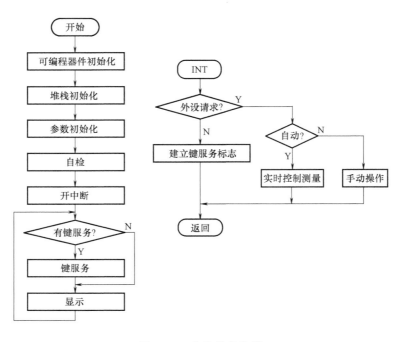

图 5-45　监控程序流程

中断，执行完之后，都必须返回到监控程序中，继续执行监控程序。编制监控程序时，要注意程序可能产生的各种结果，防止出现死循环。

5.5.2　键盘管理

智能仪器的键盘可以采用编码式键盘，也可采用软件扫描方式（非编码键盘）。不论采用哪一种键盘，在获得当前按键值后，都要转入相应的键盘服务程序入口，以便完成相应的功能。各键所能完成的具体功能由设计者根据仪表总体要求，兼顾软件、硬件，从合理、方便、经济等因素出发来确定。目前常用的两种方法是一键一义和一键多义。

1. 一键一义键盘管理方法（直接分析法）

直接分析法即一个按键代表一个确切的命令或一个数字。编程时，只要根据当前按键的编码，把程序直接分支到相应的处理模块的入口，而无须知道在此以前的情况。其软件框图如图 5-46 所示。

微处理器平时周而复始地扫描键盘，当发现按键时，首先判别是命令键还是数字键。若是数字键，则把按键读数存入存储器，通常不进行显示；若是命令键，则根据按键查阅转移表以获得处理程序的入口。处理程序执行完后继续扫描键盘。直接分析法的核心是一键一义的转移表。表内顺序登记了各个处理子程序的入口。

2. 一键多义键盘管理程序

在一键多义的情况下，一个命令不是用一次按键，而是由一个按键序列所组成。换句话讲，对一个按键含义的解释，除了取决于本次按键之外，还取决于以前按了些什么键。因此对一键多义的监控程序，首先要判断一个按键序列是否已构成命令。若已构成命令则执行命令，否则等待重新输入新的值。

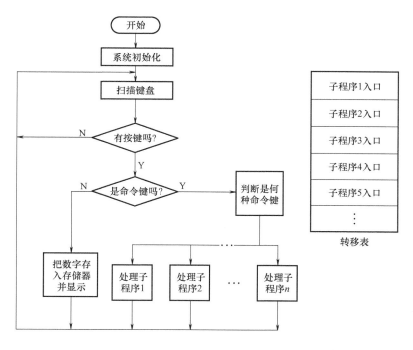

图 5-46　直接分析法键盘管理

一键多义的监控程序可采用转移表法进行设计，不过这时要用多张转移表，组成一个命令的前几个按键起着引导的作用，把控制引向某张合适的转移表，根据最后一个按键查阅该转移表，就可以找到要求的子程序入口。按键的管理可以用查询方式，也可以用中断方式，由于有些按键功能往往需要执行一段时间，这时若用查询方式处理键盘，会影响整个仪表的实时处理功能。另外，智能仪器监控程序具有实时性，一般键盘中断不应中断正在进行的测量控制运算。因此，通常把键盘服务程序设计成比过程中断低一级的中断源。

触摸屏的管理方法与键盘类似，此处不再赘述。

5.5.3　中断管理及处理

为适应实时处理功能，使仪表能及时处理各种可能事件，所有的智能仪器几乎都具有中断功能，即允许被控过程的某一状态被实时时钟或键盘操作中断仪器正在进行的工作，转而处理该过程的实时问题。当处理完成后，仪器再回去执行原先的任务，即监控中确认的工作。一般说来，未经事先"同意"（开中断），仪器将不响应各种中断。

在微处理器中有一个允许中断触发器，该触发器在程序控制下置位或清零。当刚接通电源或在一次中断发生后，这个触发器会自动清零。只要允许中断触发器被清零，微处理器就拒绝中断请求。此时任何设备企图中断微处理器都将不予理睬。

刚通电时，微处理器自动封锁中断，因而它可以不受干扰地执行初始化例行程序和自检。在完成各项准备之后，微处理器开始工作，在操作中首先"允许中断"。为了能准确地检测出何时有中断发生，CPU 具有一条$\overline{INT}$控制线，当存在中断时，$\overline{INT} = 0$ 有效，CPU 就响应中断，进入中断工作方式。

中断过程如下：

1）必须暂时保护程序计数器的内容，以便使 CPU 在需要时能回到它产生中断时所处的状态。

2）将中断服务程序的地址送入程序计数器。这个服务程序能准确地完成引起中断的设备所要求的操作。

3）在中断服务程序开始时，必须将服务程序需要使用的 CPU 寄存器（如累加器、标志寄存器、专用的暂存器等）内容暂时保护起来，并在服务程序结束时再恢复其内容。否则，当服务程序由于自身的目的改变这些寄存器内容时，CPU 返回到被中断的程序时就会发生混乱。

4）对于引起中断而将$\overline{INT}$设为低电平的设备，微处理器必须进行适当的操作，使$\overline{INT}$再次变为高电平。

5）如果允许发生中断，则须将允许中断触发器再次置位。

6）执行完中断服务程序时，需恢复程序计数器原先保存的内容，以便返回到被中断的程序。

以上仅讨论了只有一个中断源的情况，事实上，在实际系统中往往有两个以上的中断源，因此设计者要根据仪器的功能特点，确定多个中断的优先级，在软件上做出相应的处理。运行时，当各个中断源同时申请时，主 CPU 要识别中断源的优先级别，先响应高级别的中断请求；另外 CPU 在处理中断时，还要能响应更高级的中断请求，而屏蔽掉同级或低级的中断请求。

5.5.4　子程序模块

智能仪器的系统软件通常采用模块化设计，把仪表软件按功能分成一个个功能模块，再把每个功能模块分成一个个模块，最终成为一个个功能十分具体的、规模不太大的基本模块。

微处理器中常用的模块如下：

算术逻辑运算	双精度加/减法
	单精度乘/除法
	双精度乘/除法
	BCD↔二进制转换
	比较
	求极值
	搜索
测量算法	数字滤波
	标度变换
	非线性校正
控制算法	PID 算法
	串级，比值，纯滞后算法
	上、下限比较及报警
	输出限幅

过程通道　　　　　A/D 采样

多通道切换

D/A 输出

开关量输入/输出

人机对话　　　　　键盘管理

参数设置及修改

显示管理

打印管理

实时时钟

不同的系统，模块的划分与功能可以各不相同。各模块都有现成的典型程序，在此不一一列出，可参阅有关资料。

思考题与习题

1. 简述键抖动现象，说明软件去抖处理方法。

2. 如何消除键连击及串键现象？如何合理利用键连击现象实现"长按"和"短按"功能？

3. 叙述键盘处理的主要步骤；获取的键盘特征码不适合做散转处理，应采取什么措施？

4. 说明键盘处理技术中的扫描法和线反转法的特点。参照图 5-5 和图 5-6 编写 4×4 矩阵键盘的编程扫描法按键处理程序。

5. 叙述段码式 LED 显示器的静态显示方式和动态显示方式，并说明其各自特点。

6. 参考图 5-11，编写显示"HELLO"的软件译码动态显示程序，要求 1s 闪烁一次。

7. 简述液晶显示器的静态驱动方法和动态驱动方法的原理。

8. 参考图 5-18，编写显示"3.1415926"的显示程序，要求 1s 闪烁一次。

9. 在电量测量应用中，要求显示电压（U、0～220V、两位小数）、电流（I、0～5A、两位小数）、频率（F、30～70Hz、三位小数）、功率（P、0～99999W、无小数）四个参数，电压量的显示格式为"U□×××.××□V"，其余类推。试编写利用 EDM2004-03 液晶显示模块进行上述显示的程序。

10. 比较鼠标和触摸屏在定位原理上的区别。

11. 简述电阻式触摸屏的原理及特点。为获取触摸点在配套使用的液晶显示屏上的坐标，需要对获取的电压数据进行哪些处理？

12. 简述电容式触摸屏的原理及特点。思考如何实现多点触控有效功能并编写程序。

13. 智能仪器监控程序的作用有哪些？

第6章

智能仪器通信接口技术

在测量过程中，智能仪器与计算机、智能仪器与智能仪器之间需要对各种信息进行传输和交换。本章将介绍智能仪器中的通信技术，包括数据通信基础、串行通信总线标准及应用、GP-IB 并行通信接口、USB 通信接口、以太网接口、CAN 总线和典型的无线通信技术。

6.1 数据通信基础

6.1.1 数据通信系统的组成

通信系统是传递信息所需的一切技术和设备的总和。它一般由信息源和信息接收者、发送接收设备、传输媒介等部分组成。

任何信道所能传输的信号的频率都有一定的范围，称为信道的带宽。它由传输的介质、相关附加设备和电路的频率特性综合决定。如一个信道，对于从 0 到某个截止频率的信号 f_0 通过时，振幅不会衰减或衰减很小，而超过此频率的信号通过时就会大幅度衰减，则此信道的带宽就为 f_0。一般信道的带宽越宽，它传输信号时的失真就越小。

表征一个信道传输数字信号能力的指标称为数据传输速率。它以信道每秒所能传送的二进制位为单位，记作位/秒或 bit/s。在数字通信系统中还涉及码元速率，其含义是每秒钟信号状态变化的次数，以波特（Baud）为单位。由于某给定时刻数字信号可能取的离散值的个数 L 对各个系统可以不一样，码元速率 B 和数据传输速率 C 在数值上是不相等的，它们之间的关系为 $C = B\log_2 L$。

6.1.2 差错控制技术

信号在物理信道的传输过程中会失真，产生失真的原因有线路的随机噪声、信号幅度频率和相位的衰减或畸变、电信号在线路上反射所造成的回音效应、线路间的串扰及闪电、开关的跳火、强电场磁场的变化等。信号失真造成数字通信中发送端和接收端数据不一致，即产生了误码。在实用的通信系统中，发现这种差错并加以纠正，从而把差错控制在尽可能小的范围内的技术，称为差错控制技术。

差错控制编码是数字通信中最常用的差错控制方法。采用差错控制编码时，将要发送的数据（信息位）在发送之前加上按某种关系编码的冗余位，构成一个码字再进行发送，接收端收到码字后按发送端的编码关系查看信息位和冗余位，检查传输过程中是否发生差错。差错控制编码可分为检错码和纠错码两种。前者能自动检查差错，但不能纠正差错；后者不仅能发现差错，而且能自动纠正差错。

通常用编码效率 R 来衡量编码性能的好坏。设信息为 k 位，冗余位为 r 位，编码后的码字长为 $n = k + r$，则 $R = k/n = k/(k + r)$。显然 R 越大，编码效率越高，信道中传输的信息位就越多。

目前广泛采用的编码有奇偶校验码、方块校验和循环冗余校验。

1. 奇偶校验码

奇偶校验是通过增加冗余位使码字中"1"的个数保持奇数或偶数的校验方法。如果冗余位使编码中"1"的个数为奇数则为奇校验，反之为偶校验。这种校验方法的编码效率很高 $[R = k/(k + 1)]$，物理实现容易，但漏检率也高，因为它只能检查出编码中的一位差错，而不能检查出两位同时出错。奇偶校验码是一种检错编码，不具备纠错能力。由于实用中两位同时出差错的机会较少，因此，这种检错方法仍被广泛使用。

2. 方块校验

方块校验又称作报文校验或水平冗余校验。它的设计思想是在上述垂直校验的基础上，在一批字符（报文）传送之后，另外增加一个校验字符，该字符的编码方法是使每一位纵向代码中"1"的个数成为奇数或偶数。例如传送如下报文：

	有效数据位	奇偶校验位（奇校验）
字符 1	1010010	0
字符 2	1000001	1
字符 3	1001100	0
字符 4	1010000	1
字符 5	1001000	1
字符 6	1000010	1
方块校验字符	1111010（奇校验）	0

采用方块校验方法校验时，如果报文中有一个二进制位出错，不仅可从一行的校验位中反映出来，同时从一列的校验位中也能反映出来，根据行和列的校验结果即可确定出错位置，从而可以校正该出错位，因此这是一种纠错码。这种编码可使误码率降低 2~4 个数量级，纠错效果十分显著。其缺点是在实现水平校验时，冗余校验位的编码和检测都较为复杂。

3. 循环冗余校验

循环冗余校验（Cyclic Redundancy Check，CRC）校验码的基本思想是利用线性编码理论，在发送端根据要传送的 k 位二进制码序列，以一定的规则产生一个校验用的 r 位监督码（即 CRC 码），并附在信息后边，构成一个 $k + r$ 位的新的二进制码序列数，最后发送出去。接收端根据信息码和 CRC 码之间所遵循的规则进行检验，以确定传送中是否出错。

采用循环冗余校验时，将要发送的二进制数据位序列当作一个二进制多项式 $f(x)$ 的系数，在发送端，用收发双方预先约定的生成多项式 $G(x)$ 进行模 2 除法，得到一个接收余数多项式。将余数多项式加到数据多项式之后发送到接收端。接收端用同样的生成多项式 $G(x)$ 去除接收数据多项式，得到计算余数多项式 $f'(x)$。如果计算余数多项式与接收余数多项式相同，则表示传输无差错；如果计算余数多项式不等于接收余数多项式，则表示传输有差错。CRC 码检错能力强，实现容易，是目前应用最广的检错码编码方法之一。

除上述几种编码方法外，在数据通信系统中还常采用定比码、正反码、海明码等，此处不再一一赘述。

4. 差错控制方法

利用编码方法进行差错控制的方法有两类：自动请求重发（Automatic Repeat Quest，ARQ）和前向纠错（Forward Error Correction，FEC）。在 ARQ 方式中，接收端查出错误后设法通知发送端重发，直至收到正确码字。这种方式要求发送端有数据缓冲区存放已发出的数据，而且有双向信道便于收发双方联络。在 FEC 方式中，因为可前向纠错，必须采用纠错编码，故使用的冗余位更多，编码效率低，而且纠错的设备要比检错的设备复杂得多。因此尽管 FEC 比 ARQ 优越（可单向信道，发送端不设数据缓冲区），但也只用在实时性要求特别高的场合，数据通信中使用更多的还是 ARQ 方式。此外，也可以将上述两者混合使用，即当码字中的差错个数在纠正能力以内时，直接进行纠正；当码字中的差错个数超出纠正能力时，则接收端要求发送端重发，直到正确为止。

6.2　串行通信接口

6.2.1　串行通信的基本概念

串行通信是指将构成字符的每个二进制数据位，依照一定的顺序逐位进行传输的通信方式。计算机或智能仪器中处理的数据是并行数据，因此在串行通信的发送端需要把并行数据转换成串行数据后再传输；而在接收端，又需要把串行数据转换成并行数据后再处理。数据的串并转换可以用软件和硬件两种方法来实现。硬件方法主要是使用了移位寄存器，在时钟控制下，移位寄存器中的二进制数据可以顺序地逐位发送出去；同样，在时钟控制下，接收进来的二进制数据也可以在移位寄存器中装配成并行的数据字节。

1. 数据传输速率——波特率（Baud rate）

所谓波特率，是指每秒串行发送或接收的二进制位（bit）数目，其单位为 bit/s（每秒 bit 数）。它是衡量数据传输速率的指标，也是衡量传输通道频带宽度的指标。

2. 单工、半双工与全双工

按智能设备发送和接收数据的方向以及能否同时进行数据传输，可将数据传输分为单工、半双工与全双工三种，如图 6-1 所示。

图 6-1　单工、半双工、全双工示意图

1）单工（Single）方式：仅允许数据单向传输。

2）半双工（Half-Duplex）方式：发送和接收数据分时使用同一条传输线路，即在某一时刻只能进行一个方向的数据传输。

3）全双工（Full- Duplex）方式：采用两条传送线连接两端设备，可同时进行数据的发送和接收。

3. 串行通信方式及规程

在串行传送中，没有专门的信号线可用来指示接收、发送的时刻并辨别字符的起始和结束。为了使接收端能够正确地解码接收到的信号，收发双方需要制定并严格遵守通信规程（协议）。

6.2.2 RS-232C 标准串行接口

RS-232C 是美国电子工业协会（EIA）正式公布的串行接口标准，也是目前最常用的串行接口标准，用来实现计算机之间或计算机与外设之间的数据通信。RS-232 串行接口总线适用于设备之间通信距离不大于 15m、速度不高于 20kbit/s 的场合中。

1. 总线描述

RS-232C 标准定义了数据通信设备（DCE）与数据终端设备（DTE）之间进行串行数据传输的接口信息，规定了接口的电气信号和接插件的机械要求。

RS-232C 对信号开关电平的规定如下：

驱动器的输出电平为：逻辑"0"：+5 ~ +15V；逻辑"1"：-5 ~ -15V。

接收器的输入检测电平为：逻辑"0"：> +3V；逻辑"1"：< -3V。

RS-232C 采用负逻辑，噪声容限可达 2V。RS-232C 接口定义了 20 条可以同外界连接的信号线，并对它们的功能进行了具体规定。这些信号线并不是在所有的通信过程中都要用到，可以根据通信联络的繁杂程度选用其中的某些信号线。RS-232C 标准串行接口总线常用的信号线见表 6-1。

表 6-1　RS-232C 标准串行接口总线常用的信号线

引　　脚	符　　号	方　　　向	功　　能
1			保护地
2	TXD	Out	发送数据
3	RXD	In	接收数据
4	RTS	Out	请求发送
5	CTS	In	为发送清零
6	DSR	In	DCE 就绪
7	GND		信号地
8	DCD	In	载波检测
20	DTR	Out	DTE 就绪
22	RI	In	振铃指示

RS-232C 可用作计算机与远程通信设备的数据传输接口，如图 6-2 所示，图中信号线分为数据信号线和控制信号线，分别说明如下。

（1）数据信号线　"发送数据"（TXD）和"接收数据"（RXD）是一对数据传输信号。TXD 用于发送数据，当无数据发送时，TXD 线上的信号为"1"；RXD 用于接收数据，当无

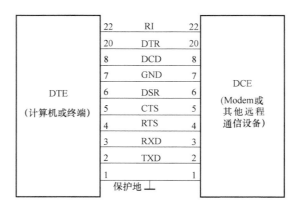

图 6-2 带 RS-232C 接口的通信设备连接

数据接收时或者接收数据间隔期间，RXD 线上的信号也为"1"。

（2）控制信号线 "请求发送"（RTS）与"为发送清零"（CTS）信号线用于半双工通信方式。半双工方式下发送和接收只能分时进行，当 DTE 有数据待发送时，先发"请求发送"信号通知调制解调器。此时若调制解调器处于发送方式，回送"为发送清零"信号，发送即开始。若调制解调器处于接收方式，则必须等到接收完毕转为发送方式时，才向 DTE 回送"为发送清零"信号。在全双工方式下，发送和接收能同时进行，而不使用这两条控制信号线。

"DCE 就绪"（DSR）与"DTE 就绪"（DTR）信号线分别表示 DCE 和 DTE 是否处于可供使用的状态。"保护地"信号线一般连接设备的屏蔽地。

2. RS-232C 的常用系统连接

计算机与智能设备通过 RS-232C 标准总线直接互连传输数据，一般使用者需要熟悉互连接线的方法。

图 6-3 为全双工标准系统连接。"发送数据"与"接收数据线"交叉连接，总线两端的每个设备均既可发送，又可接收。"请求发送"信号线折回与自身的"为发送清零"信号线相连，表明无论何时都可以发送。"DCE 就绪"信号线与对方的"DTE 就绪"信号线交叉互连，作为总线一端的设备检测另一端的设备是否就绪的握手信号。"载波检测"信号线与对方的"请求发送"信号线相连，使一端的设备能够检测对方设备是否在发送。这两条连线较少使用。

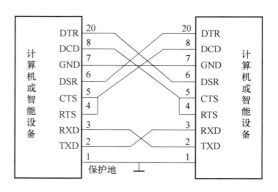

图 6-3 全双工标准系统连接

如果由 RS-232C 连接的两端的设备随时都可以进行全双工数据交换，那么就不需要进行握手联络了。此时，图 6-3 的全双工标准系统连接就可以简化为图 6-4 的全双工最简系统连接。

RS-232C 发送器电容负载的最大驱动能力为 2500pF，这就限制了信号线的最大长度。

例如，如果采用每米分布电容约为 150pF 的双绞线通信电缆，则最大传输距离限制为 15m；如果使用分布电容较小的同轴电缆，则传输距离可以再增加一些。对于长距离传输或无线传输，则需要用调制解调器通过电话线或无线收发设备进行连接。

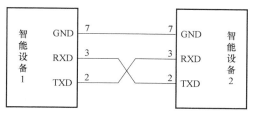

图 6-4　全双工最简系统连接

3. 电平转换

在计算机及智能仪器内，通用的信号是正逻辑的 +5V TTL 电平，而 RS-232C 的逻辑电平为负逻辑的 ±12V 信号，与 TTL 电平不兼容，必须进行电平转换。用于电平转换的集成电路芯片种类很多，RS-232C 输出驱动器有 MC1488、SN75188、SN75150 等；RS-232C 总线输出驱动器有 MC1489、SN75199、SN75152 等。为了把 +5V 的 TTL 电平转换为 ±12V 的 RS-232C 电平，输出驱动器需要 ±12V 的电源。有些 RS-232C 接口芯片采用单一的 +5V 电源，其内部集成了 DC/DC 电源转换系统，而且输出驱动器与接收驱动器制作在同一芯片中，使用更为方便，如 MAX232、ICI232 等。MAX232 的应用示意图如图 6-5 所示。

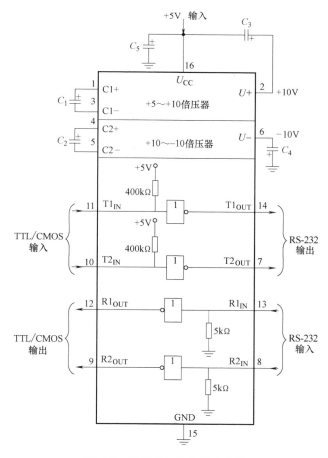

图 6-5　MAX232 的应用示意图

6.2.3 RS-422A 与 RS-423A 标准串行接口

虽然 RS-232C 使用很广泛，但也存在着一些不足，主要有：

1）数据传输速率低，一般低于 20kbit/s。

2）传输距离短，一般局限于 15m。即使采用较好的器件及优质同轴电缆，最大传输距离也超不过 60m。

3）有 25 芯 D 型插针和 9 芯 D 型插针等多种连接方式，不利于标准化设计。

4）信号传输电路为单端电路，共模抑制性能较差，抗干扰能力弱。

针对以上不足，EIA 于 1977 年制定了新标准 RS-449，目的在于支持较高的数据传输速率和较远的传输距离。RS-449 标准定义了 RS-232C 所没有的 10 种电路功能，规定了 37 引脚的连接器标准。RS-422A 和 RS-423A 实际上只是 RS-449 标准的子集。

RS-423A 与 RS-232C 兼容，单端输出驱动，双端差分接收。正信号逻辑电平为 +200mV ~ +6V，负信号逻辑电平为 −200mV ~ −6V。差分接收提高了总线的抗干扰能力，从而使 RS-423A 在传输速率和传输距离上都优于 RS-232C。

RS-422A 与 RS-232C 不兼容，双端平衡输出驱动，双端差分接收，从而使其抑制共模干扰的能力更强，传输速率和传输距离比 RS-423A 更进一步。

RS-423A 与 RS-422A 的大负载能力较强，一个发送器可以带动 10 个接收器同时接收。RS-423A 与 RS-422A 的电路连接分别如图 6-6a、b 所示。

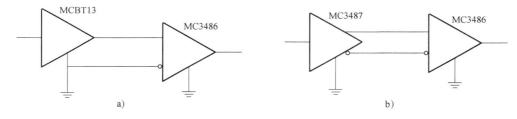

图 6-6　RS-423A 与 RS-422A 电路连接示意图
a）RS-423A　b）RS-422A

6.2.4 RS-485 标准串行接口

1. RS-485 接口标准

RS-485 是一个电气接口标准，它只规定了平衡驱动器和接收器的电特性，而没有规定接插件传输电缆和通信协议。RS-485 标准定义了一个基于单对平衡线的多点、双向、半双工通信链路，是一种极为经济并具有相当高的噪声抑制、传输速率、传输距离和宽共模范围的通信平台。

RS-485 接口标准的主要特点如下：

1）平衡传输。

2）多点通信。

3）驱动器输出电压大于 1.5V。

4）接收器输入门限：±200mV。

5）−7 ~ +12V 的总线共模范围。

6）最大输入电流：1.0mA ~ −0.8mA（12U_{in} ~ −7U_{in}）

7）最大总线负载：32 个单位负载。

8）最大传输速率：10Mbit/s。

9）最大电缆长度：100m。

RS-485 支持半双工或全双工模式网络拓扑，一般采用终端匹配的总线型结构，不支持环形或星形网络。最好采用一条总线将各个节点串接起来，从总线到每个节点的引出线长度应尽量短，以便使引出线中的反射信号对总线信号的影响最低。

RS-485 接口采用差分方式传输信号，并不需要相对于某个参照点来检测信号系统，只需检测两线之间的电位差就可以了。但应该注意的是，收发器只有在共模电压不超出一定范围（−7 ~ +12V）的条件下才能正常工作，当共模电压超出此范围时会影响通信的可靠性甚至损坏接口。

RS-485 的电气特性见表 6-2。

表 6-2   RS-485 的电气特性

项　目	条件	最小值	最大值
驱动器开路输出电压	逻辑 1	1.5V	6V
	逻辑 0	−1.5V	−6V
驱动器带载输出电压	$R_L = 100\Omega$ 逻辑 1	1.5V	5V
	$R_L = 100\Omega$ 逻辑 0	−1.5V	−5V
驱动器输出短路电流	每个输出对公共端		±250mA
驱动器输出上升时间	$R_L = 54\Omega$，$C_L = 50pF$		总周期的30%
驱动器共模电压	$R_L = 54\Omega$		±3V
接收器灵敏度	$−7V < U_{cm} < 12V$		±200mA
接收器共模电压范围		−7V	+12V
接收器输入电阻		12kΩ	

2. RS-485 收发器

MAX481/MAX483/MAX485/MAX487 ~ MAX491 都是用于 RS-485 接口的收发器，它们都含有一个驱动器和一个接收器，满足 RS-485 标准，总线允许 32 个收发器。其中 MAX483、MAX487、MAX488 和 MAX489 具有减小转换速率的驱动器，可以使电磁干扰减小到最低，并减小因电缆终端不当而产生的影响。

MAX481 的内部结构和引脚封装如图 6-7 所示。MAX481 的典型应用如图 6-8 所示。

MAX481 等系列芯片专为在多点总线传输线上实现数据双向通信而设计，可以当作通信线路的中继器使用。为了减少在线路上的反射，线路两端应连接与之匹配的特性阻抗，并且要使其与主线路支线的连线尽可能短。

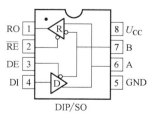

图 6-7 MAX481 的内部
结构和引脚封装图

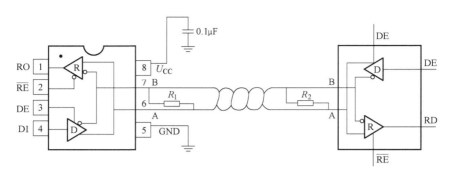

图 6-8　MAX481 典型应用

6.3　GP-IB 并行通信接口

1. GP-IB 通用总线

GP-IB 由美国惠普（HP）公司研制，因此也称为 HP-IB。1975 年，IEEE 协会将 GP-IB 作为规范化的 IEEE-488 标准总线，通常又称为通用目的接口总线，或仪表总线。

GP-IB 协议又称听者/讲者协议，工作时，必须有一个控者，每一时刻只能有一个讲者，可有多个听者。其物理层是 24 芯叠式结构插头座，电缆为 24 芯，系统中可以连接的仪器不超过 15 台，互连长度不超过 20m，传送方式为并行方式，最大传输速率为 1Mbit/s，适用于轻微干扰的实验室或现场。

2. 信号线定义

GP-IB 接口采用三线挂钩技术，24 条总线分为 8 条数据线、3 条数据挂钩联络线和 5 条接口管理线共 16 条信号线，其余为逻辑地线。信号线为负逻辑电平关系。

1）数据线 8 条：D0 ~ D7，双向，数据、命令及地址都用这 8 条数据线。

2）数据挂钩联络线 3 条。具体如下：

DAV（DATA VALID）：数据有效线，低电平有效，当数据线上出现有效数据时，讲者置其为低电平，示意听者接收数据。

NRFD（NOT READY FOR DATA）：数据未就绪线，被指定的听者中有一个为准备好接收数据，NRFD 就为低电平，它示意讲者暂不要发出信息。

NDAC（NOT DATA ACCEPTED）：数据未收到线，被指定的听者中有一个听者未收到数据就为低电平，它示意讲者保持数据线上的信息。

3）接口管理线 5 条。

ATN（ATTENTION）具体如下：控制者注意线，用来指明数据线上的数据类型，ATN 为低电平表示 D0 ~ D7 为接口信息，接口信息是控制仪器的信息，如命令、设备地址等；而 ATN 为高电平表示 D0 ~ D7 为各仪器真正需要交换的数据信息，如数据、仪器消息等。

IFC（INTERFACE CLEAR）：控者用接口清除线，IFC 为低电平接口复位。

REN（REMOTE ENABLE）：控者用远程控制线，REN 为低电平表示仪器处于远程工作状态，面板手工操作无效；REN 为高电平表示仪器处于本地工作方式。

SRQ（SERVI REQUEST）：服务请求线，所有设备与该线线与，任一设备将该线变低电平表示向控者申请服务。

EOI（END OR IDENTIFY）：结束或识别线，EOI 与 ATN 配合使用，在 EOI 为低电平、ANE 为高电平时，表示讲者已传送完一组数据；在 EOI 为低电平、ANE 为低电平时，控者要进行识别操作，各设备将其状态放在数据线上。

3. 工作过程描述

GP-IB 接口将许多设备连接到一起时，必须首先指定一个控者，整个通信过程按照控者由用户预先编好的程序来运行。一般情况下，控者由带计算机的设备完成，控者规定谁是讲者、谁是听者；然后，在控者的控制下，在数据线上通过接口信息协调各仪器的接口操作，进而达到交换仪器信息的目的。例如，图 6-9 为实现对一个待测放大器的幅频特性进行测量，并将测试结果打印出来。计算机令信号发生器产生幅值固定、频率可变的正弦信号，由频率计测出信号的频率，由数字电压表测出放大器的输出幅值，所测多组数据送给计算机计算后，求得幅频特性并交给打印机打印出来。工作流程如下：

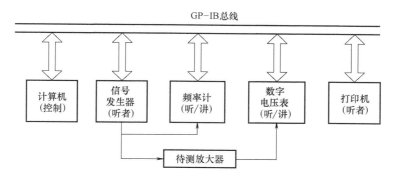

图 6-9　GP-IB 总线应用举例

1）控制器发出 REN 消息，使系统中所有装置都处于控制之下。

2）控制器发出 IFC 消息，使系统中所有装置都处于初始状态。

3）控制器发出信号发生器的听地址，信号发生器接收地址后成为听者。

4）控制器向信号发生器发出一个程控命令，信号发生器接收命令后，按照命令规定的频率和幅值输出正弦信号。

5）控制器取消信号发生器的听命令状态。

6）控制器发频率计的听地址，频率计成为听者后接收控制器的命令，开始测量输入信号的频率。

7）控制器发频率计的讲地址，取消频率计的听命令状态，频率计成为讲者向控制器发出测量的频率值。

8）控制器发数字电压表的听地址，数字电压表成为听者后，按照接收的命令测量输出信号的幅值。

9）控制器发数字电压表的讲地址，取消数字电压表的听受命状态，控制器使自己成为听者，接收作为讲者的数字电压表发来的幅值测量值。

完成 3）~9）步骤可测得一组值，不断重复这个过程可得到多组测量值。当测量完多组数据后，控制器发打印机的听地址，控制器作为讲者把数据发给打印机，并命令打印机打印幅频特性。

4. GP-IB 接口评价

GP-IB 接口总线是为仪器之间通信设计的,在电气上采用并行数据连接。在 20 世纪 70 年代及以后一段时间内,它比串行通信要快得多,因此在仪器通信及其他检测系统的近距离通信中发挥了巨大的作用。随着串行通信技术的不断提高,GP-IB 也受到了巨大的挑战,这是因为串行接口已经远远超过了 GP-IB 的通信速度。所以近年来,除仪器行业以外,人们在设计新的检测系统时,基本不考虑使用 GP-IB 接口,除非用户有特殊要求。仪器行业因历史原因为了仪器之间的配套,即使是新设计的仪器有时也不得不配置 GP-IB 接口,所以 GP-IB 接口现在依然存在。

6.4　USB 通用串行总线

6.4.1　USB 的特点

USB(Universal Serial Bus)即通用串行总线,在传统计算机组织结构的基础上,引入了某些网络技术,已成为新型计算机接口的主流。USB 是一种电缆总线,支持主机与各式各样即插即用外部设备之间的数据传输。多个设备按协议规定分享 USB 带宽,在主机和总线上的设备运行中,仍允许添加或拆除外设。

USB 总线具有以下主要特征:

1)用户易用性。电缆连接和连接头采用单一模型,电气特性与用户无关,并提供了动态连接、动态识别等特性。

2)应用的广泛性。USB 总线传输速率从 kbit/s 到 Mbit/s 甚至上 Gbit/s,并在同一根电缆线上支持同步、异步两种传输模式。可以对多个 USB 总线设备(最多 127 个)同时进行操作,利用底层协议提高了总线利用率,使主机和设备之间可传输多个数据流和报文。

3)使用的灵活性。USB 总线允许对设备缓冲区大小进行选择,并通过设定缓冲区的大小和执行时间,支持各种数据传输速率和不同大小的数据包。

4)容错性强。USB 总线在协议中规定了出错处理和差错校正的机制,可以对有缺陷的设备进行认定,对错误的数据进行校正或报告。

5)即插即用的体系结构。USB 总线具有简单而完善的协议,并与现有的操作系统相适应,不会产生任何冲突。

6)性价比较高。USB 虽然拥有诸多优秀的特性,但其价格并不高。USB 总线技术将外设和主机硬件进行最优化集成,并提供了低价的电缆和连接头等。

目前 USB 总线技术应用日益广泛,各种台式计算机和移动式智能设备普遍配备了 USB 总线接口,同时出现了大量的 USB 外设(如 USB 电子盘等),USB 接口芯片也日益普及。在智能仪器中装备 USB 总线接口,既可以使其方便地连入 USB 系统,从而大大提高智能仪器的数据通信能力,又可使智能仪器选用各种 USB 外部设备,增强智能仪器的功能。

6.4.2　USB 的系统描述

USB 系统分为 USB 主机、USB 设备和 USB 连接三部分。任何 USB 系统中只有一台主机，USB 系统和主机系统的接口称为主机控制器（Host Controller），它由硬件和软件综合实现。USB 设备包括集线器（Hub）和功能部件（Function）两种类型，集线器为 USB 提供了更多的连接点，功能部件则为系统提供了具体的功能。USB 的物理连接为分层星形布局，每个集线器处于星形布局的中心，与其他集线器或功能部件点对点连接。根集线器置于主机系统内部，用以提供对外的 USB 连接点。图 6-10 为 USB 系统的拓扑结构。

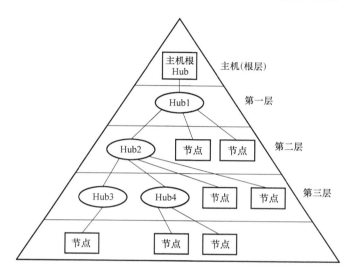

图 6-10　USB 系统的拓扑结构

USB2.0 系统通过一种四线的电缆传送信号和电源，包括两种数据传输模式：12Mbit/s 高速信号模式和 1.5Mbit/s 低速信号模式。两种模式可在同一 USB 总线传输时自动切换。由于过多采用低速模式会降低总线的利用率，因此该模式只支持有限几个低速设备（如鼠标等）。若采用同步传送方式，时钟信号与差分数据将一同发送（时钟信号转换成单极性非归零码），每个数据包中均带有同步信号以保证接收端还原出时钟。

USB2.0 电缆及信号如图 6-11 所示，U_{BUS}、GND 两条线用来向 USB 设备提供电源。U_{BUS} 的电压为 +5V，为了保证足够的输入电压和终端阻抗，重要的终端设备应位于电缆尾部，每个端口都可检测终端是否连接或分离，并区分出高速或低速设备。所有设备都有一个上行或下行的连接器，上行连接器和下行连接器不可互换，因而避免了集线器间非法的循环往复的连接。同一根电缆中还有一对互相缠绕的数据线。USB 连接器带有屏蔽层，以避免外界的干扰。USB 电源包括电源分配和电源管理两方面功能。电源分配是指 USB 如何分配主机所提供的能源。需要主机提供电源的设备称作总线供电设备（如键盘、输入笔和鼠标等），自带电源设备被称作自供电设备。USB 系统的主机有与 USB 相互独立的电源管理系统，系统软件可以与主机的能源管理系统结合，共同处理各种电源事件，如挂起、唤醒等。

USB 2.0 基于半双工二线制总线，只能提供单向数据流传输，而 USB 3.0 采用对偶单纯形四线制差分信号线，支持双向并发数据流传输，同时引入了新的电源管理机制，支持待机、休眠和暂停等状态，极大地提高了数据传输的速度。USB3.0 电缆及信号如图 6-12 所示。

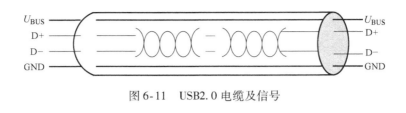

图 6-11 USB2.0 电缆及信号

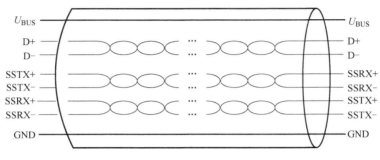

图 6-12 USB3.0 电缆及信号

6.4.3 USB 总线协议

USB 是一种轮询方式的总线，主控制器掌控所有的数据传送。USB 协议反映了 USB 主机与 USB 设备进行交互时的语言结构和规则。每次数据传送开始时，主机控制器将发送一个描述传输的操作种类、方向、USB 设备地址和端口号的 USB 数据包，被称为标记包（Packet Identifier，PID）；USB 设备从解码后的数据包的适当位置取出属于自己的数据。传输开始时，由标记包来设置数据的传输方向，然后发送端发送数据包，接收端则发送一个对应的握手数据包以表明是否发送成功。发送端和接收端之间的 USB 传输信道有两种类型：流通道和消息信道。消息数据采用 USB 所定义的数据结构、信道与数据带宽、传送服务类型和端口特性（如方向、缓冲区大小等）。多数信道在 USB 设备设置完成后才会存在。而默认控制信道当设备启动后即存在，从而为设备的设置、状况查询和输入控制信息提供了方便。

任务安排可对流通道进行数据控制。发送"不予确认"握手信号即可阻塞数据传输。若总线有空闲，数据传输将重复进行。这种流通道控制机制允许灵活的任务安排，可使不同性质的流通道同时正常工作，多种流通道可在不同间隔进行工作，传送不同大小的数据包。

6.4.4 USB 数据流

USB 总线上的数据流就是主机与 USB 设备之间的通信。这种数据流可分为应用层、USB 逻辑设备层和 USB 总线接口层，有以下四种基本的数据传送类型。

1）控制传送。控制传送采用了严格的差错控制机制，其数据传送是无损的。USB 设备在初次安装时，USB 系统软件使用控制传送来设置参数。

2）批传送。批量数据即大量数据，如打印机和扫描仪中所使用的大量数据。批量数据是连续传送的，在硬件上使用错误检测以保证可靠的数据传输，在协议中引入了数据的可重复传送。根据其他的一些总线动作，批量数据占用的带宽可进行相应的改变。

3）中断传送。中断数据是少量的，要求传送延迟时间短。这种数据可由设备在任何时刻发送，并且以不慢于设备指定的速度在 USB 上传送。中断数据一般由事件通告、特征及坐标组成，只有一个或几个字节。

4）同步传送。在建立、传送和使用同步数据时，需满足其连续性和实时性，使同步数据以稳定的速率发送和接收。为使接收端保持相同的时间安排，同步信道带宽的确定必须满足对相关功能部件的取样特征。除了传输速率，同步数据对传送延迟非常敏感，因此也需要进行相关处理。一个典型的例子是声音传送，如果数据流的传输速率不能保证，则数据丢失将取决于缓冲区和帧的大小。即使数据在硬件上以合适的速率传输，但软件造成的传输延迟也会对实时系统造成损害。一般 USB 系统会从 USB 带宽中给同步数据流分配专有部分，以满足所需要的传输速率。

6.4.5　USB 的容错性能

USB 提供了多种数据传输机制，如使用差分驱动接收和防护，以保证信号的完整性；使用循环冗余码，进行外设装卸的检测和系统资源的设置，对丢失和损坏的数据包暂停传输；利用协议自我恢复，建立数据控制信道，从而避免了功能部件相互影响。上述机制的建立，极大地保证了数据的可靠传输。在错误检测方面，协议中对每个包的控制位都提供了循环冗余码，并提供了一系列的硬件和软件设施来保证数据的正确性。循环冗余码可对一位或两位的错误进行 100% 的恢复。在错误处理方面，协议在硬件和软件上均有措施。硬件的错误处理包括汇报错误和重新进行一次传输，传输中若再次遇到错误，由 USB 的主机控制器按照协议重新进行传输，最多可进行三次。若错误依然存在，则对客户端软件报告错误，使之按特定方式进行处理。

6.4.6　USB 设备

USB 设备有集线器和功能部件两类。在即插即用的 USB 结构体系中，集线器简化了 USB 互连的复杂性，可使更多不同性质的设备连入 USB 系统中。集线器各连接点被称作端口，上行端口向主机方向连接（每个集线器只有一个上行端口），下行端口可连接另外的集线器或功能部件。集线器具有检测每个下行端口设备的安装或拆卸的功能，并可对下行端口的设备分配能源，每个下行端口可辨别所连接的设备是高速还是低速。集线器包括两部分：集线控制器和集线再生器。集线再生器位于上行端口和下行端口之间，可放大衰减的信号和恢复畸变的信号，并且支持复位、挂起、唤醒等功能。通过集线控制器所带的接口寄存器，可使主机对集线器的状态参数和控制命令进行设置，并监视和控制其端口。

功能部件是通过总线进行发送数据、接收数据或控制信息的 USB 设备，由一根电缆连在集线器某个端口上。功能部件一般相互独立，但也有一种复合设备，其中有多个功能部件和一个内置集线器，并共同利用一根 USB 电缆。每个功能部件都含有描述该设备的性能和所需资源的设置信息，主机应在功能部件使用前对其进行设置，如分配 USB 带宽等。定位设备（鼠标、光笔）、输入设备（键盘）、输出设备（打印机）等都属于功能部件。

当设备被连接并编号后，即有唯一的 USB 地址。USB 系统就是通过该地址对设备进行操作。每一个 USB 设备通过一条或多条信道与主机通信。所有的 USB 设备在零号端口上有一条指定的信道，USB 的控制信道即与之相连。通过这条控制信道，所有的 USB 设备都有一个共同的准入机制，以获得控制操作的信息。控制信道中的信息应完整地描述 USB 设备，主要包括标准信息类别和 USB 生产商的信息。

6.4.7 USB 系统设置

USB 设备可随时安装或拆卸，所有 USB 设备连接在 USB 系统的某个端口上。集线器有一个状态指示器，可指明 USB 设备的连接状态。主机将所有集线器排成队列以取回 USB 设备的连接状态信号。在 USB 设备安装后，主机通过设备控制信道来激活该端口，将默认的地址值赋给 USB 设备（主机对每个设备指定了唯一的 USB 地址），并检测这种新装的 USB 设备是下一级的集线器还是功能部件，如果安装的是集线器，并有外设连在其端口上，上述过程对每个 USB 设备的安装都要进行一遍；如果安装的是功能部件，则主机关于该设备的驱动软件等将被激活。当 USB 设备从集线器的端口拆除后，集线器关闭该端口，并向主机报告设备已不存在，USB 系统软件将准确地进行撤销处理。如果拆除的是集线器，则系统软件将对集线器及连接在其上的所有设备进行撤销处理。

对每个连接在总线上的设备指定地址的操作被称为总线标识。由于允许 USB 设备在任何时刻安装或拆卸，所以总线标识是 USB 系统软件随时要进行的操作。

6.4.8 USB 系统中的主机

USB 系统中的主机通过主机控制器与 USB 设备进行交互。其主要功能为：检测 USB 设备的安装或拆卸；管理主机和 USB 设备间的控制数据流；收集状态和操作信息；向各 USB 设备提供电源。USB 系统软件负责管理 USB 设备驱动程序的运作，包括设备编号和设置、同步数据传输、异步数据传输、电源管理、设备与总线信息管理等。

6.5 以太网接口技术

计算机网络是计算机技术与通信技术相结合的产物。在计算机网络环境中，计算机是互连起来的，能互相传递信息，在一个区域乃至全球实现资源共享；同时，各计算机又是相互独立的，可以独立自主地进行自己的工作。智能仪器中有微处理器，因此智能仪器若设计了计算机网络总线，挂接到计算机网络上，就构成了网络仪器。

1. TCP/IP 协议概述

以太网（Ethernet）符合 IEEE 802.3 标准，采用总线型网络拓扑结构，介质访问控制方式采用 CSMA/CD 规则，传输介质可以选择铜缆、双绞线、光缆等，数据传输采用基带方式，曼彻斯特编码。由于 Internet 迅速普及，而 TCP/IP 协议的底层是捆绑以太网的，因而现在以太网不仅在局域网，而且在城域网、广域网方面都广泛流行。TCP/IP 协议是现今流行的网际互联协议，是以 TCP/IP 协议为主构成的一个协议簇，TCP 指传输控制协议（Transmission Control Protocol），IP 指互联网协议（Internet Protocol）。TCP/IP 协议分为五层，即物理层、数据链路层、网络层、传输层和应用层。

2. 协议与标准

计算机网络可分为点到点连接的网络和采用广播信道的网络两类，在广播网络中，当信道的使用产生竞争时，如何分配信道的使用权成为关键问题。用来决定广播信道中信道分配的协议属于数据链路层的子层，称为介质访问控制（Medium Access Control，MAC）子层。由于局域网都以多路复用信道为基础，而广域网中除卫星网以外，都采用点到点连接，所以MAC子层在局域网中尤其重要。

介质访问子层的关键问题是如何给竞争的用户分配一个单独的广播信道。由于传统的信道静态分配方法还不能有效地处理通信的突发性，因此，目前广泛采用信道动态分配方法。下面仅介绍在各种多路访问协议中与以太网密切相关的几种载波侦听协议。

（1）载波侦听多路访问协议（Carrier Sense Multiple Access Protocol）　在局域网中，每个节点可以检测到其他节点在做什么，从而相应地调整自己的动作。网络节点侦听载波是否存在（即有无传播）并做出相应动作的协议，被称为载波侦听协议（Carrier Sense Protocol）。CSMA/CD（Carrier Sense Multiple Access with Collision Detection）协议是一种带冲突检测的载波侦听多路访问协议。当一个节点要传送数据时，它首先侦听信道，看是否有其他节点正在传送。如果信道正忙，它就持续等待，直到当它侦听到信道空闲时，便将数据送出。若发生冲突，节点就等待一个随机长的时间，然后重新开始。此协议被称为1-持续CSMA，因为节点一旦发现信道空闲，其发送数据的概率为1。

（2）IEEE 802.3标准　IEEE 802标准已被ISO作为国际标准，称之为ISO 8802。这些标准在物理层和MAC子层上有所不同，但在数据链路层上是兼容的。其中，IEEE 802.1标准对IEEE 802标准做了介绍，并且定义了接口原语；IEEE 802.2标准描述了数据链路层的上部，它使用了逻辑链路控制（Logical Link Control，LLC）协议。IEEE 802.3～IEEE 802.5分别描述了CSMA/CD、令牌总线和令牌环标准三个局域网标准，每一个标准包括物理层和MAC子层协议。

IEEE 802.3标准适用于持续CSMA/CD局域网。其工作原理是当节点希望传送时，它就等到线路空闲为止，否则就立即传输。如果两个或多个节点同时在空闲的电缆上开始传输，就会发生冲突，于是所有冲突节点终止传送，等待一个随机的时间后，再重复上述过程。已出版的IEEE 802.3标准与以太网的协议还有细微差别，如两者的一个头部字段就有所不同（IEEE 802.3的长度字段用作以太网的分组类型）。

IEEE 802.3的每种版本都有一个区间最大电缆长度。为了使网络范围更大，可以用中继器连接多根电缆。中继器是一个物理层设备，它双向接收、放大并重发信号。对软件而言，由中继器连接起来的一系列电缆段与单根电缆并无区别（除了中继器产生的一些延迟以外）。一个系统中拥有多个电缆段和多个中继器，但两个收发器间的电缆长度不得超过2.5km，任意两个收发器间的路径上不得有4个以上的中继器。

交换式局域网的"心脏"是一个交换机，在其高速背板上插有4～32个插板，每个板上有1～8个连接器。在大多数情况下，交换机都是通过一根10Base-T双绞线与一台计算机相连。

当一个节点想发送IEEE 802.3数据帧时，它就向交换机输出一标准帧。插板检查该帧的目的地是否为连接在同一块插板上的另一节点。如果是，就复制该帧；如果不是，该帧就通过高速背板送向连有目的节点的插板。通常，背板通过采用适当的协议，传输速率可高达1Gbit/s。

因为交换机制要求每个输入端口接收的是标准IEEE 802.3帧，所以可将它的端口用作集线器。如果所有端口连接的都是集线器，而不是单个节点，交换机就变成了IEEE 802.3

到 IEEE 802. 3 的网桥。

3. 以太网接口模块

智能仪器通过以太网接入 Internet 可以通过微处理器与以太网接口模块实现。以太网接口模块主要完成两个功能：解析来自以太网的数据包，并将解析后的数据传送给单片机；对本地数据进行分组打包，并按指定的 IP 和端口号向以太网传播。

下面介绍一种基于嵌入式处理器 S3C2410A 的以太网接口模块的设计方案，此模块由嵌入式处理器 S3C2410A 和 16 位以太网控制器 CS8900A 构成。

S3C2410A 是三星（Samsung）公司推出的 16/32 位 RISC 处理器，它的小尺寸特性为手持设备和其他普通应用提供了低价格、低功耗、高性能的解决方案。S3C2410A 在单芯片处理器中提供了分开的 16KB 的数据 Cache、用于内存管理的 MMU 和 LCD 控制器（支持 STN&TFT）、处理器的工作频率可达 203MHz、Nand Flash 引导程序、系统管理器（用于片选逻辑和 SDRAM 控制器）、3 通道 UART、4 通道 DMA、4 通道具有 PWM 功能的定时器、117 位通用 I/O 端口、8 通道的 10 位 ADC 和触摸屏接口、I^2C 接口、I^2S 接口、USB 主从接口、SD 和 MMC 卡接口、2 通道的 SPI 即用于时钟生成的 PLL。

CS8900A 是 Cirrus Logic 公司提供的一款性能优良的 16 位以太网控制器，除了具备其他以太网控制芯片所具有的一些基本功能外，还有其独特优点：工业级温度范围（-40 ~ +80℃）；3.3V 工作电压，功耗低；高度集成的设计，使用 CS8900A 可以将一个完整的以太网电路设计最小化，适合作为智能嵌入设备网络接口；独特的 Packet Page 结构，可自动适应网络通信模式的改变，占用系统资源少，从而增加了系统效率。CS8900A 内部集成了 10Base-T 收发器，可以使用一个隔离变压器与局域网相连。加隔离变压器的主要目的是将外部线路与 CS8900A 隔开，防止干扰和烧坏元器件，从而可以实现带电的热插拔功能。

在嵌入式系统网络接口设计中，CS8900A 一般用作 I/O 模式，其特点是占用系统资源少，硬件连接方便。图 6-13 为系统中的 CS8900A 以太网接口电路，地址线 SA0 ~ SA19、数据线 SD0 ~ SD15、写信号 IOW、读信号 IOR、片选信号 AEN、中断信号、复位信号分别与 S3C2410A 对应端口相连；TXD +、TXD -、RXD +、RXD - 通过隔离变压器与 RJ-45 标准插座相连。另外，为了系统能够正常工作，还需要外接一个 20MHz 的晶振。

在 I/O 模式下，通过访问 8 个 16 位的寄存器来访问 Packet Page 结构，这 8 个寄存器被映射到 S3C2410A 地址空间的 16 个连续地址，见表 6-3。当 CS8900A 上电后，寄存器默认的基址为 0x300h。

表 6-3　I/O 模式下的地址映射

地　　址	类　　型	说　　明
0000h	Read/Write	Receive/Transmit Data（Port0）
0002h	Read/Write	Receive/Transmit Data（Port1）
0004h	Write-only	TxCMD（Transmit Command）
0006h	Write-only	TxLength（Transmit Lengthj）
0008h	Read-only	Interrupt Status Queue
000Ah	Read/Write	Packet Page Pointer
000Ch	Read/Write	Packet Page Data（Port0）
000Eh	Read/Write	Packet Page Data（Port1）

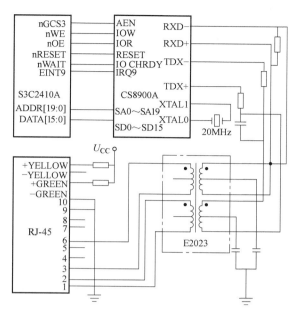

图 6-13　CS8900A 以太网接口模块电路

I/O 模式下的读写操作流程：在读写操作过程中，AEN 引脚必须设置为低电平。读操作时，IOR 引脚设置为低电平；写操作时，IOW 引脚设置为低电平。

I/O 模式下的写操作流程如下：

1）将发送指令写入 TxCMD 寄存器，将发送数据帧的长度写入 TxLength 寄存器。

2）使用 Packet Page Pointer 和 Packet Page Data Port 寄存器访问 Packet Page 结构中的 Bus ST 寄存器，判断发送缓冲区是否可用。

3）使用 Receive/Transmit Data Port 寄存器，将待发送的数据帧写入发送缓冲区。

I/O 模式下的读操作流程如下：

1）当 CS8900A 收到数据帧时，触发接收中断，更新对应状态寄存器。

2）使用 Interrupt Status Queue 寄存器访问 Packet Page 结构中对应状态寄存器，判断接收状态。

3）使用 Receive/Transmit Data Port 寄存器读出接收缓冲区的数据。

大多数嵌入式操作系统都支持 TCP/IP 协议栈，Linux、VxWorks、Windows CE 等操作系统都可以在 S3C2410A 上面移植，因此 S3C2410A 可以直接通过以太网控制芯片与以太网进行连接，通过 TCP/IP 协议中五个层之间的相互协调来完成网络通信：发送端的应用层将数据流传递给传输层；传输层将接收的数据流分解成以若干字节为一组的 TCP 段，并在每段增加一个带序号的控制包头，然后再传递给网络层；网络层在 TCP 段的基础上，再增加一个含有发送端和接收端 IP 地址的数据包头，同时还要明确接收端的物理地址以及到达目的主机的路径，然后将此数据包和物理地址传递给数据链路层；在数据链路层通过 CS8900A 进行组帧，将数据包封装成数据链路层的帧格式，然后通过物理层的 CS8900A 芯片自动完成前同步码，CRC 校验后以比特流的形式发送给接收端。在接收端计算机中，数据链路层先把接收到的数据包舍掉数据控制信息，再把它传递给网络层；在网络层，先检查包头的检验和，如果 IP 包头的检验和与网络层算出的检验和相匹配，那么就取消 IP 包头，把剩下的 TCP 段传递给传输层，否则丢弃此包；在传输层，首先检查 TCP 段头和 TCP 数据的检验和，如果与传输层算出的检验和相匹配，那么就取消 TCP 包头，将真正的数据传递给应用层，同时发出"确认收到"的信息。

通过网络之间的联系及相应软件的配合，局域网可以连接传送到世界的任一地方。只要获取设备的 IP 地址和访问端口，人们就可以在任何有以太网的地方对设备进行访问，达到远程检测和远程控制的目的。

6.6 现场总线 CAN

CAN（Controller Area Network）总线即控制局域网总线，是国际上应用最广泛的现场总线之一。它由德国博世（Bosch）公司最先提出。Bosch 公司为了实现汽车电子控制装置之间的信息交换，设计了控制局域网 CAN 总线。

CAN 总线主要特点如下：

1）CAN 总线采用了多主竞争式总线结构，即多主机工作方式，网络上任意一个节点可以在任意时刻主动地向网络上其他节点发送信息，不分主从，通信方式灵活。

2）CAN 网络上的节点可以分为不同的优先级，即具有不同的总线访问优先权。CAN 采用非破坏性仲裁技术，当两个节点同时向网络上传送信息时，优先级低的节点自动停止发送，CAN 协议废除了站地址编码，而代之以对通信数据进行编码，使不同的节点同时接收到相同的数据。这些特点使得 CAN 总线构成的网络各节点之间的数据通信实时性增强，并且容易构成冗余结构，提高了系统的可靠性和系统的灵活性。

3）CAN 可以点对点、点对多点、点对网络的方式发送和接收数据，通信距离最远为 10km（通信速率为 5kbit/s 时），节点数目可达 110 个。

4）CAN 采用短帧结构，每一帧的有效字节数为 8 个，具有 CRC 校验和其他检测措施，数据出错概率小。CAN 节点在错误严重的情况下具有自动关闭功能，不会影响总线上其他节点的操作。

5）CAN 能够使用多种物理介质，如双绞线、光纤等，最常用的就是廉价的双绞线。用户接口简单，容易构成用户系统。

CAN 总线的数据通信具有突出的可靠性、实时性和灵活性。由于其良好的性能及独特的设计，CAN 总线越来越受到人们的重视。它不仅在汽车领域上得到广泛应用，而且向自动控制、仪器仪表、传感器等众多领域发展。CAN 已经形成国际标准，并已被公认为是几种最有前途的现场总线之一。

现场总线除了 CAN 外，比较有影响的还有基金会现场总线 FF（Foundation Fieldbus）、过程现场总线 ProfiBus、用于工厂自动化和楼宇自动化的 LonWorks 等。

6.7 无线通信接口技术

随着网络和通信技术的发展，短距离无线通信因其在技术、成本以及实用性上的巨大优势，逐渐在仪器设计中得到广泛应用。典型的短距离无线通信系统主要由两部分组成，即无线发射机和无线接收机。目前常用的无线通信技术包括蓝牙（Bluetooth）、802.11（Wi-Fi）、红外数据传输（IrDA）、紫蜂（ZigBee）、NFC 技术与超宽带技术（UWB）等。

6.7.1　蓝牙技术

蓝牙是由爱立信、Intel、东芝和 IBM 等 5 家公司在 1998 年联合推出的一种近距离无线通信技术。蓝牙技术规范是无线数据和语音传输的开放式标准（IEEE 802.15.1），通过蓝牙技术可将各种通信设备、计算机及其终端设备、各种数据系统采用无线方式连接起来。它的传输距离为 10cm ~ 10m，如果增加功率放大设备，传输距离可达到 100m。蓝牙技术可以应用于各类数据及语音设备，如 PC、笔记本计算机、数码相机、移动电话和高品质耳机等；也可用于传感器、仪器间的数据通信。

蓝牙技术的特点如下：

1）使用频段不受限制。蓝牙标准定义的工作频率是 ISM 频段的 2.4GHz，用户使用该频段无须向各国的无线电资源管理部门申请许可证。

2）可以同时传输语音和数据。蓝牙采用电路交换和分组交换技术，支持异步数据通道、三路语音同步话音信道以及异步数据与同步语音同时传输的信道。

3）采用分时复用多路访问技术。一个蓝牙主设备可以最多同时与 7 个不同的从设备交换信息，主设备给每个从设备分配一定的时隙，以数据包的形式按时隙顺序传送数据。

4）开放的接口标准。蓝牙的技术标准全部公开，使得全世界范围内的任何单位和个人都可以进行蓝牙产品的开发。

5）具有很好的抗干扰能力。采用 ISM 频段和调频、跳频技术，使用前向纠错编码、ARQ、TDD 和基带协议，可以很好地抵抗来自工作在 ISM 频段的无线电设备的干扰。

6）适用范围广泛，使用方便。由于蓝牙采用无线接口来代替有线电缆连接，具有很强的移植性，蓝牙模块体积很小、低功耗，而且价格低，应用简单，容易实现，易于推广。

6.7.2　ZigBee 技术

ZigBee 主要应用于短距离范围之内并且数据传输速率不高的各种仪器间通信。ZigBee 的名字来源于蜂群使用的赖以生存和发展的通信方式，蜜蜂通过跳 Zigzag 形状的舞蹈来分享新发现的食物源的位置、距离和方向等信息。ZigBee 采用 IEEE 802.15.4 开放协议标准，由TG4 工作组制定规范，从下到上可以依次分为物理层、媒体访问控制层、传输层、网络层和应用层等。

ZigBee 技术的特点如下：

1）数据传输速率低。10 ~ 250kbit/s，专注于低传输应用。

2）功耗低。在低功耗待机模式下，两节普通 5 号电池可使用 6 ~ 24 个月。

3）成本低。ZigBee 数据传输速率低，协议简单，大大降低了成本。

4）网络容量大。网络可容纳多达 65000 个节点，网络中的任意节点之间都可以进行数据通信。

5）时延短。通常时延为 15 ~ 30ms。

6）安全。ZigBee 提供了数据完整性检查和鉴权功能，采用 AES-128 加密算法。

7）有效范围小。有效覆盖范围为 10～75m，具体依据实际发射功率大小和各种不同的应用模式而定。

8）工作频段灵活。使用频段为 2.4GHz、868MHz（欧洲）和 915MHz（美国），均为免执照（免费）的频段。

9）传输可靠。采用碰撞避免策略，同时为需要固定带宽的业务预留专用时隙。

6.7.3　Wi-Fi 技术

Wi-Fi（Wireless Fidelity，无线高保真）也是一种无线通信协议。它采用 IEEE 802.11 a/g/n/ac/ad/ax 开放协议标准，工作频率为 2.4GHz 与 5GHz，传输速率最高可达 10Gbit/s。虽然 Wi-Fi 在数据安全性方面相对于蓝牙技术较差，但在通信覆盖范围方面可达 100m 左右。

Wi-Fi 是以太网的一种无线扩展，理论上只要仪器位于一个接入点四周的一定区域内，就能以较高的速度接入 Web。

6.7.4　红外数据传输技术

红外数据传输技术（Infrared Data Association，IrDA）是点对点的数据传输协议，是基于 HP-SIR 开发的一种异步的、半双工的红外通信方式。通信距离一般在 0～1m 之间，传输速率最快可以达到 16Mbit/s，通信介质为波长为 900nm 左右的近红外线。IrDA 由红外发送和红外接收两部分组成，其基本原理是发送端将信号调制成某一频率的脉冲序列，并以光脉冲的形式将信号发射出去，在接收端将光脉冲转换成电信号，经过放大滤波等环节处理后进行解调得到发送的信息。

IrDA 的主要优点是不需要申请频率的使用权，成本低廉，功耗低，发射角度小，保密性很高，由于传输速率快，特别适合于大容量文件和多媒体数据的传输；不足之处在于它是一种点对点的视距传输，发送设备和接收设备之间必须对准，中间不能被障碍物阻隔，因此不能用于多设备之间的连接。目前 IrDA 的研究方向是如何解决视距传输问题和如何提高数据的传输速率。

6.7.5　NFC 技术

近距离传输（Near Field Communication，NFC）是由 Philips、NOKIA 和 Sony 主推的一种类似于 RFID（非接触式射频识别）的短距离无线通信技术标准。与 RFID 不同，NFC 采用了双向识别和连接。在 20cm 距离内工作于 13.56 MHz 频率范围。

NFC 适合应用于各种设备之间，是一种无须使用者事先设定的直接、简便与安全的通信方式。为了使两个设备进行通信，使用者必须让它们相互靠拢甚至接触，设备内的 NFC 接口会自动连接并形成一个点对点网络。

6.7.6　超宽带技术

超宽带技术（UWB）是一种无载波通信技术。它利用纳秒至微微秒级的非正弦波窄脉冲传输数据，采用 IEEE 802.15.3a 协议标准。通过在较宽的频谱上传输极低功率的信号，UWB 能在 10m 左右的范围内实现数百 Mbit/s 至数 Gbit/s 的数据传输速率。在高速通信的同时，UWB 设备的发射功率非常小，仅仅是现有设备的几百分之一，对于普通的非 UWB 接收机来说如同噪声，因此，从理论上说 UWB 可以与现有的无线设备共享带宽。UWB 技术最基本的工作原理是发送和接收脉冲间隔严格受控的高斯超短时单周期脉冲，超短时单周期脉冲决定了信号的带宽很宽，接收机直接用一级前端交叉相关器就把脉冲序列转换成基带信号，省去了传统通信设备中的中频级，极大地降低了设备复杂性。

UWB 技术具有许多优良的特性。首先，UWB 的抗干扰性强，发射功率小。UWB 采用跳时扩频信号，系统有很大的处理增益，在发射时将微弱的无线电脉冲信号分散在宽阔的频带中，使输出功率甚至低于普通发射机的噪声。其次，它具有超高的传输速率和极宽的传输带宽。UWB 使用的带宽在 1GHz 以上，容量大，并且可以和目前的窄带通信系统同时工作而互不干扰。另外，UWB 的保密性非常好，主要表现在两方面：一方面是采用跳时扩频信号，接收机只有已知发送端扩频码时才能解出发射数据；另一方面是系统的发射功率谱密度极低，用传统的接收机无法接收。最后，UWB 成本低，由于它使用基带传输，无须进行射频调制和解调，可使整个通信系统的结构简化，大大降低成本，更加适合于便携使用。

在军用方面，UWB 技术主要应用于 UWB 雷达、UWB LPI/D 无线内通系统，如预警机、舰船、战术手持和网络 LPI/D 电台、警戒雷达、UAV/UGV 数据链、探测地雷、检测地下埋藏的军事目标或以叶簇伪装的物体。在民用方面，UWB 技术主要应用于地质勘探及可穿透障碍物的传感器、汽车防冲撞传感器、家电设备及便携设备之间的无线数据通信。

思考题与习题

1. 通信系统中为何要采用差错控制技术？举例说明一种具体的差错控制技术。
2. 对于循环冗余校验（CRC），若待传数据为 1010101，除数多项式为 10011，试计算发送的冗余码。
3. 什么是比特率？什么是波特率？说明二者的区别和联系。
4. 与 RS-232 标准相比，RS-422/485 标准具有哪些优点？简述形成这些优点的原因。
5. GP-IB 总线有哪些特点？
6. USB 总线有哪些特点？
7. 比较以太网、CAN 总线和蓝牙的特点。
8. 实现无线通信的方式有哪些？各有何优缺点？

第7章

数据处理技术

智能仪器可以实现对测量过程的控制并进行数据处理，测量数据的处理包括非数值运算和数值运算。通过各种数据处理方法，可以消除测量过程中的系统误差和随机误差。本章介绍智能仪器典型的数据处理方法。

7.1 测量数据的非数值处理

智能仪器中除了进行数值计算外，还经常对各种数据和符号进行不以数值计算为目的的非数值处理。如对一批无序数据按照一定顺序进行排序；从表中查出某个元素；识别来自接口或键盘的命令等。设计者在进行编程时，需要根据设计目的充分考虑这些数据的特性和数据元素之间的相互关系，然后采用相应的处理方法。

7.1.1 线性表查表

查找亦称检索，就是从内存的数据表中找出某个元素（或记录）。一个表往往包含若干个记录，根据查表目的在每个记录中指定一个关键项，表中的 N 个记录都有关键项，N 个关键项的内容互不相同。查表操作就是从表中找出一个关键项与已知的关键字一致的元素，进而找到与此关键项相关联的记录中的部分或全部信息。如从成绩单中查找张明的成绩，表中学生的姓名就是关键项，根据各元素的关键项查到张明后，就可以查到他的各科成绩。查表是计算机和智能仪器中经常遇到的操作。下面介绍几种基本的查表方法。

1. 顺序查找

顺序查找就是从头开始，按照顺序把表中的元素的关键项逐一地与给定的关键字进行比较。若比较结果相同，所比较的元素就是要查找的元素；若表中所有元素的比较结果都不相同，则该元素在表中查找不到。这种查找方法适用于排列无序（不按一定的规律排列）的表格或清单，如从随机测量记录中查找某个测量值。顺序查找是基本的查表方法，查找速度相对较慢。对于无序表，特别是在表中记录不多的情况，适宜用顺序查找法。

2. 对半查找

有序表的数据排列有一定规律，不必像无序表一样逐个查找，可以采用对半查找（亦称二分法查找）。对半查找就是每次截取表的一半，确定查找元素在哪一部分，逐步细分，缩小检索范围，从而大大加快查找速度。

3. 直接查表

直接查表是智能仪器中经常使用的快速查表方法。这种方法无需像上述两种方法那样逐个比较表中的关键项，查找表中某关键项的记录，而是直接由关键项或经过简单计算找到该数据。因此，直接查表法要求关键项与数据记录所在的位置或次序有严格的对应关系，这种方法仅适宜于有序表格。

例如，为驱动八段数码管显示器（LED），需要查出待显示数据的段码。0~9 的段码按数字的 ASCII 码顺序排列，从而可以根据显示数字的 ASCII 码，直接从段码表中查出数字的段码，送到显示驱动电路中。

程序 7-1 段码 LED 显示的直接查表法子程序

说明： DPTR 为段码存储的首地址，通过直接查表方式将需要显示的数值 i 对应的段码送到 P1 口输出。

```
main()
{
    inti = 3;
    int * DPTR;
    int a[10] = {0X3F,0X06,0X5B,0X4F,0X66,0X6D,0X7D,0X07,0X7F,
0X6F};                           //0~9 的段码
    DPTR = a;                        //段码首地址
    P1 = * (DPTR + i);               //P1 口输出段码
}
```

7.1.2 链表的插入、删除和查找

链表是一种特殊的数据结构，它与一般的线性表相比，具有插入和删除比较方便的特点，适用于需要经常进行插入和删除表格操作的场合。

1. 链式结构

链表采用链式结构，它与顺序分配的线性表不同。线性表的数据元素在存储器内任意存放，既不要求连续，也不要求按顺序；而在链表中，为了确定数据元素在线性表中的位置，需要有一个指针，以指明下一个元素在存储器中的位置。数据元素值和指针两者组成链表的一个节点。一个线性链表由一个起始指针 FIRST 和若干个节点组成，起始指针指向链表的第一个节点，链表的最后一个元素的指针为 0，表示后面没有其他元素。链表一般用图 7-1a 的结构来表示。

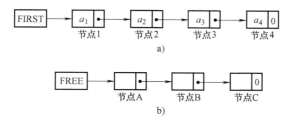

图 7-1 线性链表的结构

a）链表 b）自由表

为了对链表进行插入或删除，还需要留出一定的存储空间，并将这些空间组成一个链表，称为自由表或可利用空间表，如图7-1b所示。指针 FREE 指向自由表的第一个节点。当链表需要插入一个节点时，取出自由表中 FREE 指针指向的节点插入到链表中；当链表需要删除一个节点时，把该节点加入到自由表的第一个节点前，成为 FREE 指向的第一个节点。一般来说，几个链表可合用一个自由表，这样可以提高存储空间的利用率。

为了方便链表的查找、插入和删除操作，链表的指针一般都指向下一个元素的指针单元。

2. 链表的初始化

链表的初始化主要是指自由表的初始化，即将链表将要使用的存储单元构成一个自由表。

链表的初始化方法取决于链表的大小、节点的字节数和寻址方法。下面以一种适用于80C51 单片机的链表结构为例，说明链表的初始化方法。

设链表的每个节点的数据长度为4B，各链表的全部节点数小于50，则链表的总长度小于 $4 \times 50 + n \times 50$，其中 n 为指针字节数。由于现在链表的总长度小于256B，故可用2B的指针，从而链表总长度小于250B，可存储于一页外部 RAM 中（256B 为一页）。

链表区的第 0 个单元作为 FREE 指针，第 1 个单元作为 FIRST1 指针，第 2 个单元作为 FIRST2 指针。在初始化时，置 FIRST1 和 FIRST2 为 0，表示它们均为空链表，然后把链表区所有其他单元都串联到 FREE 指向的自由表中。

程序 7-2　链表初始化程序

说明：设链表区在外部 RAM 的一个页面中，该页面的首地址为 DPTR，第 0、1、2 个单元分别为 FREE、FIRST1、FIRST2 指针。链表初始化程序的功能为清零FIRST1、FIRST2 指针，把 FREE 指针置为 3，把 3 开始的各个空单元构成一个自由表。表的节点为 5B，第一个字节为指针（指向下一个节点的指针单元），后四个字节为数据。根据初始化要求，可画出如图 7-2 所示的链表初始化程序流程图。在计算下一个节点地址时，如果链表总长度不大于 256B，则把下一个节点指针单元地址写入当前指针；否则把结束标志"0"写入当前指针。

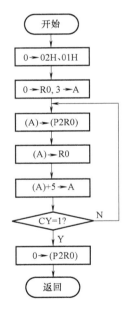

图 7-2　链表初始化程序流程图

链表的初始化程序如下：

```
void  lianbiao(char * DPTR)
{
    int i = 3;
    * DPTR = 0X03;                //FREE = 3
    * (DPTR + 1) = 0;             //FIRST1 = 0
```

```
    *(DPTR+2)=0;                    //FIRST2 = 0

    while(i<256)                    //构造自由表
    {
        *(DPTR+i)=i+5;
        i=i+5;
    }
    *(DPTR+i)=0;                    //写入结束标志
}
```

3. 链表的插入

图 7-3 表示把自由表的节点 A 插入到链表节点 2 与 3 之间的操作。一般来说，如果要在节点 K 和节点 K+1 之间插入新节点（K=0 表示为 FIRST 指针），可按如下步骤进行操作：

1）先判断 FREE 指针是否为 0，为 0 表示自由表空，不能进行插入；不为 0 则可进行下列操作。

2）将 FREE 指针指向自由表的下一个节点。

3）确定节点 K 的地址。

4）在新节点的指针域内存放 K+1 节点的地址。

5）在节点 K 的指针域内写入新节点的指针。

6）存储新节点数据。

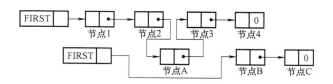

图 7-3　节点 A 插入链表

图 7-4 为链表插入子程序流程。执行时，从自由表中取出一个节点 A，插入对应指向的节点 K。

4. 链表的删除

图 7-5 为从链表中删除节点 2 使之成为自由表的第一个节点的操作流程。一般来说，如果要删除链表的节点 K，删除后放入自由表中，则可按如下步骤进行操作：

1）保存节点 K 的指针值。

2）把 FREE 的指针值写入节点 K 的指针中。

3）把节点 K 的地址写入 FREE 指针中。

4）把保存的原节点 K 的指针值写入节点 K−1 指针中。

5. 链表的查找

链表的查找比较方便，一般就是从 FIRST 指向的第一个节点开始向后逐个进行查找。当发现给定的值 X 等于数据项中的关键字时，说明节点找到；否则再找下一个节点，直至查到或指针值等于 0 为止。

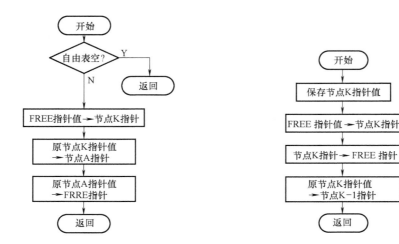

图 7-4 链表插入子程序流程   图 7-5 从链表中删除节点 2 的操作流程

程序 7-3 链表的查找子程序

链表的查找子程序如下：

```
int lbfind( char * R0,int X)
{
    char *p;
    while(( *(p +1) == X) | (p ==0))
    {
        p = *p;
        R0 =p;
    }
    * R3 = * p;
    * R4 =( *p +1);
}
```

7.1.3 排序

排序是使一组记录按照其关键字的大小，有序地排列起来。这是智能仪器中经常遇到的操作。排序的算法很多，下面介绍几种常用的算法。

1. 气泡排序法

气泡排序法是依次比较两个相邻的一对数据，如不符合规定的递增（或递减）顺序，则交换两个数据的位置，第一对（第一个和第二个数据）比较完毕后，接着比较第二对（第二个和第三个数据），直到清单中所有的数据依次比较完毕后，第一轮比较结束，这时最大（或次最小）的数据降到清单中最低的位置。第一轮排序需要进行 $N-1$ 次比较。同理，第二轮比较需要进行 $N-2$ 次比较，第二轮结束后，次最大（或最小）的数据排在底部往上第二的位置上。重复上述过程,直至全部排完。

2. 希尔排序

希尔排序是一种容易编程而且运行速度较快的一种排序方法。它也是采用一对数据进行比较。若两者顺序符合排序要求,则保持原状态不变;若两者顺序不符合排序要求,则互相交换位置。首先确定比较数据的间距 h_t,比较所有相距为 h_t 的各对数据,若符合排序要求,则保持原状,继续向前比较;若不符合排序要求,则交换两数的位置,并沿反向逐对比较,直到遇到符合要求的数据对时,再继续向前比较,直至表中所有相距为 h_t 的数据排序正确为止。然后取 $h_{t-1} = h_t/2$,继续以 h_{t-1} 为间距,比较各对数据进行排序。以此类推,每进行一轮后,减小一次间距,即取 $h_{t-i-1} = h_{t-1}/2$,直至 $h = 1$ 时为止,全部数据按规定次序排列完毕。

图 7-6 为希尔排序过程。

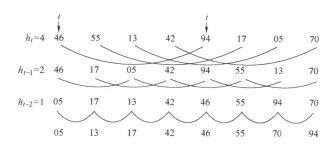

图 7-6 希尔排序过程

程序 7-4 希尔排序子程序(降序)

说明:DPTR 为数据首地址,N 为数据表的长度。表中每个元素占一个字节。

```
void ShellSort(int *DPTR,int N)
{
    int i,j,t,gap;
    for(gap = N/2;gap > 0;gap = gap/2)
    {
        for(i = gap;i < N;i ++)
        {
            j = i-gap;
            while(j > = 0)
            {
                if( *(DPTR + j) > *(DPTR + j + gap))  //交换元素顺序
                {
                    t = *(DPTR + j);
                    *(DPTR + j) = *(DPTR + j + gap);
                    *(DPTR + j + gap) = t;
```

```
                    j = j-gap;
            }
        else break;                    //不需交换顺序时跳出循环
        }
      }
    }
  }
```

7.2 系统误差的数据处理

系统误差是指按一定规律变化的误差，它表现为在相同条件下多次测量同一物理量时，其误差的大小和符号保持不变或按一定规律变化。系统误差是由于测量系统内部的原因造成的，如由仪器内部基准、放大器的零点漂移、增益漂移、非线性等因素产生的误差。由于系统误差有规律可循，因此可以利用一定的算法进行校准或补偿。智能仪器可以将系统误差模型及校正算式存储在内部的计算机中，对测量数据进行系统误差修正。为此，必须研究误差的规律，建立系统误差的数学模型，确定校正算法和数学表达式。

7.2.1 系统误差模型的建立

校正系统误差的关键在于建立系统误差模型。建立系统误差模型需要根据仪器或系统的具体情况进行分析，找出产生误差的原因。系统误差模型的数学表达式中含有若干个表示误差的系数，为此，需要通过校准方法确定这些系数。例如，仪器中的运算放大器测量电压时，引入了零位误差和增益误差。设信号测量值 x 和实际值 y 呈线性关系，则可用 $y = a_1 x + a_0$ 来表示。为了消除系统误差的影响，需要求出表达式中的系数。现用这个电路分别测量标准电源 U_R 和短路电压信号，由此获得两个误差方程

$$\begin{cases} U_R = a_1 x_1 + x_0 \\ 0 = a_1 x_0 + a_0 \end{cases} \tag{7-1}$$

式中，x_1、x_0 为两次的测量值。解方程组可得

$$a_1 = \frac{U_R}{x_1 - x_0}$$

$$a_0 = \frac{U_R x_0}{x_0 - x_1} \tag{7-2}$$

从而，得到校正算式

$$y = \frac{U_R (x - x_0)}{x_1 - x_0} \tag{7-3}$$

对于任何测量值 x，可以通过式（7-3）求出实际值 y，从而实时地消除系统误差。但是实际情况要比上述例子复杂得多，对系统中的误差来源往往不能充分了解，常常难以建立适当的系统误差模型。因此，只能通过实验测量获得一组离散数据，建立一个反映测量值变化的近似数学模型。建模的方法很多，下面介绍常用的代数插值法和最小二乘法。

1. 代数插值法

设有 $n+1$ 组离散点 (x_0, y_0)，(x_1, y_1)，$\cdots$，(x_n, y_n)，未知函数 $f(x)$，且有 $f(x_0) = y_0$，$f(x_1) = y_1$，$\cdots$，$f(x_n) = y_n$。

所谓插值法就是设法找一个函数 $g(x)$，使其在 $x_i(i = 0, 1, \cdots, n)$ 处与 $f(x_i)$ 相等。满足这个条件的函数 $g(x)$ 称为 $f(x)$ 的插值函数，称 x_i 为插值节点。在以后的计算中可以用 $g(x)$ 近似代替 $f(x)$。

插值函数 $g(x)$ 可以为各种函数形式，由于多项式容易计算，一般常用 n 次多项式作为插值函数，记为 $p_n(x)$，这种插值方法称为代数插值，也称为多项式插值。

现要用一个次数不超过 n 的代数多项式

$$p_n(x) = a_n x^n + a_{n-1} x^{n-1} + \cdots + a_1 x^1 + a_0 \tag{7-4}$$

去逼近 $f(x)$，使在节点 x_i 处满足

$$p_n(x_i) = f(x_i) = y_i \quad i = 1, 2, \cdots, n \tag{7-5}$$

由于多项式 $p_n(x)$ 中的未知系数有 $n+1$ 个，由式（7-4）和式（7-5）可得到关于系数 a_n，$\cdots$，a_1，a_0 的线性方程组

$$\begin{cases} a_n x_0^n + a_{n-1} x_0^{n-1} + \cdots + a_1 x_0 + a_0 = y_0 \\ a_n x_1^n + a_{n-1} x_1^{n-1} + \cdots + a_1 x_1 + a_0 = y_1 \\ \qquad\qquad\qquad\vdots \\ a_n x_n^n + a_{n-1} x_n^{n-1} + \cdots + a_1 x_n + a_0 = y_n \end{cases} \tag{7-6}$$

可以证明，当 x_0，x_1，$\cdots$，x_n 互异时，方程组（7-6）有唯一的一组解。因此，一定存在一个唯一的 $p_n(x)$ 满足所要求的插值条件。根据已知的 x_i 和 y_i（$i = 0, 1, \cdots, n$）去求解方程组（7-6），就可以求出 a_i（$i = 0, 1, \cdots, n$），从而得到 $p_n(x)$。这是求出插值多项式最基本的方法。

（1）线性插值 线性插值是从一组数据 (x_i, y_i) 中选取两个有代表性的 (x_0, y_0)、(x_1, y_1)，然后根据插值原理，求出插值方程

$$p_n(x) = \frac{x - x_1}{x_0 - x_1} y_0 + \frac{x - x_0}{x_0 - x_1} y_1 = a_1 x + a_0 \tag{7-7}$$

中的待定系数 a_1 和 a_0，即

$$a_1 = \frac{y_0 - y_1}{x_0 - x_1}, \; a_0 = y_0 - a_1 x_0 \tag{7-8}$$

若 (x_0, y_0)、(x_1, y_1) 取在非线性特性曲线 $f(x)$ 或数组的两端点 A、B，图 7-7 中的直线表示插值方程式（7-7），这种线性插值就是最常用的直线方程校正法。

设 A、B 两点的数据分别为 $(a, f(a))$，$(b, f(b))$，则根据式（7-7）就可以建立直线方程的数学模型 $p_1(x) = a_1 x + a_0$，其中 $p_1(x)$ 表示 $f(x)$ 的近似值。当 $x_i \neq x_0$ 时，$p_1(x)$ 与 $f(x)$ 有拟合误差 V_i，其绝对值为

$$V_i = \left| p_1(x_i) - f(x_i) \right| \quad i = 0, 1, \cdots, n$$

若在全部 x 取值区间 $[a, b]$ 始终有 $V_i < \varepsilon$ 存在，其 ε 为允许的拟合误差，则直线方程 $p_1(x) = a_1 x + a_0$ 就是理想的校正方程。实时测量时，每采样一个值，就用该方程计算 $p_1(x)$，并把 $p_1(x)$ 作为被测量值的校正值。

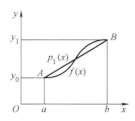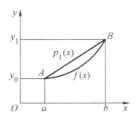

图 7-7　非线性特性曲线的直线方程校正

（2）抛物线插值　抛物线插值是在数据中选取 (x_0, y_0)、(x_1, y_1)、(x_2, y_2) 三点，采用抛物线拟合，如图 7-8 所示。显然，抛物线拟合的精度比直线拟合的精度高。相应的插值方程为

$$p_2(x) = \frac{(x-x_1)(x-x_2)}{(x_0-x_1)(x_0-x_2)}y_0 + \frac{(x-x_0)(x-x_2)}{(x_1-x_0)(x_1-x_2)}y_1 + \frac{(x-x_0)(x-x_1)}{(x_2-x_0)(x_2-x_1)}y_2 \quad (7-9)$$

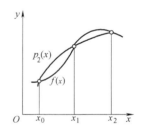

进行多项式插值首先要决定多项式的次数 n。一般需根据测试数据的分布，凭经验或通过凑试来决定。在确定多项式的次数后，需选择自变量 x_i 和函数值 y_i，因为一般得到的离散数组的数目均大于 $n+1$，故应选择适当的插值节点 x_i 和 y_i。插值节点的选择与插值多项式的误差大小有很大关系，在同样的 n 值条件下，选择合适的 (x_i, y_i) 值可以减小误差。在开始时，可先选择等分值的 (x_i, y_i)，之后再根据误差的分布情况，改变 (x_i, y_i) 的取值。考虑到对计算实时性的要求，多项式的次数一般不宜选得过高。由于某些非线性特性，即使提高多项式的次数也很难提高拟合精度，反而增加了运算时间。此时，采用分段插值方法往往可得到更好的效果。

图 7-8　抛物线插值

2. 最小二乘法

利用 n 次多项式进行拟合，可以保证在 $n+1$ 个节点上校正误差为零，这是因为拟合曲线折线恰好经过这些节点。但如果这些实验数据含有随机误差，则得到的校正方程并不一定能反映出实际的函数关系。因此，对于含有随机误差的实验数据的拟合，通常选择"误差二次方和最小"这一标准来衡量逼近结果，使逼近模型比较符合实际关系，同时函数的表达形式也比较简单。这就是下面介绍的最小二乘法原理。

设被逼近函数为 $f(x_i)$，逼近函数为 $g(x_i)$，x_i 为 x 上的离散点，逼近误差为

$$V(x_i) = |f(x_i) - g(x_i)|$$

记

$$\varphi = \sum_{i=1}^{n} V^2(x_i) \quad (7-10)$$

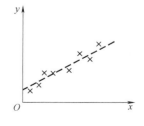

令 $\varphi \to \min$，即在最小二乘意义上使 $V(x_i)$ 最小化，这就是最小二乘法原理。为了简化逼近函数，通常选择多项式。下面介绍用最小二乘法实现直线拟合和曲线拟合。

（1）直线拟合　设有一组实验数据如图 7-9 所示，现要求画

图 7-9　最小二乘法直线拟合

出一条最接近于这些数据点的直线。直线有很多，关键是找一条拟合最佳的直线。设这组实验数据的最佳拟合直线方程（回归方程）为

$$y = a_1 x + a_0 \tag{7-11}$$

式中，a_1 和 a_0 为回归系数。令

$$\varphi_{a_0, a_1} = \sum_{i=1}^{n} V_i^2 = \sum_{i=1}^{n} \left[y_i - (a_0 + a_1 x_i) \right]^2 \tag{7-12}$$

根据最小二乘原理，要使 φ_{a_0, a_1} 为最小，按通常求极值的方法，对 a_0、a_1 求偏导数，并令其为 0，可得

$$\frac{\partial \varphi}{\partial a_0} = \sum_{i=1}^{n} \left[-2(y_i - a_0 - a_1 x_i) \right] = 0$$
$$\frac{\partial \varphi}{\partial a_1} = \sum_{i=1}^{n} \left[-2x_i(y_i - a_0 - a_1 x_i) \right] = 0 \tag{7-13}$$

又可得如下方程组（称为正则方程组）

$$\sum_{i=1}^{n} y_i = a_0 n + a_1 \sum_{i=1}^{n} x_i$$
$$\sum_{i=1}^{n} x_i y_i = a_0 \sum_{i=1}^{n} x_i + a_1 \sum_{i=1}^{n} x_i^2$$

解得

$$a_0 = \frac{\left(\sum_{i=1}^{n} y_i \right) \left(\sum_{i=1}^{n} x_i^2 \right) - \left(\sum_{i=1}^{n} x_i y_i \right) \left(\sum_{i=1}^{n} x_i \right)}{n \left(\sum_{i=1}^{n} x_i^2 \right) - \left(\sum_{i=1}^{n} x_i \right)^2} \tag{7-14}$$

$$a_1 = \frac{\left(\sum_{i=1}^{n} x_i y_i \right) - \left(\sum_{i=1}^{n} x_i \right) \left(\sum_{i=1}^{n} y_i \right)}{n \left(\sum_{i=1}^{n} x_i^2 \right) - \left(\sum_{i=1}^{n} x_i \right)^2} \tag{7-15}$$

将各测量数据（校正点数据）代入正则方程组，即可解得回归方程的回归系数 a_0 和 a_1，从而得到这组测量数据在最小二乘意义上的最佳拟合直线方程。

（2）曲线拟合　为了提高拟合精度，通常对 n 个实验数据对 (x_i, y_i) $(i = 1, 2, \cdots, n)$ 选用 m 次多项式

$$y = f(x) = a_0 + a_1 x + a_2 x^2 + \cdots + a_m x^m = \sum_{j=1}^{m} a_j x^j \tag{7-16}$$

作为描述这些数据的近似函数关系式（回归方程）。如果把 (x_i, y_i) 的数据代入多项式，可得 n 个方程

$$y_1 - (a_0 + a_1 x_1 + \cdots + a_m x_1^m) = V_1$$
$$y_2 - (a_0 + a_1 x_2 + \cdots + a_m x_2^m) = V_2$$
$$\vdots$$
$$y_n - (a_0 + a_1 x_n + \cdots + a_m x_n^m) = V_n$$

简记为

$$V_i = y_i - \sum_{j=0}^{m} a_j x_i^j \quad i = 1, 2, \cdots, n \tag{7-17}$$

式中，V_i 为在 x_i 处由回归方程式（7-16）计算得到的值与测量值之间的误差。根据最小二乘法原理，为求取系数 a_j 的最佳估计值，应使误差 V_i 的二次方之和最小，即

$$\varphi(a_0, a_1, \cdots, a_m) = \sum_{i=1}^{n} V_i^2 = \sum_{i=1}^{n} \left[y_i - \sum_{j=0}^{n} a_j x_i^j \right]^2 \to \min$$

由此可得如下正则方程组

$$\frac{\partial \varphi}{\partial a_k} = -2 \sum_{i=1}^{n} \left[\left(y_i - \sum_{j=0}^{m} a_j x_i^k \right) x_i^k \right] = 0 \quad i = 1, 2, \cdots, n$$

亦即计算 a_0，a_1，$\cdots$，a_m 的线性方程组为

$$\begin{pmatrix} m & \sum x_i & \cdots & \sum x_i^m \\ \sum x_i & \sum x_i^2 & \cdots & \sum x_i^{m+1} \\ \vdots & \vdots & & \vdots \\ \sum x_i^m & \sum x_i^{m+1} & \cdots & \sum x_i^{2m} \end{pmatrix} \begin{pmatrix} a_0 \\ a_1 \\ \vdots \\ a_m \end{pmatrix} = \begin{pmatrix} \sum y_i \\ \sum x_i y_i \\ \vdots \\ \sum x_i^m y_i \end{pmatrix} \tag{7-18}$$

式中，$\sum$ 为 $\displaystyle\sum_{i=1}^{m}$。

由式（7-18）可求得 $m+1$ 个未知数 a_j 的最佳估计值。

拟合多项式的次数越高，拟合的结果越精确，但计算量很大。一般在满足精度要求的条件下，尽量降低拟合多项式的次数。除用 m 次多项式来拟合外，也可以用其他函数如指数函数、对数函数、三角函数等进行拟合。

7.2.2　系统误差的标准数据校正法

进行测量时现场情况往往很复杂，有时难以通过理论分析建立起仪表的误差校正模型。这时可以通过实验，即用实际的校正手段来求得校正曲线，然后，把曲线上的各个校正点的数据以表格形式存入仪器的内存中。一个校正点的数据对应一个（或几个）内存单元，在以后的实时测量中，通过查表来修正测量结果。

例如，如果一个模拟放大器的系统误差机理未知，可以在它的输入端逐次加入已知电压 x_1，x_2，$\cdots$，x_n，在输出端测出相应的结果 y_1，y_2，$\cdots$，y_n，进而得到一条校正曲线。然后，在内存中建立一张校正数据表，把 $y_i(i = 1, 2, \cdots, n)$ 作为 EPROM 的地址，把对应的 x_i（$i = 1, 2, \cdots, n$）作为内容存入这些 EPROM 中。实时测量时，若测得一个 y_i，就去查表访问 y_i 这个地址，读出它的内容，即为校正后的的测量结果。

如果实测值介于两个校正点 y_i 和 y_{i+1} 之间，若仅是查表，则只能按其最接近的 y_i 或 y_{i+1} 查，这显然会引入一定的误差。因此，可以利用前面所介绍的线性插值或抛物线插值的方法，求出该点的校正值。通过查表法和插值法相结合，可以减少误差，提高测量精度和数据处理速度。通常采用线性插值法。为了进一步提高测量精度，需要增加校正表中的校正数据，这样会增加表的长度，增大占用的存储空间和查表时间。但是在存储器容量及微处理器运算速度不断增加的今天，这一矛盾已不像过去那样突出。

7.2.3 非线性校正

许多传感器、元器件及测试系统的输出信号与被测参数间存在明显的非线性。为使智能仪器直接显示各种被测参数并提高测量精度，必须对其进行非线性校正，使之线性化。非线性校正的方法很多，如上述用查表法进行修正，从所描述的非线性方程中求得校正函数，利用插值法、最小二乘法求得拟合曲线等。下面介绍仪器中常用的几种校正方法。

1. 校正函数

假设器件的输出-输入特性 $x = f(y)$ 存在非线性，引入函数 $g(x)$，且

$$R = g(x) = g[f(y)] \tag{7-19}$$

使 R 与 y 之间呈线性关系，函数 $g(x)$ 就是校正函数。校正函数 $g(x)$ 往往是被校正函数的反函数。

例如，热电偶的温度与热电动势之间的关系是一条较为复杂的曲线，它可以用数学表达式描述为

$$R = a + bx_p + cx_p^2 + dx_p^3 \tag{7-20}$$

式中，x_p 为与冷端温度 T_0 有关的函数

$$x_p = x + a' + b'T_0 + c'T_0^2 \tag{7-21}$$

只要知道热电偶的冷端温度 T_0（如用热敏电阻测量），并将其代入式（7-21）中，就不难得到温度与热电偶之间的数学表达式，即非线性校正算法为

$$R = Dx^3 + Cx^2 + Bx + a \tag{7-22}$$

对于不同型号的热电偶，系数 a、b、c、d 和 a'、b'、c' 也不相同，这些系数可从有关手册查到，并作为常数存储在 ROM 内。对于难以用准确的函数式表达的信号，不宜用校正函数进行校正。

2. 用插值法进行校正

用插值法进行非线性校正是工程上经常使用的方法。下面以镍铬-镍铝热电偶为例，说明用插值进行非线性校正的方法。

0~400℃的镍铬-镍铝热电偶分度表见表7-1。要求用直线方程进行校正，允许误差小于3℃。

表7-1 镍铬-镍铝热电偶分度表

温度/℃	0	10	20	30	40	50	60	70	80	90
	热电动势/mV									
0	0.00	0.40	0.80	1.20	1.61	2.02	2.44	2.85	3.27	3.86
100	4.10	4.51	4.92	5.33	5.73	6.14	6.54	6.94	7.34	7.74
200	8.14	8.54	8.94	9.34	9.75	10.15	10.56	10.97	11.38	11.80
300	12.21	12.62	13.04	13.46	13.87	14.29	14.71	15.13	15.55	15.97
400	16.40	16.82	17.67	17.67	18.09	18.51	18.94	19.36	19.79	20.21

现取0℃和400℃的两个坐标 A（0，0）和 B（20.21，490），按式（7-8）可求得 $a_1 = 24.245$，$a_0 = 0$，即 $p_1(x) = 24.245x$，这就是直线的校正方程。可以验证，在两端点拟

合误差为 0，而在 $x = 11.38\text{mV}$ 时，$p_1(x) = 275.91℃$，误差为 $4.09℃$，达到最大值。240 ~ 360℃ 范围内拟合误差均大于 3℃。

显然，对于非线性程度严重或测量范围较宽的非线性特性，采用一个直线方程进行校正，往往很难满足仪表的精度要求。为了提高校正精度，可采用分段直线方程进行非线性校正，即用折线逼近曲线。分段后的每一段曲线用一个直线方程来校正，即

$$p_{1i}(x) = a_{1i}x + a_{0i} \quad i = 1, 2, \cdots, N \tag{7-23}$$

折线的节点有等距与非等距两种取法。

（1）等距节点分段直线校正法　等距节点分段直线校正法适用于特性曲线的曲率变化不大的场合。每一段曲线都用一个直线方程代替。分段数 N 取决于非线性程度和对校正精度的要求。非线性越严重或校正精度要求越高，则 N 越大。为了实时计算方便，常取 $N = 2^m$，$m = 0, 1, 2, \cdots, N$。式（7-23）中的 a_{1i} 和 a_{0i} 可离线求得。采用等分法，每一段折线的拟合误差一般各不相同。拟合结果应保证

$$\max p[V_{\text{max}i}] \leqslant \varepsilon$$

式中，$V_{\text{max}i}$ 为第 i 段的最大拟合误差；ε 为要求的非线性校正误差。求得的 a_{1i} 和 a_{0i} 存入仪表的 ROM 中。实时测量时，先用程序判断输入的被测量位于折线的哪一段，然后取出该段对应的 a_{1i} 和 a_{0i} 进行计算，即可求得被测量的相应近似值。

下面给出 C51 语言编写的等距节点非线性校正程序。

程序 7-5　等距节点非线性校正子程序

说明：X（8 位）为采样子程序 SAMP 的采样结果，校正曲线等分为 4 段，a_{1i}、a_{0i} 在 TAB 为首地址的存储单元中，单字节 a_{0i} 为整数，a_{1i} 为小于 0 的小数，校正返回结果。此程序设校正区间为 [1, 4]，等分为 4 段，每段长度为 1。

```
float adjust(float *TAB,float X)
{
    float a1[4];
    float a0[4];
    float y;
    a1[0] = *TAB;          a0[0] = *(TAB +1);        //读取a1i、a0i
    a1[1] = *(TAB +2);     a0[1] = *(TAB +3);
    a1[2] = *(TAB +4);     a0[2] = *(TAB +5);
    a1[3] = *(TAB +6);     a0[3] = *(TAB +7);

    if((X > =0)&(X <1)                               //校正区间比较
        {y =a1[0] * X +a0[0];}                       //方程计算校正
    else if((X > =1)&(X <2))
        {y =a1[1] * X +a0[1];}
    else if((X > =2)&(X <3))
        {y =a1[2] * X +a0[2];}
```

```
else if((X > =3)&(X <4))
    {y = a1[3] * X + a0[3];}
else {y = 0;}


return y;                              //返回校正结果
}
```

（2）非等距节点分段直线校正法　　对于曲率变化大的曲线，若采用等距节点分段直线校正法进行非线性校正，要使最大误差满足要求，分段数 N 就会变得很大，各段误差大小不均匀。同时，N 增加，将使得 a_{1i} 和 a_{0i} 的数目相应增加，占用内存多。为了解决这个问题，可以采用非等距节点分段直线校正法，即在线性较好的部分节点间的距离取得大些，反之取得小些，从而使各段误差达到均匀分布。如图 7-10 所示，该曲线用不等分的 3 段折线校正可达到精度要求，若采用等距节点分段直线校正方法，至少要用 4～5 段折线校正。

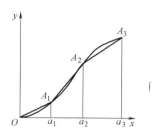

图 7-10　非等距节点分段直线校正

3 段非等距节点直线的数学表达式为

$$p_1(x) = \begin{cases} a_{11}x + a_{01} & 0 \leqslant x < a_1 \\ a_{12}x + a_{02} & a_1 \leqslant x < a_2 \\ a_{13}x + a_{03} & a_2 \leqslant x < a_3 \end{cases} \tag{7-24}$$

现用两段非等距节点直线校正法校正传感器的非线性，在表 7-1 所列的数据中取三点：（0，0）、（10.15，250）、（20.21，490），现用经过这 3 点的两个直线方程来代替整个表格，并可求得方程为

$$p_1(x) = \begin{cases} 24.63x & 0 \leqslant x < 10.15 \\ 23.86x + 7.85 & 10.15 \leqslant x < 20.21 \end{cases}$$

可以验证，利用这两个插值方程对表 7-1 所列的数据进行非线性校正，每一点的误差均不大于 2℃。最大误差发生在 130℃处，误差值为 1.278℃。

可见，非等距节点分段直线校正法可以大大提高传感器非线性的校正精度。对于非线性严重的特性曲线，必须合理确定分段段数和选择节点，才能保证校正精度，提高运算速度，减少占用的内存空间。

3. 利用最小二乘法进行非线性校正

利用最小二乘法进行非线性校正也在工程中得到了广泛应用。利用最小二乘法对实验数据进行直线拟合，用拟合直线表示输出和输入之间的线性关系，并满足允许的误差要求。这种方法可以消除实验数据中随机误差的影响。

仍以镍铬-镍铝热电偶非线性校正为例，取表 7-1 中的三点（0，0）、（10.15，250）、（20.21，490），与上述非等距节点分段直线校正法的数据相同。设两段直线方程分别为

$$y = a_{01} + a_{11}x \qquad 0 \leqslant x < 10.15$$

$$y = a_{02} + a_{12}x \quad 10.15 \leqslant x < 20.21$$

根据最小二乘法直线拟合的算法，由式（7-14）和（7-15）求得

$$a_{01} = -0.122 \quad a_{11} = 24.57 \quad a_{02} = 9.05 \quad a_{12} = 23.83$$

可以验证，第一段直线最大绝对误差发生在 130℃ 处，误差为 0.836℃，第二段直线最大绝对误差发生在 250℃ 处，误差为 0.925℃。与两段非等距节点分段直线校正法的校正结果相比较可以看出，采用最小二乘法所得到的校正方程的绝对误差较小。

7.2.4　温度误差的补偿

智能仪器中的放大器、模拟开关、A/D 转换器等各种集成电路及传感器，都会受温度的影响而产生温度误差，因此温度变化会影响整个仪器的性能指标。在智能仪器出现以前，电子仪器要采用各种硬件方法进行温度补偿，线路很复杂。由于智能仪器中有计算机，可以充分发挥软件的优势，利用各种算法进行温度补偿。为此，需要建立比较精确的温度误差数学模型，并采用相应的算法。另外，为了实现自动补偿，必须在仪器里安装测温元件，常用的测温元件是 PN 二极管、热敏电阻或 AD590 等，它们接在电路中，可将温度转换成电量，经信号调理电路、A/D 转换器转换成与温度有关的数字量 θ，利用 θ 的变化计算温度的补偿量。

表示仪器温度误差的数学模型，需要通过理论分析或实验来建立。如某些传感器采用如下较简单的数学模型

$$y_c = y(1 + a_0 \Delta\theta) + a_1 \Delta\theta \tag{7-25}$$

式中，y 为未经温度误差校正的测量值；y_c 为经温度误差校正后的测量值；$\Delta\theta$ 为实际工作环境温度与标准温度之差；a_0、a_1 为温度变化系数，其中 a_1 用于补偿零位漂移，a_0 用于补偿传感器灵敏度的变化。

7.3　随机信号的处理与分析

为了克服随机干扰引入的误差，可以采用硬件进行滤波。由于智能仪器中有计算机，可以用软件算法来实现数字滤波。数字滤波可以抑制有效信号中的干扰成分，消除随机误差，同时对信号进行必要的平滑处理，以保证仪表及系统的正常运行。

由于计算技术的飞速发展，数字滤波器在通信、雷达、测量、控制等领域得到广泛的应用，它具有如下的优点：

1）数字滤波是计算机的运算过程，不需要硬件，因此可靠性高，不存在阻抗匹配问题。而且可以对频率很高或很低的信号进行滤波，这是模拟滤波器所不及的。

2）数字滤波器是用软件算法实现的，因此可以使多个输入通道共用一个软件"滤波器"，从而降低仪表的成本。

3）只要适当改变软件滤波程序或运算参数，就能方便地改变滤波器特性，这对于低频、脉冲干扰、随机噪声特别有效。

尽管数字滤波器具有许多模拟滤波器所不具备的特点，但它并不能代替模拟滤波器。因为输入信号必须转换成数字信号后才能进行数字滤波，有的输入信号很小，而且混有干扰信号，所以必须使用模拟滤波器。另外，在采样测量中，为了消除混叠现象，往往在信号输入

端加抗混叠滤波器，这也是数字滤波器所不能代替的。可见，模拟滤波器和数字滤波器各有各的作用，都是智能仪器中不可缺少的器件。

智能仪器中常用的数字滤波算法有限幅滤波、中位值滤波、算术平均值滤波、滑动平均值滤波和低通数字滤波等。

7.3.1　限幅滤波

尖脉冲干扰信号随时可能窜入智能仪器中，使得测量信号突然增大，造成严重失真。对于这种随机干扰，限幅滤波是一种十分有效的方法。其基本方法是通过比较相邻（n 和 $n-1$ 时刻）的两个采样值 y_n 和 $\bar{y}_{n-1}$，如果它们的差值过大，超出了参数可能的最大变化范围，则认为发生了随机干扰，并视这次采样值 y_n 为非法值，予以剔除。y_n 作废后，可以用 $\bar{y}_{n-1}$ 代替 y_n，或采用递推的方法，由 $\bar{y}_{n-1}$、$\bar{y}_{n-2}$（$n-1$、$n-2$ 时刻的滤波值）来近似推出 y_n，其相应的算法为

$$\Delta y_n = |y_n - \bar{y}_{n-1}| \quad \begin{cases} \leqslant a & \bar{y}_n = y_n \\ > a & \bar{y}_n = \bar{y}_{n-1} \end{cases} \tag{7-26}$$

式中，a 为相邻两个采样值之差的最大可能变化范围。上述限幅滤波算法很容易用程序判断的方法实现，故也称程序判断法。

在应用限幅滤波时，关键在于 a 值的选择。过程的动态特性决定其输出参数的变化速度。因此，通常按照参数可能的最大变化速度 $v_{\max}$ 及采样周期 T 决定 a 值，即

$$a = v_{\max} T \tag{7-27}$$

下面用 MCS-51 程序实现式（7-26）给出的算法。

程序 7-6　限幅滤波子程序

说明： 设 DATA1 和 DATA2 为内部 RAM 单元，分别存放 $\bar{y}_{n-1}$ 和 y_n 滤波后返回滤波值。

```
float fliter(float * DATA1,float * DATA2)
{
  float x,y;
  float a = 0.5;


  x = abs( * DATA2 - * DATA1);          //计算 |y_n - ȳ_{n-1}|
  if(x > a)                             //差值比较
  {
     * DATA2 = * DATA1;
  }
  return y = * DATA2;                    //返回滤波值
}
```

7.3.2　中位值滤波

中位值滤波就是对某一被测参数连续采样 n 次（一般 n 取奇数），然后把 n 次采样值按大小排队，取中间值为本次采样值。中位值滤波能有效地克服因偶然因素引起的波动或仪器

不稳定引起的误码所造成的脉冲干扰。对温度、液位等缓慢变化的被测参数，采用这种方法能收到良好的效果；但对于流量、压力等快速变化的参数，一般不采用中位值滤波算法。

程序 7-7　中位值滤波子程序

说明：DPTR 为存放采样值的内存单元首地址，每个采样值占 1 个字节，N 为采样值的个数，滤波后返回滤波值。

```
int fliter(int *DPTR,int N)
{
    int i,j,k,temp;
    for(j =0;j <N-2;j ++)              //冒泡排序
    {
        for(i =0;i <N-j-1;i ++)
            if(*(DPTR+i) > *(DPTR+i +1))
            {
                temp = *(DPTR+i);
                *(DPTR+i) = *(DPTR+i +1);
                *(DPTR+i +1) =temp;
            }
    }
    return k = *(DPTR+(N-1)/2);       //取中间值返回
}
```

7.3.3　算术平均值滤波

算术平均值滤波就是连续取 n 个采样值进行平均。其数学表达式为

$$\bar{y} = \frac{1}{N}\sum_{i=1}^{N} y_i \tag{7-28}$$

算术平均值滤波法用于对一般具有随机干扰的信号进行滤波。这种信号的特点是围绕着一个平均值，在某一范围附近做上下波动。因此仅取一个采样值作为滤波值是不准确的。算术平均值滤波法对信号的平滑程度完全取决于 N。从理论上讲，在无系统误差的情况下，当 $N\to\infty$，其平均值趋近于最大期望值，但实际上 N 是有限的。当 N 较大时，平滑度高，灵敏度降低；当 N 较小时，平滑度低，灵敏度提高。应根据具体情况选取 N，既保证滤波效果，又尽量减少计算时间。

7.3.4　滑动平均值滤波

算术平均值滤波每计算一次数据，需测量 N 次。对于测量速度较慢或要求计算速度较高的实时系统，该方法是无法使用的。例如，某 ADC 芯片转换速率为 10 次/s，而要求每秒输入 4 次数据时，则 N 不能大于 2。下面介绍一种只需进行一次测量，就能得到一个新的算术平均值的方法——滑动平均值法。

滑动平均值法采用队列作为测量数据存储器，队列的长度固定为 N，每进行一次新的测

量，把测量结果放于队尾，扔掉原来队首的一个数据。这样在队列中始终有 N 个"最新"的数据。计算平均值时，只要把队列中的 N 个数据进行算术平均，就可以得到新的算术平均值。这样每进行一次测量，就可以计算得到一个新的算术平均值。

程序 7-8　滑动平均值滤波程序

说明：采用循环队列来实现滑动平均值滤波，该程序调用子程序 GETdata（根据具体情况自行编制）输入一个 X 值（3B 浮点数），然后把它放入一个长度为 16 的队列中；最后计算队列中 16 个数据的算术平均值，结果作为滑动平均滤波值送到滤波值处理子函数 Prosess 做进一步的处理。初始时，循环队列中各元素均为 0，指针也为队列首地址。插入一个数据 X 后，指针加 1。当指针等于 16 时，重新调整为队列首地址。

滑动平均值滤波程序如下：

```
main()
{
    int i,j = 0;
    float * DPTR,X,Y = 0;
    float dat[16] = 0;
    DPTR = &(dat[0]);

    while(1)
    {
      Y = 0;
      X = GETdata();                  //调用子程序输入 X

      if(j <16)                       //初始时元素入队列
      {
          *(DPTR + j * 3) = X;
          j = j +1;
      }
      else                            //新元素入队列
      {
          for(i =14;i > =0;i--)
          {
              *(DPTR + i * 3 +3) = *(DPTR + i * 3);
          }
          * DPTR = X;
      }

      for(i =0;i <16;i ++)            //队列元素累加
```

```
        {
            Y = Y + *(DPTR + i*3);
        }
        Y = Y/16;                        //计算新的平均值

        Prosess(Y);                      //调用滤波值处理程序
    }
}
```

7.3.5 低通数字滤波

若将普通硬件 RC 低通滤波器特性的微分方程用差分方程来表示，则可以用软件算法来模拟硬件滤波器的功能。简单的 RC 低通滤波器的传递函数可以写为

$$G(s) = \frac{Y(s)}{X(s)} = \frac{1}{\tau s + 1} \tag{7-29}$$

式中，$\tau = RC$ 为滤波器的时间常数。

由式（7-29）可以看出，RC 低通滤波器实际上是一个一阶滞后滤波系统。将式（7-29）离散可得其差分方程的表达式为

$$Y(n) = \alpha X(n) + (1 - \alpha)Y(n - 1) \tag{7-30}$$

式中，$X(n)$ 为本次采样值；$Y(n)$ 为本次滤波的输出值；$Y(n-1)$ 为上次滤波的输出值；$\alpha = 1 - e^{-T/\tau}$ 为滤波平滑系数，T 为采样周期。

采样周期 T 应远小于 τ，因此 α 远小于 1。由式（7-30）可以看出，本次滤波的输出值 $Y(n)$ 主要取决于上次滤波的输出值 $Y(n-1)$（注意，不是上次的采样值）。本次采样值对滤波的输出值贡献比较小，从而模拟了具有较大惯性的低通滤波功能。低通数字滤波对滤除变化非常缓慢的被测信号中的干扰十分有效。硬件模拟滤波器在处理低频时，电路实现很困难，而数字滤波器不存在这个问题。实现低通数字滤波算法的流程图如图 7-11 所示。

式（7-30）所表达的低通数字滤波算法与加权平均滤波有一定的相似之处。低通数字滤波算法中只有两个系数 α 和 $1 - \alpha$，并且式（7-30）的基本意图是加重上次滤波器的输出值，因而在输出过程中，任何快速的脉冲干扰都将被滤掉，仅保留缓慢的信号变化，故称为低通数字滤波。

假如将式（7-30）变化为

$$Y(n) = \alpha X(n) - (1 - \alpha)Y(n - 1) \tag{7-31}$$

则可实现高通数字滤波。

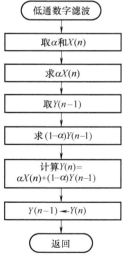

图 7-11　RC 低通数字滤波算法流程图

7.4 标度变换

智能仪器在测量过程中，通常首先采用传感器将外界的各种信号变换成模拟电信号，然

后将其转换为微处理器能接收的数字信号。由于被测对象的各种数据的量纲与 A/D 转换器的输入值不尽相同，这些参数经传感器和 A/D 转换后得到的二进制数码并不一定等于原来带有量纲的参数值，仅对应于参数值相对量的大小，因此必须将其转换成带有量纲的工程值后才可以进行运算和显示，这种转换过程即为标度变换。标度变换具有各种类型，它取决于被测参数传感器的传输特性。智能仪器设计过程中应根据实际要求来选用适当的标度变换方法。

标度变换通过一个关系式，用测量到的数字量表示出被测物理量的客观值，通常分为线性和非线性参数标度变换两种。

7.4.1 线性参数标度变换

线性参数标度变换是最常用的标度变换，其变换的前提条件是被测参数与 A/D 转换结果为线性关系。

线性标度变换的公式为

$$A_x = A_0 + (A_m - A_0) \frac{N_x - N_0}{N_m - N_0} \tag{7-32}$$

变换可得

$$\frac{A_x - A_0}{A_m - A_0} = \frac{N_x - N_0}{N_m - N_0} \tag{7-33}$$

式中，A_0 为测量仪表量程的下限；A_m 为测量仪表量程的上限；A_x 为实际测量值（工程量）；N_0 为仪表下限所对应的数字量；N_m 为仪表上限所对应的数字量；N_x 为测量值所对应的数字量。

为了简化程序设计，一般设下限 A_0 所对应的数字量 $N_0 = 0$，则式（7-33）可写为

$$A_x = A_0 + (A_m - A_0) \frac{N_x}{N_m} \tag{7-34}$$

在多数测量系统中，仪表量程的下限值 $A_0 = 0$，对应的 $N_0 = 0$，则式（7-34）可进一步简化为

$$A_x = A_m \frac{N_x}{N_m} \tag{7-35}$$

式（7-32）、式（7-34）、式（7-35）即为不同情况下的线性刻度仪表测量参数的标度变换公式。

7.4.2 非线性参数标度变换

一般情况下，非线性参数的变化规律各不相同，故其标度变换公式也需根据各自的具体情况建立。通常采用下述两种方法：按变化规律直接进行标度变换；先进行非线性校正，然后再进行线性标度变换。

下面举例介绍通过被测量各个参数间的关系来确定标度变换公式的方法。在流量测量中，流量与压差之间的关系为

$$Q = K\sqrt{\Delta P} \tag{7-36}$$

式中，Q 为流量；ΔP 为节流装置的压力差；K 为刻度系数，与流体的性质、节流装置的尺

寸有关。

可见，流体的流量与被测流体流过节流装置前后产生的压力差的二次方根成正比，由此可得测量流体时的标度变换公式为

$$Q_x = Q_0 + (Q_m - Q_0)\sqrt{\frac{N_x - N_0}{N_m - N_0}} \tag{7-37}$$

式中，Q_x 为被测流体的流量值；Q_m 为流量仪表的上限值；Q_0 为流量仪表的下限值，N_x 为所测得的压力差的数字量；N_m 为压力差上限所对应的数字量；N_0 为压力差下限所对应的数字量。

Q_m、Q_0、N_m、N_0 均为常数，令

$$K_1 = \frac{Q_m - Q_0}{\sqrt{N_m - N_0}} \tag{7-38}$$

则有

$$Q_x = Q_0 + K_1\sqrt{N_x - N_0} \tag{7-39}$$

若取 $N_0 = 0$，则

$$Q_x = Q_0 + K_1\sqrt{N_x} \tag{7-40}$$

7.5 软测量技术

在实际生产与过程控制中，某些变量很难直接通过传感器进行测量，需要基于多个可测变量的实时测量值，应用数学模型或代数函数对其进行估计，这种间接测量方法的重要发展方向之一即是软测量技术。软测量技术的理论根源是基于软仪表的推断控制，其基本思想是采集过程中比较容易测量的辅助变量，通过构造推断估计器来估计并克服扰动和测量噪声对主导变量的影响。软测量技术体现了估计器的特点。估计器的设计是根据某种最优准则，选择一种即与主导变量有密切联系又容易测量的辅助变量，通过构造某种数学关系，实现对主导变量的在线估计。软测量技术除了能测量主导变量，还可以对一些反映过程特性的工艺参数做出估计。

软测量仪表是多输入多输出型智能仪器，它可以是专用仪表，也可以是由用户进行编程的通用仪表，其本质采用面向对象的实现方法，可通过编程或组态来实现软测量数学模型，通过编程器或组态操作方便地对模型参数进行修改，进而取代某些价格较贵且难以维护的传统仪器。

7.5.1 软测量技术的应用条件

软测量技术主要由四个相关要素组成：中间辅助变量的选择；数据处理；数学模型的建立；软测量模型的在线校正。其中软测量模型的建立是软测量技术最重要的组成部分。

1. 中间辅助变量的选择

1）从间接质量指标出发进行中间辅助变量类型的选择，即应选择那些对被估变量的输出具有较大影响且变化较大的中间辅助变量。从工艺上分析，这些中间辅助变量对估计值的影响不能被忽略。

2）根据系统的机理和需要确定中间辅助变量的数量，应根据软测量采用的系统建模方法及其机理，结合具体过程进行分析。

3）采用奇异值分解或工业控制仿真软件等方法进行检测点的选取。在使用软测量技术时，检测位置对模型的动态特性有一定影响。因此，对输入中间辅助变量各个检测点的检测方法、位置和仪表精确度等需要有一定要求。

2. 数据处理

由于工业现场采集的数据具有一定的随机性，数据预处理主要是消除突变噪声和周期性波动噪声的污染。为提高数据处理的精确度，除去随机噪声，可采用数据平滑化方法，如时域平滑滤波和频域滤波法等。

根据软测量采用的系统建模方法及其机理的不同，须对预处理后的数据进行二次处理。如采用神经网络方法进行系统建模时，需要对预处理后的数据进行归一化处理；采用模糊逻辑方法进行系统建模时，需要对预处理后的数据进行量化处理。

3. 数学模型的建立

在软测量技术发展过程中，推理控制模型经历了从线性到非线性过程。线性软测量模型一般建立在卡尔曼滤波理论的基础上，这类方法对模型误差和测量误差很敏感，很难处理严重非线性过程；而非线性软测量模型则采用许多当前的前沿技术，可采用机理建模、统计回归建模、模糊建模及神经网络建模等人工智能方法。人工智能技术因无须对象精确的数学模型而成为软测量技术中数学建模的有效方法。在实际应用中，可具体分析工业过程系统的特点，综合上述两种或多种方法进行系统建模。

4. 软测量模型的在线校正

由于测量过程的随机噪声和不确定性，所建数学模型与实际对象间有误差，如果误差大于工艺允许的范围时，应对数学模型进行校正。校正方法可以是自学习方法，也可以根据当前数据进行重新建模。采用卡尔曼-布西观测器进行状态估计时，可通过闭环校正进行数学模型修正。

软测量技术与其他技术互相促进，不断提出新的问题，如最优过程变量数目的选择、推理估计器（软传感器）的优化设计等。

7.5.2　软测量技术的建模方法

软测量技术的核心问题是其数学模型的建立，即建立待估计变量与其他直接测量变量间的关联模型。软测量建模的方法多种多样，且各种方法互相交叉，有相互融合的趋势，因此很难有清晰而全面的分类方法。

目前，软测量建模方法一般可分为机理建模、回归分析、状态估计、模式识别、人工神经网络、模糊数学、基于支持向量机（SVM）和核函数的方法、过程层析成像、相关分析和现代非线性系统信息处理技术等。这些方法都不同程度地应用于软测量实践中，具有各自的优缺点及适用范围。下面简要介绍机理建模、回归分析、状态估计三种软测量建模方法。

1. 基于工艺机理分析的软测量建模

基于工艺机理分析的软测量建模主要是运用化学反应动力学、物料平衡、能量平衡等原理，通过对过程对象的机理分析，找出不可测主导变量与可测辅助变量之间的关系（建立机理模型），从而实现对某一参数的软测量。对于工艺机理较为清楚的工艺过程，该方法能构造出性能良好的软仪表。但是对于机理研究不充分、尚不完全清楚的复杂工业过程，该方法则难以建立合适的机理模型，此时就需要结合其他参数估计方法才能构造软仪表。基于工艺机理分析的软测量建模方法是工程中常用的方法。其特点是简单、工程背景清晰、便于实际应用，但应用效果依赖于对工艺机理的了解程度。由于这种软测量方法是建立在对工艺过程机理深刻认识的基础上，因此建模的难度较大。

2. 基于回归分析的软测量建模

经典的回归分析是一种建模的基本方法，应用范围相当广泛。以最小二乘法原理为基础的一元和多元线性回归技术目前已相当成熟，常用于线性模型的拟合。对于辅助变量较少的情况，一般采用多元线性回归中的逐步回归技术，以获得较好的软测量模型；对于辅助变量较多的情况，通常需要借助机理分析法，首先获得模型各变量组合的大致框架，然后再采用逐步回归方法获得软测量模型。为简化模型，也可采用主元回归分析（PCR）法和部分最小二乘回归（PISR）法等方法。基于回归分析的软测量建模方法简单实用，但需要足够有效的样本数据，而且存在对测量误差较为敏感且模型物理量概念不明了的缺点。

3. 基于状态估计的软测量建模

如果系统主导变量作为系统的状态变量是完全可观的，那么软测量建模问题就转化为典型的状态观测和状态估计问题。基于状态估计的软仪表由于可以反映主导变量和辅助变量之间的动态关系，因此，有利于处理各变量间动态特性的差异和系统滞后等情况。这种软测量建模方法的缺点在于对复杂的工业过程，常常难以建立系统的状态空间模型，这在一定程度上限制了该方法的应用。同时在许多工业生产过程中，常常会出现持续缓慢变化的不可测的扰动，在这种情况下采用基于状态估计的软测量建模方法可能会带来显著的误差。

思考题与习题

1. 试述几种线性表查表方法。
2. 试述链表的插入、删除和查找原理。
3. 简述两种系统误差模型的建立方法。
4. 进行非线性特性校正时，一般有哪几种方法？
5. 试述仪器零位误差和增益误差的校正方法。
6. 采用数字滤波算法克服随机误差具有哪些优点？
7. 常用的数字滤波方法有哪些？说明各种滤波算法的特点和使用场合。
8. 简述标度变换的意义与常用方法。
9. 简述软测量技术的应用条件与常用建模方法。

▶ 第 8 章

智能仪器的自检、自校准和量程自动转换

为了保障仪器可靠准确地工作，智能仪器对自身的故障进行自动检测，及时发现故障、排除故障。智能仪器的自校准功能可极大地提高测量精度，量程自动转换可以实现仪器操作的自动化。本章主要介绍智能仪器的自检、自校准和自动测量中常用的量程自动转换方法。

8.1 智能仪器的自检

仪器产生故障的因素很多，外部因素有强电磁场的冲击、电网电压的冲击、机械振动、温度湿度的变化等对仪器的作用。另外，使用和维护不当也可能引起仪器的接插件、内部元器件和电路板的短路、击穿、断路、接触不良等，使仪器损坏或失效。从内部因素看，随着时间的变化，仪器内部元器件和电路板的老化引起其性能下降和参数变化，这种变化超过一定的容限时就会形成仪器故障。此外，和传统仪器不同，智能仪器除硬件故障外还可能出现软件故障。

对待故障的策略就是检测故障，在故障发生时或发生前及时发现，及时排除，从而使仪器可靠地工作。所谓自检就是利用事先编制好的检测程序对仪器的主要部件进行自动检测，并对故障进行定位。自检功能给智能仪器的使用和维修带来很大的方便。

8.1.1 自检内容

智能仪器的自检主要针对以下部件：

1）仪器的数字电路部件，包括中央处理器（CPU）、存储器（RAM、ROM、EPROM）、输入输出接口、逻辑控制电路及总线等。

2）仪器的模拟电路部件，包括模拟量输入通道、模拟量输出通道、电源及标准参考源等。

3）仪器的软件部分。

在自检过程中，如果检测仪器出现某些故障，则智能仪器的显示器将以文字或数字的形式显示出错代码，出错代码通常以"Error X"字样表示，其中"X"为故障代号，操作人员根据出错代码，查阅仪器手册便可确定故障内容。仪器除了给出故障代号之外，往往还会给出指示灯闪烁或者音响报警信号，以提醒操作人员注意。

8.1.2 自检方式

智能仪器的自检方式有四种类型，即开机自检、周期性自检、键盘自检和连续监控。

（1）开机自检 开机自检是对仪器正式投入运行之前所进行的全面检查，在仪器电源

接通或复位之后进行。在自检过程中，如果没发现问题，就自动进入测量程序；如果发现问题，则及时报警，以避免仪器"带病"工作。

（2）周期性自检　周期性自检是在仪器运行过程中，间断插入的自检操作。这种自检方式可以保证仪器在使用过程中一直处于正常状态。周期性自检不影响仪器的正常工作，因而只有当出现故障给予报警时，用户才会觉察。

（3）键盘自检　键盘自检是通过按动仪器面板上的"自检"按键实现的。当用户对仪器的可信度发生怀疑时，便通过该键来启动一次自检过程。仪器面板上若不设"自检"按键，则不能进行键盘自检。

（4）连续监控　连续监控需要在仪器内设有专门电路或者检错码，实时监视仪器运行状态，一旦出现某种故障，就停止仪器工作，转入出错处理。

8.1.3　自检实例

下面介绍智能仪器中常用部件的自检实例和软件程序设计。

1. ROM 或 EPROM 的自检

ROM 中存储有仪器的控制软件，因而对 ROM 的检测至关重要。ROM 故障的测量算法常采用校验和算法，具体做法是：在将程序机器码写入 ROM 时，保留一个单元（一般是最后一个单元），此单元不写程序机器码，而是写校验字，校验字应能满足 ROM 中所有单元的每一列都具有奇数个"1"。自检程序的内容是：对每一列数进行异或运算，如果 ROM 无故障，各列的运算结果都应为"1"，即校验和等于 FFH，见表 8-1。

表 8-1　校验和算法

ROM 地址	ROM 中的内容								
0	1	1	0	1	0	0	1	0	
1	1	0	0	1	1	0	0	1	
2	0	0	1	1	1	1	0	0	
3	1	1	1	1	0	0	1	1	
4	1	0	0	0	0	0	0	1	
5	0	0	0	1	1	1	1	0	
6	1	0	1	0	1	0	1	0	
7	0	1	0	0	1	1	1	0	（校验字）
	1	1	1	1	1	1	1	1	（校验和）

理论上，校验和算法不能发现同一位上的偶数个错误，但是这种错误的概率很小，一般可以不予考虑。若要考虑，必须采用更复杂的校验方法。

2. RAM 的自检

数据存储器 RAM 是否正常的测量算法，是通过检验其读/写功能的有效性来体现的。通常选用特征字 55H（01010101B）和 AAH（10101010B）分别对 RAM 每个单元进行先写后读的操作，其自检流程如图 8-1 所示。

判别读/写内容是否相符的常用方法是异或法，即把 RAM 单元的内容求反并与原码进行异或运算，如果结果为 FFH，则表明该 RAM 单元读/写功能正常；否则，说明该单元有故

障，最后再恢复原单元内容。上述检验属于破坏性
检验，只能用于开机自检。

3. 总线的自检

许多智能仪器中的微处理器总线都是经过缓冲
器再与各 I/O 器件和插件等相连接，这样即使缓冲
器以外的总线出了故障，也能维持微处理器正常工
作。这里所谓总线的自检是指对经过缓冲器的总线
进行检测。由于总线没有记忆能力，因此设置了两
组锁存触发器，用于分别记忆地址总线和数据总线
上的信息。只要执行一条对存储器或 I/O 设备的写
操作指令，地址线和数据线上的信息便能分配到两
组 8D 触发器（地址锁存触发器和数据锁存触发器）
中，通过对这两组锁存触发器分别进行读操作，便
可判知总线是否存在故障。总线检测电路如图 8-2
所示。

总线自检程序应该对每一根总线分别进行检测。
具体做法是使被检测的每根总线依次为 1 态，其余
总线为 0 态。如果某总线停留在 0 态或 1 态，说明有
故障存在。总线故障一般是由于印制电路板工艺不
佳使两线相碰等原因。需要指出的是，存有自检程序的 ROM 芯片与 CPU 的连线应不通过缓

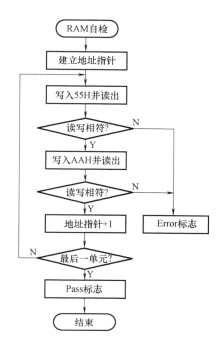

图 8-1　RAM 自检流程

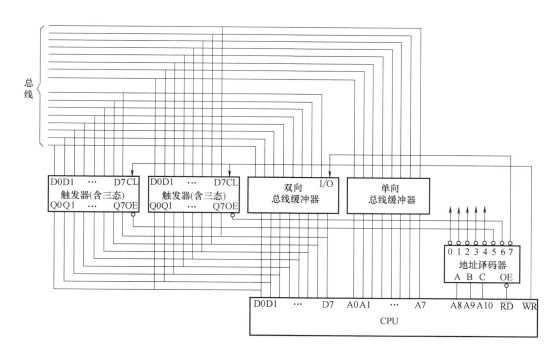

图 8-2　总线检测电路

冲器；否则，若总线出现故障，便不能进行自检。

4. 显示器与键盘的自检

智能仪器显示器、键盘等 I/O 设备的检测往往采用与操作者合作的方式进行。检测程序的内容如下：先进行一系列预定的 I/O 操作，然后操作者对这些 I/O 操作的结果进行验收，如果结果与预先的设定一致，就认为功能正常；否则，应对有关 I/O 通道进行检修。

键盘检测的方法：CPU 每取得一个按键闭合的信号，就反馈一个信息。如果按下某单个按键无反馈信息，往往是因为该键接触不良；如果按下某一排键均无反馈信号，则一定与对应的电路或扫描信号有关。

显示器的检测一般有两种方式：一种是让各显示器全部发亮，即显示出"888……"，若能显示，表明显示器各发光段均能正常发光，操作人员只要按任意键，显示器应全部熄灭片刻，然后脱离自检方式进入其他操作；第二种方式是让显示器显示某些特征字，几秒钟后自动进入其他操作。

5. 自检程序设计

上面介绍的各自检项目一般应该分别编成子程序，以便需时调用。设各段子程序的入口地址为 TSTi（i = 0，1，2，…)，对应的故障代号为 TNUM（0，1，2，…）。编程时，由序号通过表 8-2 中的测试指针表（TSTPT）来寻找某一项自检子程序入口，若检测有故障发生，便显示其故障代号 TNUM。对于周期性自检，由于它是在测量间隙进行，为了不影响仪器的正常工作，有些周期性自检项目不宜安排，如显示器周期性自检、键盘周期性自检、破坏性 RAM 周期性自检等。而对开机自检和键盘自检则不存在这个问题。

表 8-2　测试指针表

测 试 指 针	入 口 地 址	故 障 代 号	偏 移 量
TSTPT	TST0	0	偏移 = TNUM
	TST1	1	
	TST2	2	
	TST3	3	
	⋮	⋮	

一个典型的含自检的智能仪器的操作流程如图 8-3 所示。其中开机自检被安排在仪器初始化之前进行，检测项目尽量多选。周期性自检 STEST 被安排在两次测量循环之间进行，由于允许两次测量循环之间的时间间隙有限，所以一般每次只插入一项自检内容，多次测量之后才能完成仪器的全部自检项目。图 8-4 给出了能完成上述任务的周期性自检子程序的操作流程图。根据故障代号 TNUM 进入 TSTPT 表取得子程序 TSTi 并执行之。如果发现有故障，就进入故障显示操作。故障显示操作一般首先熄灭全部显示器，然后显示故障代号 TNUM，提醒操作人员仪器已有故障。当操作人员按下任意键后，仪器就退出故障显示（有些仪器设计在故障显示一定时间之后自动退出）。无论故障发生与否，每进行一项自检，就使 TNUM 加 1，以便在下一次测量间隙中进行另一项自检。

上述自检软件的编程方法具有一般性，由于各类仪器功能及性能差别很大，一台智能仪器实际自检算法的制定应结合各自的特点来考虑。

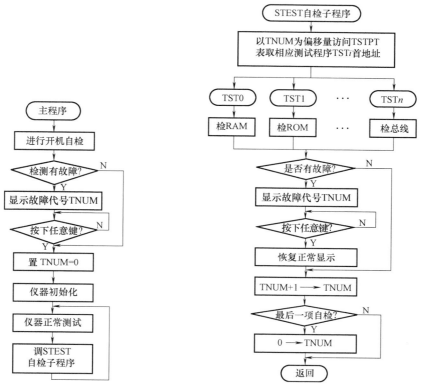

图 8-3 含自检的智能仪器操作流程图　　图 8-4 周期性自检子程序的操作流程图

8.2 智能仪器的自校准

与传统仪器的手动校准不同，由于智能仪器都是可程控的，在控制器的程控命令指挥下，校准完全可以自动进行。智能仪器的自校准分为内部校准和外部校准两种方式。

8.2.1 仪器的系统误差及其校准

仪器准确度用测量误差来衡量，测量误差包括偶然误差和系统误差。偶然误差主要是由于周围环境和仪器内部的偶然因素的作用造成的。为了减小偶然误差，除了要稳定测量环境外，还要在规定条件下对被测量进行多次测量，再利用统计方法对测量数据进行平均和滤波处理。系统误差是由于仪器内部和外部的固定不变或按确定规律变化的因素的作用造成的，可利用校准的方法来减小仪器的系统误差。所谓校准有两种不同的实现方法：一种方法是根据系统误差的变化规律，采用一定的测量方法或计算方法，将系统误差从仪器的测量结果中扣除；另一种方法是考虑到准确度等级高的仪器其系统误差小，因此，可用准确度等级高的标准仪器去修正准确度等级低的被校仪器。有如下两种方案可供选择：

1）采用同类型的准确度等级高的标准仪器，如图 8-5 所示。校准时，标准仪器和被校仪器同时测量信号源输出的一个信号，标准仪器的显示值作为被测信号的真值，它与被校仪器显示值的差值即为该仪器的测量误差。由小到大调节标准信号源的输出，可以获得仪器在所有测量点上的校准值。

2）采用准确度等级高的可步进调节输出值的标准信号源，如图 8-6 所示。校准时，信号源的示值作为真值，它与被校仪器示值的差值就是该仪器的测量误差。从小到大调节标准信号源的输出，就可以测量出被校仪器在所有测量点上的校准值。

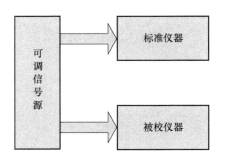

图 8-5　用同类型标准仪器进行比对校准　　　　　　图 8-6　用标准信号源进行校准

8.2.2　仪器内部自动校准

仪器内部自动校准技术是利用仪器内部微机和内附的校准源消除环境因素对测量准确度的影响，补偿工作环境的变化。它根据系统误差的变化规律，使用一定的测量方法或计算方法来扣除系统误差。仪器内部自动校准不需要任何外部设备和连线，只需要按要求启动内部自动校准程序即可完成自动校准。下面介绍常用的仪器内部自动校准的方法。

1. 输入偏置电流自动校准

输入放大器是高精度智能仪器仪表的常用部件之一，应保证仪器的高输入阻抗、低输入偏置电流和低漂移性能，否则会给测量带来误差。例如，数字多用表为了消除输入偏置电流带来的误差，设计了输入偏置电流的自动补偿和校准电路。如图 8-7 所示，在仪器输入高端和低端连接一个带有屏蔽的 10MΩ 电阻盒，输入偏置电流 I_b 在该电阻上产生电压降，经 A/D 转换后存储于非易失性校准存储器内，作为输入偏置电流的修正值。在正常测量时，微处理器根据修正值选出适当的数字量到 D/A 转换器，经输入偏置电流补偿电路产生补偿电流，抵消 I_b，从而消除仪器输入偏置电流带来的测量误差。

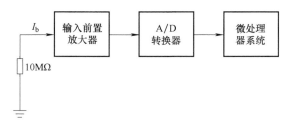

图 8-7　输入偏置电流自动校准原理图

2. 零点漂移自动校准

仪器仪表零点漂移是造成零点误差的主要原因之一。智能仪器可自动进行零点漂移校准。智能仪器做零点校准时，需中断正常的测量过程，把输入端短路（使输入为零），这时包括传感器在内整个仪器的输入通道的输出为零位输出。但由于存在零点漂移误差，使仪器的输出值并不为零。根据整个仪器的增益，将仪器的输出值折算成输入通道的零位输入值，并把这一零位输入值存在内存单元中。在正常测量过程中，仪器在每次测量后均从采样值中减去原先存入的零位值，从而实现了零点校准。这种零点校准法已经在智能化数字电压表、数字欧姆表等仪器中得到广泛的应用。需要特别注意的是，在使用校准源进行零点漂移自动校准前，一般应分别执行正零点和负零点漂移的校准，并同时存储于校准存储器中。

3. 增益误差自动校准

在智能仪器的测量输入通道中，除了存在零点漂移外，放大器的增益误差及器件的不稳定因素也会影响测量数据的准确性，因而必须对这类误差进行校准。增益误差自动校准的基本思想是：在仪器开机后或每隔一定时间测量一次基准参数，如数字电压表测量基准电压和接地零电压，然后用前面介绍的建立误差校正模型的方法，确定并存储校正模型的参数。在正式测量时，根据测量结果和校正模型求校准值。增益误差自动校准原理如图 8-8 所示。

图 8-8 中，输入部分有一个多路开关，由仪器内的微机控制。校准时先把开关接地，测出这时的输出 x_0，然后把开关接到基准电压 U_R，测量输出值 x_1，并将 x_0 和 x_1 存入内存中。

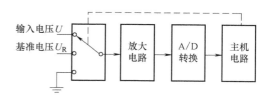

图 8-8 增益误差自动校准原理

校准的关键在于建立系统误差模型。系统误差模型的数学表达式中含有若干个表示误差的系数，为此需要通过校准方法确定这些系数。例如，设信号测量值和实际值呈线性关系，利用图 8-8 分别测量标准电源 U_R 和接地短路电压信号，由此获得误差方程组为

$$\begin{cases} U_R = a_1 x_1 + a_0 \\ 0 = a_1 x_0 + a_0 \end{cases} \tag{8-1}$$

式中，x_1、x_0 为两次的测量值。

解方程组可得

$$\begin{cases} a_1 = \dfrac{U_R}{x_1 - x_0} \\ a_0 = \dfrac{U_R x_0}{x_0 - x_1} \end{cases} \tag{8-2}$$

从而得到校准方程为

$$y = \frac{U_R (x - x_0)}{x_1 - x_0} \tag{8-3}$$

对于任何输入电压 U，可以利用校准方程式（8-3）对测量结果进行校准，从而消除仪器零点漂移和增益误差。

8.2.3 仪器外部自动校准

仪器外部自动校准通常采用高精度的外部标准。在进行外部校准时，仪器校准常数要参照外部标准来调整。例如，一些智能仪器只需要操作者按下"自动校准"按键，仪器显示屏便提示操作者应输入的标准电压；操作者按提示要求将相应标准电压加到输入端之后，再按一次键，仪器就进行一次测量，并将标准量（或标准系数）存入到校准存储器；然后，

显示器提示下一个要求输入的标准电压值，再重复上述测量存储过程。当完成预定的校准测量之后，校准程序还能自动计算每两个校准点之间的插值公式的系数，并把这些系数也存入校准存储器，这样就在仪器内部固定存储了一张校准表和一张插值公式系数表。在正式测量时，它们将同测量结果一起形成经过修正的准确测量值。校准存储器可以采用 E^2PROM 或 Flash ROM，以确保断电后数据不丢失。

外部校准一旦完成，新的校准常数就被保存在测量仪器存储器的被保护区域内，且用户无法改变，保护了由于偶然的调整对校准完整性的影响。由制造商提供相应的校准流程和在基于计算机的测量仪器装置上进行外部校准所必需的校准软件。

8.3　智能仪器的量程自动转换

许多智能仪器的输入信号动态范围很大，为了保证系统的测量精度，需要设计量程的自动转换功能。量程自动转换电路可以采用微机控制程控增益放大器的方法来实现，也可以通过控制模拟开关的切换来实现。

8.3.1　基本要求

量程自动转换是大多数通用智能测试仪器的基本功能。量程自动转换功能是指根据被测量的大小自动选择合适量程，以保证测量值有足够的分辨力和准确度。除此之外，量程自动转换还应满足以下基本要求：

1. 尽可能高的测量速度

量程自动转换的测量速度是指根据被测量的大小自动选择合适量程并完成一次测量的速度。例如，在测量某一被测量时，发现被测量已超过该量程的满度（升量程阈值），则立刻回到最高量程进行一次测量，将测量结果与各量程的降量程阈值相比较，寻找合适的量程。因而，在发生超量程时，只需经过一次最高量程的测量，即可找到正确的量程。而在降量程（读数小于正在测量的量程的降量程阈值）时，只需将读数直接同较小量程的降量程阈值进行比较，即可找到正确的量程，而无须逐个量程进行测量。此外，在大多数情况下，被测量并不一定会经常发生大幅度变化。所以，一旦选定合适的量程，应该在该量程继续测量下去，直到发现过载或被测量低于降量程阈值。

2. 确定性

量程自动转换的确定性是指在升、降量程时，不应该发生在两个相邻量程间反复选择的现象。这种现象的出现是由于分档差的存在。例如，某一电压表20V量程档存在着负的测量误差，而2V档又存在着正的测量误差。那么，在升降量程转换点附近就有可能出现反复选择量程的现象。假设被测电压为2V，在20V档读数可能为1.999V，低于满度值的1/10，理应降量程到2V档进行测量。但是，2V档读数为2.002V，超过满度值，应该升至20V档进行测量。于是就产生了两个相邻量程间的反复选择，造成被选量程的不确定性。

量程选择的不确定性可以通过给定升降阈值回差的方法来解决。通常可采用减小降量程阈值的方法。例如，降量程阈值选取满度值的9.5%而不是10%，升量程阈值为100%。这样，只要两个相邻量程的测量误差绝对值之和不超过0.5%，就不会造成被选量程的不确定性。

3. 安全性

由于每次测量并不都从最高量程开始，而是在选定量程上进行，因此不可避免地会发生被测量超过选定量程的最大测量范围，甚至达到仪器的最大允许值。这种过载现象必须经过一次测量后才能发觉。因此，量程输入电路必须具有过载保护能力。当过载发生时，至少在一次测量过程中应仍能正常工作，并且不会损坏。

8.3.2 量程自动转换电路举例

量程自动转换电路随其用途有多种不同的形式，但就其组成来说可分成衰减器、放大器、接口及开关驱动三部分。图 8-9 为电压量程自动转换电路图。

图 8-9 电压量程自动转换衰减电路具有 1 和 100 两种衰减系数。当 K_1 被激励时，切向 A 端，衰减系数为 100；当激励消失时，切向 B 端，衰减系数为 1。K_2 控制前置放大器的放大倍数。当 K_2 被激励时，开关切向 C 端，放大器增益为 1；反之，为 10。K_3 切换放大器输出，当 K_3 被激励时，放大器输出电压被衰减 10 倍；否则，直接输出。使用这三个开关的不同组合，该电路具有 200mV、2V、20V、200V 和 2000V 五个量程。各量程下的开关动作状态见表 8-3。当运算放大器为理想放大器，且具有 ±20V 线性增益范围，电阻比值为 $R_1/R_3 = 99$ 和 $R_5/R_6 = 9$ 时，按表 8-3 的动作状态，无论哪个量程电路都将输出 ±2V 的满度电压。

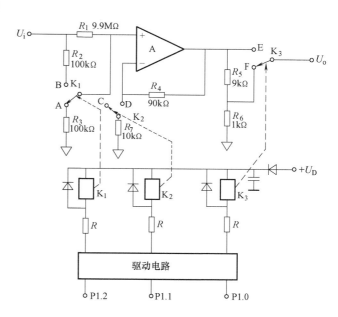

图 8-9　电压量程自动转换电路

表 8-3　各量程开关动作状态

量　　程	开　　关		
	K_1	K_2	K_3
	开关状态		
200mV	B	D	F
2V	B	C	F
20V	B	C	E
200V	A	C	F
2000V	A	C	E

量程转换电路中的切换开关通常使用继电器作为高压衰减部分的切换开关，而低压部分则通常使用模拟开关。量程自动转换电路接口实质上是一个开关控制接口，无论使用何种开

关，其接口电路的方式基本相同，所不同的只是驱动电路。图 8-9 电压量程自动转换电路接口使用 MCS-51 单片机的 3 个位输出口，驱动电路采用反向输出形式，当单片机某个位输出口输出为"1"时，该位继电器开关被激励。

8.3.3 量程自动转换电路的控制

以图 8-9 电压量程自动转换电路为例，其后续 A/D 转换电路若具有 4 位半有效读数，且各相邻量程分档误差的绝对值之和小于 0.5%，则各量程升降量程阈值见表 8-4。自动转换程序流程如图 8-10 所示。

表 8-4 量程自动转换阈值

n	量程	升量程阈值 UL_n/V	降量程阈值 DL_n/V	现行量程激励码
5	2000 V	2000.0	195.00	XXXXX000
4	200 V	200.00	19.500	XXXXX001
3	20 V	20.000	1.9500	XXXXX100
2	2 V	2.000.0	0.1950	XXXXX101
1	200 mV	0.20000	0.00000	XXXXX111

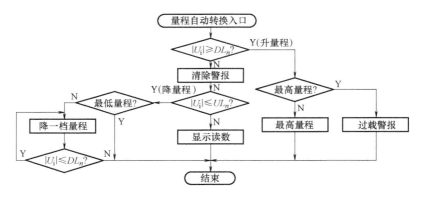

图 8-10 量程自动转换程序流程

量程自动转换由主程序完成一次测量后调用。该程序被调用时，将根据最新的测量数据与当前量程的阈值进行比较。若当前量程合适，则显示测量读数后返回主程序。反之，则进行量程选择，找到新的合适量程后返回主程序。下一次测量就在新选择的量程下进行。整个流程分为三条支路，分别是降量程、保护现行量程和升量程。

当测量读数小于当前量程降量程阈值，即 $|U_i| < DL_n$ 时，实施降量程操作。降量程操作采用逐档阈值比较，直到读数大于阈值，即 $|U_i| > DL_n$ 时为止。由于最低量程降量程阈值为零，所以总能找到合适的量程。

当 $|U_i| > UL_n$ 时，程序进入升量程支路，升量程采用一次置到最高量程的方法，也就是说，每当发生超载后的第一次测量总在最高量程下进行。若最高量程并非为合适量程，那么在下一次量程自动转换程序被调用时，会自动实施降量程操作并找到合适量程。这种方法的好处在于能通过一次中间测量即可找到合适量程，而且输入电路的过载时间最短，仅为一次测量时间。

8.3.4 量程自动转换电路的过载保护

对于具备量程自动转换的仪器，过载是不可避免的，其最大过载可达仪器的最低量程和最高量程满度值之比。如图 8-9 所示，电路最大过载为 10000 倍，即在 200mV 量程下，输入达 2000V，在这样高的过载情况下，如果没有保护，器件则很快会被损坏。因此，量程转换电路中必须采取过电压和过电流保护措施。

思考题与习题

1. 为什么智能仪器要具备自检功能？自检方式有几种？常见的自检内容有哪些？
2. 简述 ROM、RAM、总线、键盘、显示器自检的原理。
3. 智能仪器自校准有哪几种实现方式？简述每种实现方式的原理。
4. 以电压表为例，简述零点漂移自动校准和增益误差自动校准功能的实现过程。
5. 量程自动转换技术的基本要求有哪些？
6. 简述量程自动转换的原理。
7. 图 8-11 为一个由输入衰减器和放大器组成的量程自动转换原理电路（K_5 闭合时为自测试状态，本题中的问题是在 K_5 断开时进行）。K 为继电器开关，控制 100:1 衰减器接入；$K_5 \sim K_{10}$ 是场效应晶体管模拟开关，控制放大器的增益。继电器开关 K、$K_5 \sim K_{10}$ 在微机发出的控制信号的控制下，形成不同的通、断组合，构成 0.1V、1V、10V、100V 和 1000V 五个量程以及自动测试状态。

1）若后续 A/D 转换电路的输入范围为 0 ~ 3.2V，请分析各种组态（不同量程）时的开关状态，并给出当前状态下的电路放大倍数。

2）根据量程转换的基本要求设计五个量程时的电压输入范围（升、降量程阈值）。

3）设计电路，用微机控制实现量程的自动转换，并编写量程自动转换程序流程或编写程序。

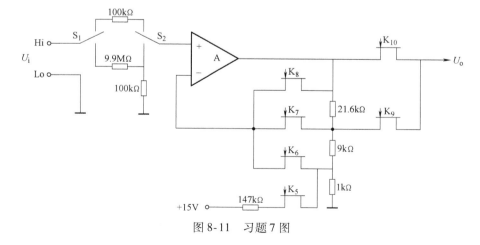

图 8-11 习题 7 图

第 9 章

智能仪器的抗干扰技术

智能仪器在使用中往往会受到各种各样的干扰，这些干扰有时会严重损坏仪器的器件或程序，导致仪器不能正常运行。因此，为了保证仪器能在实际应用中可靠地工作，需要充分考虑各种干扰并解决抗干扰的问题。本章介绍智能仪器的硬件和软件抗干扰技术。

9.1 常见干扰源分析

9.1.1 干扰的来源与特点

干扰的来源很多，性质也不一样。干扰窜入仪器主要有三个渠道：

（1）空间电磁场　通过电磁波辐射窜入仪器，如雷电、无线电波等。

（2）传输通道　各种干扰通过仪器的输入输出通道窜入，特别是长传输线受到的干扰更严重。

（3）配电系统　如来自市电的工频干扰，它可以通过电源变压器分布电容和各种电磁路径对测试系统产生影响。各种开关、晶闸管的开断，元器件的机械振动等都会对测试过程引起不同程度的干扰。

干扰的特点是来自测试系统外部，因此一般可以通过屏蔽、滤波或电路元器件的合理布局，电源线和地线的合理连接，引线的正确走向等措施加以减弱或消除。

9.1.2 干扰的主要耦合方式及路径

1. 直接耦合方式

直接耦合又称为传导耦合，是干扰信号经过导线直接传导到被干扰电路中而造成的对电路的干扰。它是干扰源与敏感设备之间主要的干扰耦合途径之一。

2. 公共阻抗耦合方式

公共阻抗耦合是当电路的电流流经一个公共阻抗时，一个电路的电流在该公共阻抗上形成的电压就会对另一个电路产生影响。如图 9-1 所示，公共阻抗耦合是噪声源和信号源具有公共阻抗时的传导耦合。

3. 电容耦合方式

电容耦合又称静电耦合或电场耦合，是指电位变化在干扰源与干扰对象之间引起的静电感应。计

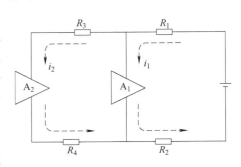

图 9-1　具有公共电源的公共阻抗耦合

算机控制系统电路的元件之间、导线之间、导线与元件之间都存在着分布电容，如果一个导体上的信号电压（或噪声电压）通过分布电容使其他导体上的电位受到影响，这样的现象就称为电容耦合。

图 9-2a 为平行布线的导线 A 和 B 之间电容耦合情况的示意图。图中 C_{AB} 为两导线之间的分布电容，C_{AD} 为 A 导线对地的分布电容，C_{BD} 为 B 导线对地的分布电容，R 为输入电路的对地电阻。

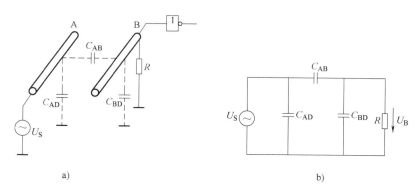

图 9-2   平行导线的电容耦合

a）电容耦合   b）等效电路

图 9-2b 为等效电路，其中 U_S 为等效的信号电压。若 ω 为信号电压的角频率，B 导线为受感线，则不考虑 C_{AD} 时，B 导线上由于耦合形成的对地噪声电压（有效值）U_B 为

$$U_B = \left| \frac{i\omega C_{AB}}{\dfrac{1}{R} + j\omega(C_{AB} + C_{BD})} \right| U_S \tag{9-1}$$

在下面两种情况下，可将式（9-1）简化。

1）当 R 很大时，即

$$R \gg \frac{1}{\omega(C_{AB} + C_{BD})} \tag{9-2}$$

则

$$U_B \approx \frac{C_{AB}}{C_{AB} + C_{BD}} U_S \tag{9-3}$$

可见，此时 U_B 与信号电压频率基本无关，而正比于 C_{AB} 和 C_{BD} 的电容分压比。显然，只要设法降低 C_{AB}，就能减小 U_B 值。因此，在布线时应增大两导线间的距离，并尽量避免两导线平行。

2）当 R 很小时，即

$$R \ll \frac{1}{\omega(C_{AB} + C_{BD})} \tag{9-4}$$

则

$$U_B \approx |j\omega R C_{AB}| U_S \tag{9-5}$$

可见，此时 U_B 正比于 C_{AB}、R 和信号电压幅值 U_S，而且与信号电压频率 ω 有关。因此，只要设法降低 R 值就能减小耦合受感回路的噪声电压。实际上，R 可看作受感回路的输入等效电阻，从抗干扰考虑，降低输入阻抗是有利的。

在数字电路的元件与元件之间、导线与导线之间、导线与元件之间、导线与结构件之间都存在着分布电容。假设 A、B 两导线的两端均接有门电路，如图 9-3 所示，当门 1 输出一个方波脉冲，而受感线（B 线）正处于低电平时，可以从示波器上观察到如图 9-4 所示的波形。

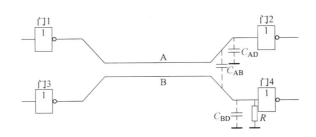

图 9-3　布线干扰

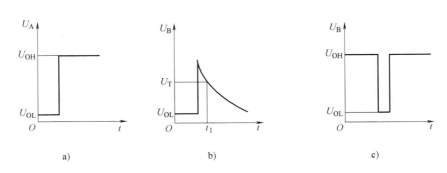

图 9-4　干扰脉冲

a) 门 1 的输出　b) 门 4 的输入　c) 门 4 的输出

图 9-4 中，U_A 为信号源，U_B 为感应电压。若耦合电容 C_{AB} 足够大，使得正脉冲的幅值高于门 4 的开门电平 U_T，脉冲宽度也足以维持使门 4 的输出电平从高电平下降到低电平，则门 4 就输出一个负脉冲，即干扰脉冲。

除以上介绍的干扰之外，还有其他一些干扰和噪声，如由印制电路板电源线与地线之间的开关电流和阻抗引起的干扰、元器件的热噪声、静电感应噪声等。在印制电路板上，两条平行导线间的分布电容为 $0.1 \sim 0.5 \mathrm{pF/cm}$，与靠在一起的绝缘导线间的分布电容有相同数量级。

4. 电磁感应耦合方式

电磁感应耦合又称磁场耦合。在任何载流导体周围空间中都会产生磁场。若磁场是交变的，则对其周围闭合电路产生感应电动势。图 9-5 为平行导线间的磁场耦合。

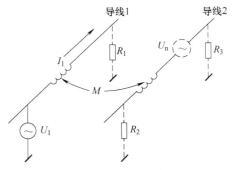

图 9-5　平行导线间的磁场耦合

5. 辐射耦合方式

当高频电流流过导体时，在该导体周围便产生电力线和磁力线，并发生高频变化，从而形成一种在空间传播的电磁波，处于电磁波中的导体便会感应出相应频率的电动势。电磁场辐射干扰是一种无规则的干扰，这种干扰很容易通过电源线传到系统中去。当信号传输线（输入线、输出线、控制线）较长时，它们能辐射干扰波和接收干扰波，称为天线效应，如图 9-6 所示。

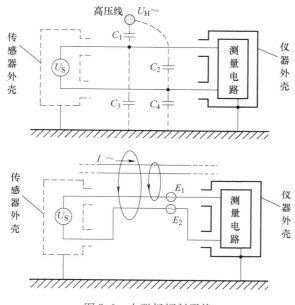

图 9-6 电磁场辐射干扰

6. 漏电耦合方式

漏电耦合是电阻性耦合方式。当相邻的元件或导线间的绝缘电阻降低时，有些电信号便通过这个降低了的绝缘电阻耦合到逻辑元件的输入端而形成干扰。

9.1.3 串模干扰与共模干扰

串模干扰是指干扰电压与有效信号串联叠加后作用到仪表上的信号，如图 9-7 所示。串模干扰通常来自于高压输电线、与信号线平行铺设的电源线及大电流控制线所产生的空间电磁场。来自传感器的信号线有时长达 $100\sim200\mathrm{m}$，干扰源通过电磁感应和静电耦

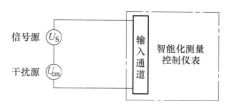

图 9-7 串模干扰示意图

合作用，加上如此之长的信号线，其感应电压数值是相当可观的。例如，一路电线与信号线平行铺设时，信号线上的电磁感应电压和静电感应电压分别可达毫伏级，而来自传感器的有效信号电压的动态范围通常仅有几十毫伏，甚至更小。

由此可知：由于测量控制系统的信号线较长，通过电磁和静电耦合所产生的感应电压有可能大到与被测有效信号相同的数量级，甚至比后者大得多；对测量控制系统而言，由于采样时间短，工频的感应电压也相当于缓慢变化的干扰电压。这种干扰信号与有效直流信号一

起被采样和放大，造成有效信号失真。

除了信号线引入的串模干扰外，信号源本身固有的漂移、纹波和噪声以及电源变压器不良屏蔽或稳压滤波效果不良等也会引入串模干扰。

共模干扰是指输入通道两个输入端上共有的干扰电压。这种干扰可以是直流电压，也可以是交流电压，其幅值可达几伏甚至更高，取决于现场产生干扰的环境条件和仪表的接地情况。在测控系统中，检测元件和传感器分散在生产现场的各个地方，因此，被测信号 U_s 的参考接地点和仪表输入信号的参考接地点之间往往存在一定的电位差 U_{cm}，如图9-8所示。可见，对于输入通道的两个输入端来说，分别有 $U_s + U_{cm}$ 和 U_{cm} 两个输入信号。显然，U_{cm} 是转换器输入端上共有的干扰电压，故称共模干扰电压。

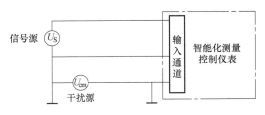

图9-8　共模干扰示意图

在测量电路中，被测信号有单端对地输入和双端不对地输入两种输入方式，如图9-9所示。对于存在共模干扰的场合，不能采用单端对地输入方式，因为此时的共模干扰电压将全部成为串模干扰电压，如图9-9a所示，必须采用双端不对地输入方式，如图9-9b所示。

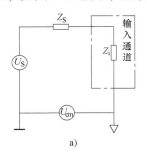 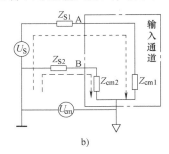

图9-9　被测信号的输入方式

a) 单端对地输入方式　b) 双端不对地输入方式

Z_S、Z_{S1}、Z_{S2}—信号源内阻　Z_i、Z_{cm1}、Z_{cm2}—输入通道的输入阻抗

由图9-9b可见，共模干扰电压 U_{cm} 对两个输入端形成两个电流回路（见图中虚线），每个输入端A、B的共模电压为

$$U_A = \frac{U_{cm}}{Z_{S1} + Z_{cm1}} Z_{cm1} \tag{9-6}$$

$$U_B = \frac{U_{cm}}{Z_{S2} + Z_{cm2}} Z_{cm2} \tag{9-7}$$

因此，在两个输入端之间呈现的共模电压为

$$
\begin{aligned}
U_{AB} &= U_A - U_B \\
&= \frac{U_{cm}}{Z_{S1} + Z_{cm1}} Z_{cm1} - \frac{U_{cm}}{Z_{S2} + Z_{cm2}} Z_{cm2} \\
&= U_{cm} \left(\frac{Z_{cm1}}{Z_{S1} + Z_{cm1}} - \frac{Z_{cm2}}{Z_{S2} + Z_{cm2}} \right)
\end{aligned}
\tag{9-8}
$$

如果此时 $Z_{S1} = Z_{S2}$、$Z_{cm1} = Z_{cm2}$，则 $U_{AB} = 0$ 表示不会引入共模干扰；但实际上上述条件无法满足，只能做到 Z_{S1} 接近于 Z_{S2}，Z_{cm1} 接近于 Z_{cm2}，因此 $U_{AB} \neq 0$。也就是说，实际上总存在一定的共模干扰电压。显然，Z_{S1}、Z_{S2} 越小，Z_{cm1}、Z_{cm2} 越大，并且 Z_{cm1} 与 Z_{cm2} 越接近，共模干扰的影响就越小。一般情况下，共模干扰电压 U_{cm} 总是转化成一定的串模干扰出现在两个输入端之间。

输入通道的输入阻抗通常由直流绝缘电阻和分布耦合电容产生的容抗决定。差分放大器的直流绝缘电阻可达到 $10^9\,\Omega$，工频寄生耦合电容可小到几 pF（容抗达 10^9 数量级），但共模电压仍有可能造成 1% 的测量误差。

9.1.4 电源干扰

除了串模干扰和共模干扰之外，还有一些干扰是从电源引入的。电源干扰一般有以下几种：

1）同一电源系统中的晶闸管器件通断时产生的尖峰，通过变压器一次侧和二次侧之间的电容耦合到直流电源中产生的干扰。

2）附近的继电器动作时产生的浪涌电压，由电源线经变压器级间电容耦合产生的干扰。

3）共用同一个电源的附近设备接通或断开时产生的干扰。

9.2 智能仪器硬件抗干扰技术

干扰是仪器仪表的大敌，它混在信号之中，会降低仪器的有效分辨能力和灵敏度，使测量结果产生误差。在数字逻辑电路中，如果干扰信号的电平超过逻辑元件的噪声容限电平，会使逻辑元件产生误动作，导致系统工作紊乱。干扰信号有时还会对程序的正常运行产生破坏性的影响。在实际运行环境中，噪声和干扰是不可避免的，随着工业自动化技术的发展，许多仪器仪表需要在干扰很强的现场运行，因此如何提高智能仪器的抗干扰能力，保证仪器在规定条件下正常运行，是智能仪器设计中必须考虑的问题。

9.2.1 串模干扰的抑制

串模干扰的抑制能力用串模抑制比（Normal Model Reject Rate，NMRR）来表示，即

$$\text{NMRR} = 20 \lg \frac{U_{nm}}{U_{nm1}} \text{dB} \tag{9-9}$$

式中，U_{nm} 为串模干扰电压；U_{nm1} 为串模干扰引起的等效差模电压。

一般要求 NMRR $> 40 \sim 80 \text{dB}$。

抑制串模干扰可以采取以下几种措施：

（1）采用输入滤波器 如果串模干扰频率比被测信号频率高，采用输入低通滤波器可以抑制高频串模干扰；如果串模干扰频率比被测信号频率低，则采用输入高通滤波器来抑制低频串模干扰；如果串模干扰频率落在被测信号频谱的两侧，则采用带通滤波器较为适宜。

常用的低通滤波器有 RC 滤波器、LC 滤波器、双 T 滤波器及有源滤波器等，原理图分别如图 9-10a ~ d 所示。

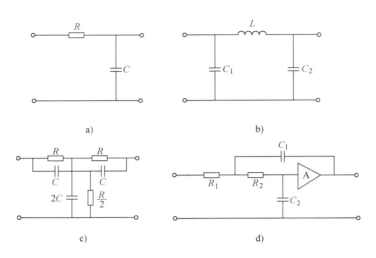

图 9-10　常用低通滤波器原理图

a）RC 滤波器　b）LC 滤波器　c）双 T 滤波器　d）有源滤波器

RC 滤波器的结构简单，成本低，也不需要调整。但它的串模抑制比较低，一般需要2～3 级串联使用才能达到规定的串模抑制比指标，而且时间常数 RC 较大，RC 过大将影响放大器的动态特性。

LC 滤波器的串模抑制比较高，但需要绕制电感线圈，体积大、成本高。

双 T 滤波器对某一固定频率的干扰具有很高的抑制比，偏离该频率后抑制比迅速减小。双 T 滤波器主要用来滤除工频干扰，而对高频干扰无能为力，其结构虽然简单，但调整比较麻烦。

有源滤波器可以获得较理想的频率特性，但作为仪器输入级，有源器件（运算放大器）的共模抑制比一般难以满足要求，其本身的噪声也较大。

通常，仪表的输入滤波器都采用 RC 滤波器，在选择电阻和电容参数时除了要满足串模抑制比指标外，还要考虑信号源的内部阻抗，兼顾共模抑制比和放大器动态特性的要求，因此常用两级阻容低通滤波网络作为输入通道的滤波器。如图 9-11 所示，它可使 50Hz 的串模干扰信号衰减至 1/600 左右。该滤波器的时间常数小于 200ms，因此，当被测信号变化较快时应当相应改变网络参数，以适当减小时间常数。

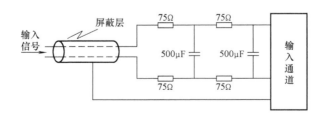

图 9-11　两级阻容低通滤波网络

另外，智能仪器还可以利用数字滤波技术对带有串模干扰的数据进行处理，从而可以较理想地滤掉难以抑制的串模干扰。

（2）选择器件　双积分式 A/D 转换器是对输入信号的平均值进行转换，对周期性干扰具有很强的抑制能力。一般积分周期等于工频周期的整数倍，可以抑制工频信号产生的串模干扰。另外，可以采用高抗干扰逻辑器件，通过提高阈值电平来抑制低噪声的干扰。在速度允许的情况下，也可以人为地附加电容器，吸收高频干扰信号。

（3）对信号进行预处理　如果串模干扰主要来自传输线电磁感应，则可以尽早地对被测信号进行前置放大，以提高信号噪声比，从而减小干扰的影响；或者在传感器中完成 A/D 转换，使信号变为传输抗干扰能力较强的数字信号。

（4）电磁屏蔽　对测量元件或变送器（如热电偶、压力变送器、差压变送器等）进行良好的电磁屏蔽，同时选用带有屏蔽层的双绞线或同轴电缆作为信号线并保证接地良好，从而能很好地抑制干扰。

9.2.2　共模干扰的抑制

共模干扰的抑制能力用共模抑制比（Common Mode Rejection Ratio，CMRR）表示，即

$$CMRR = 20\lg \frac{U_{cm}}{U_{cm1}}dB \qquad (9-10)$$

式中，U_{cm} 为共模干扰电压；U_{cm1} 为共模干扰引起的等效电压。

共模干扰是一种常见的干扰源，采用双端输入的差分放大器作为仪表输入通道的前置放大器，是抑制共模干扰的有效方法。设计比较完善的差分放大器，在不平衡电阻为 $1k\Omega$ 的条件下，共模抑制比 CMRR 可达 100 ~ 160dB。

也可以利用变压器或光电耦合器把各种模拟负载与数字信号隔离开，也就是把模拟地与数字地断开。被测信号通过变压器耦合或光电耦合获得通路，而共模干扰由于不构成回路而得到有效的抑制。如图 9-12 所示。

当共模干扰电压很高或要求共模漏电流很小时，常在信号源与仪器的输入通道之间插入隔离放大器。

还可以采用浮地输入双层屏蔽放大器来抑制共模干扰，如图 9-13 所示。这是利用屏蔽方法使输入信号的模拟地浮空，从而达到抑制共模干扰的目的。图中 Z_1 和 Z_2 分别为模拟地与内屏蔽罩之间和内屏蔽罩和外屏蔽罩（机壳）之间的绝缘阻抗，由漏电阻和分布电容组成，所以阻抗值很大。用于传递信号的屏蔽线的

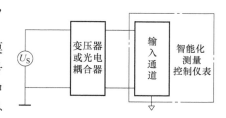

图 9-12　输入隔离

屏蔽层和 Z_2 为共模电压 U_{cm} 提供了共模电流 I_{cm1} 的通路。由于屏蔽线的屏蔽层存在电阻 R_c，因此，共模电压 U_{cm} 在 R_c 上会产生较小的共模信号，它将在模拟量输入回路中产生共模电流 I_{cm2}。I_{cm2} 会在模拟量输入回路中产生串模干扰电压。显然，由于 $R_c \ll Z_2$，$Z_s \ll Z_1$，故由 U_{cm} 引入的串模干扰电压非常微弱，所以采用浮地输入双层屏蔽放大器是一种十分有效的共模干扰抑制措施。

在采用浮地输入双层屏蔽放大器抑制共模干扰时需要注意以下几点：

1）信号线屏蔽层只允许一端接地，并且只在信号源一侧接地，而放大器一侧不得接地。当信号源为浮地方式时，屏蔽只接信号源的低电位端。

2）模拟信号的输入端要相应地采用三线采样开关。

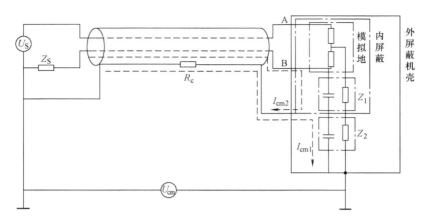

图 9-13　浮地输入双层屏蔽放大器

3）在设计输入电路时，应使放大器两输入端对屏蔽罩的绝缘电阻尽量对称，并且尽可能减小线路的不平衡电阻。

采用浮地输入的仪器输入通道虽然增加了一些器件，如每路信号都要用屏蔽线和三线开关，但对放大器本身的抗共模干扰能力的要求大为降低，因此这种方案已获得广泛应用。

9.2.3　输入/输出通道干扰的抑制

开关量输入/输出通道和模拟量输入/输出通道都是干扰窜入的渠道。要切断这条渠道，就要去掉对象与输入/输出通道之间的公共地线，实现彼此电隔离，以抑制干扰脉冲。最常见的隔离器件是光电耦合器，其内部结构如图 9-14a 所示。

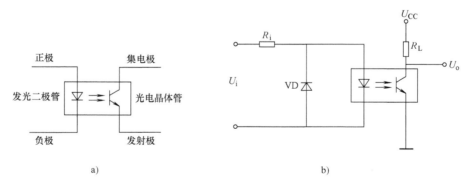

a)   b)

图 9-14　二级管-晶体管型光电耦合器

a）光电耦合器内部结构　b）接入光电耦合器的数字电路

光电耦合器之所以具有很强的抗干扰能力，主要有以下几个原因：

1）光电耦合器的输入阻抗很低，一般在 $100 \sim 1000\Omega$ 之间；而干扰源的内阻一般都很大，通常为 $10^5 \sim 10^6\Omega$。根据分压原理可知，这时能馈送到光电耦合器输入端的噪声自然会很小。即使有时干扰电压的幅值较大，但所提供的能量却很小，即只能形成很微弱的电流。而光电耦合器输入部分的发光二极管，只有在通过一定强度的电流时才能发光；输出部分的光电晶体管只有在一定光强下才能工作，如图 9-14b 所示。因此电压幅值很高的干扰，由于没有足够的能量而不能使发光二极管发光，从而被抑制掉。

2）输入回路与输出回路之间的分布电容极小，一般仅为 0.5 ~ 2pF；而绝缘电阻又非常大，通常为 $10^{11} ~ 10^{13}\Omega$。因此，回路一侧的各种干扰噪声都很难通过光电耦合器馈送到另一侧去。

3）光电耦合器的输入回路与输出回路之间的光电耦合是在密封条件下进行，故不会受到外界光的干扰。

接入光电耦合器的数字电路如图 9-14b 所示，其中 R_i 为限流电阻，VD 为反向保护二极管。可以看出，这时并不要求输入 U_i 值一定得与 TTL 逻辑电平一致，只要经 R_i 限流之后符合发光二极管的要求即可。R_L 为光电晶体管的负载电阻（R_L 也可接在光电晶体管的发射极端）。当 U_i 使光电晶体管导通时，U_o 为低电平（即逻辑 0）；反之为高电平（即逻辑 1）。

需要指出的是，在光电耦合器的输入部分和输出部分必须分别采用独立的电源。如果两端共用一个电源，则光电耦合器的隔离作用将失去意义。此外，变压器是无源器件，它也经常用作隔离器，其性能虽不及光电耦合器，但结构简单。

开关量输入电路接入光电耦合器后，由于光电耦合器的抗干扰作用，使夹杂在输入开关量中的各种干扰脉冲都被挡在输入回路的一侧。另外，光电耦合器还起到很好的安全保障作用，即使故障造成 U_i 与电力线相接也不至于损坏仪表，因为光电耦合器的输入回路与输出回路之间可耐受很高的电压，有些光电耦合器可达 1000V，甚至更高的电压。

图 9-15 为光电隔离抗干扰开关量输出电路原理图。三态缓冲门接成直通式，当开关量信号 U_i 为 0 时，电流通过发光二极管，使光电晶体管导通，外接晶体管 VT 截止，晶闸管 VT 导通，直流负载加电。反之，U_i 为 1 时，直流负载断电。VL 为普通发光二极管，用作开关指示。光电晶体管一侧的电源电压值不一定是 +5V，也可以是其他值，只要其值不超过光电晶体管和晶体管 VT 的容许值即可。若为交流负载，则只要把驱动电器的电源改成交流电源，晶闸管换成双向晶闸管即可。

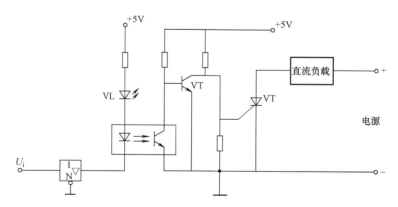

图 9-15　光电隔离抗干扰开关量输出电路原理图

模拟量 I/O 电路与外界的电气隔离可用安全栅来实现。安全栅是有源隔离式的四端网络。与变送器相接时，其输入信号由变送器提供；与执行部件相接时，其输入信号由电压/电流转换器提供，都是 4 ~ 20mA 的电流信号。安全栅的输出信号是 4 ~ 20mA 的电流信号，或 1 ~ 5V 的电压信号，经过安全栅隔离处理之后，可以防止一些故障性的干扰损害智能仪器。但是，一些强电干扰还会经此或通过其他一些途径，从模拟量输入/输出电路窜入系统。因此在设计智能仪器时，为保证仪器在任何时候都能在既平稳又安全的环境里工作，需要另加隔离措施加以防范。

由于模拟量信号的有效状态有无数个，而数字（开关）量的状态只有两个，所以叠加在模拟量信号上的任何干扰，都因有实际意义而起到干扰作用。叠加在数字（开关）量信号上的干扰，只有在幅度和宽度都达到一定量时才能起到干扰作用。这表明抗干扰屏障的位置越往外移越好，最好能移到模拟量输入/输出口处，也就是说，最好把光电耦合器设置在A/D转换电路模拟量输入和D/A转换电路模拟量输出的位置上。而要想把光电耦合器设置在这两个位置上，要求光电耦合器必须具有能够进行线性变换和传输的特性。但受限于线性光电耦合器的价格和性能指标等方面的原因，国内一般都采用逻辑光电耦合器。此时，抗干扰屏障就应设在最先遇到的开关信号工作的位置上。对A/D转换电路来说，光电耦合器应设在A/D芯片和模拟量多路开关芯片这两类电路的数字量信号线上。对D/A转换电路来说，光电耦合器应设在D/A芯片和采样保持芯片的数字量信号线上。对具有多个模拟量输入通道的A/D转换电路来说，各被测量的接地点之间存在着电位差，从而引入了共模干扰，故仪器的输入信号应连接成差分输入的方式。为此，可选用差分输入的A/D芯片，并将各被测量的接地点经模拟量多路开关接到差分输入的负端。

图9-16为具有4个模拟量输入通道的抗干扰电路原理图。该电路与80C51单片机的外围接口电路8155相连。8155的PA口作为8位数据输入口，PC口的PC0和PC1作为控制信号输出口。4路信号的输入由CD 4052选通，经A/D转换器5G 14433转换成3位半BCD码数字量。因为5G 14433为CMOS集成电路，驱动能力小，故其输出通过74LS244驱动光电耦合器。数字信号经光电耦合器与8155的PA口相连。CD 4052的选通信号由8155的PC口发出。两者之间同样用光电耦合器隔离。5G 14433的转换结束信号EOC通过光电耦合器由74LS74D触发器锁存，并向80C51的$\overline{INT1}$发出中断请求。

需要注意的是，当用光电耦合器来隔离输入/输出通道时，必须对所有的信号（包括数字量信号、控制信号、状态信号）全部隔离，使得被隔离的两侧没有任何电气上的联系，否则这种隔离是没有意义的。

9.2.4 总线抗干扰设计

智能仪器采用的是总线结构，作为实体，数据总线、地址总线、控制总线在数据传输上的抗干扰性值得注意。

（1）线间窜扰 对于电路板上相邻的线，由于感应或地电流的耦合等因素，某根线上的电压、电流信号会影响邻近的传输线。总线平行排列、相距较近时，线间分布电容效应明显，窜扰的问题比较突出。

克服线间窜扰的主要措施是控制线与线之间的距离。同时注意，不要过长地平行布线；在重要的信号线之间布一条地线，可产生屏蔽效果；电路板正、反面垂直布线也可减少窜扰。

（2）信号反射 信号反射是当传输线上的负载与传输线特性阻抗不匹配时，传输信号在负载上产生振荡、发生畸变的现象。信号频率越高，反射现象越严重。实验表明，当进行频率为1MHz、距离为0.5m以上的信号传输时即应考虑信号反射的影响。信号反射是微机

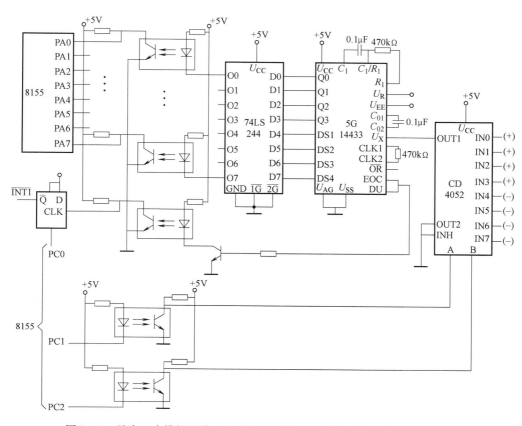

图 9-16　具有 4 个模拟量输入通道的抗干扰 A/D 转换电路（与 8155 接口）

系统总线上主要的噪声干扰。

　　解决信号反射问题的方法之一是采用总线驱动器，增加驱动电流，使反射信号不致影响接收方（负载）的逻辑电平；方法之二是采取总线终端负载匹配的措施，消除反射现象。以下是几种总线负载匹配电路。

　　1）双电阻终端负载匹配器如图 9-17 所示，图中参数可适应总线特性阻抗为 90～150Ω 的匹配要求。

　　2）RC 串联负载匹配器如图 9-18 所示，取匹配电阻的阻值与特性阻抗相等即可，且使 RC 远大于传输信号的最小脉宽 t_w。与图 9-17 双电阻终端负载匹配器相比，它对高电平的抗干扰能力要小一些。

图 9-17　双电阻终端负载匹配器　　　　图 9-18　RC 串联负载匹配器

　　3）采用锗二极管钳位进行阻抗匹配的电路如图 9-19 所示。将低电平限制在 0.3V 以下，对反射引起的低电平过冲和振荡有一定的抑制作用。

4）在要求不高的场合，也可在总线终端接 $5 \sim 10\mathrm{k}\Omega$ 的上拉电阻进行匹配，这种方法比较简单，也很常见。

传输线的特性阻抗可参考某些设计手册，实际应用中也可按图 9-20 所示的方法通过实验测量。实验时，在 A 门输入端加激励信号，边调节 R 的阻值边观察负载上的输出波形，畸变最小时的 R 值就是特性阻抗。

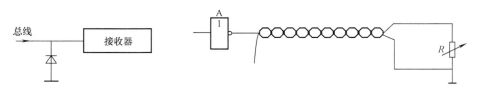

图 9-19　钳位二极管抑制反射　　　　图 9-20　传输特性阻抗测试

（3）总线负载和总线驱动能力的扩展　智能仪表的各个功能模块都是通过总线与 CPU 相连接，可见总线上连接的负载通常很多，尽管微机的寻址空间可以允许连接很多设备，但作为实体的总线，因受驱动能力的限制，对总线负载有一定的要求。通常采用降额设计来避免出现总线负载驱动能力不足的问题。当系统负载过大，CPU 自身总线的驱动能力相对不足时，可使用总线驱动器来提高总线的驱动能力。

在构成系统时，各模块在总线的引线约定、模块的几何尺寸、安装形式等方面都应有明确的规范，以提高系统的抗干扰性、可靠性和可维护性。如果系统模块设计采用标准总线，则更应该严格遵守标准总线的电气、机械规范。

9.2.5　ADC 及其接口的噪声抑制方法

由 ADC 和微处理器系统组合在一起的模拟数据采集系统，是模拟电路和数字电路混合工作的典型系统。在这种系统中，不但要防止市电频率的感应噪声，还必须想方设法防止数字电路对模拟电路的噪声干扰，这也是抑制系统误差来源的关键。

模拟电路的干扰噪声源有来自输入部分的干扰、来自交流电源的干扰、来自地线的干扰、来自直流电源的干扰、来自空中电磁辐射的干扰等。因此，防止噪声干扰的主要方法有电路结构、电路的排列和布线、地线的布线以及电源去耦、屏蔽、隔离等。

（1）数据采集系统的电路结构　就电路结构来说，问题往往出在输入部分。当外部输入到系统内的模拟信号很微弱时，自然可以认为信号是被淹没在工频干扰中。因此，在用单端输入形式取得的模拟信号中，信号仍照样淹没在噪声中。为了从噪声中提取信号，必须消除噪声，用差分放大器可实现这一目的。

（2）电路的排列布线、地线布线和电源去耦　在电路排列方面，模拟电路和模拟电路集中装在一起，数字电路和数字电路集中装在一起。模拟电路之间的连接应注意信号的流向，还要尽量缩短其连线。必须避免模拟电路与数字电路混合走线。此外，模拟电路和数字电路间的连线应避免迂回交叠，要尽量使其接近直线。

处理微弱电平模拟信号的电路，其地线的布置尤为重要，原则上是一点接地并接触良好。微弱电平电路的地和高电平电路的地绝不能在同一点，这是因为高电平电路的地将会给微弱电平电路带来极大的误差。

电源线和地线之间加上旁路电容，即构成所谓的电源去耦法，其目的是降低电源的阻抗。电源去耦不但防止了模拟电路的自振和噪声干扰，而且改善了电路的暂态特性。而改善暂态特性、防止误动作和自振对于数字电路不可缺少。

（3）隔离和屏蔽　采用隔离法可以有效地防止各种信号交换所带来的恶劣影响，如防止数字电路对模拟电路的噪声干扰；市电频率噪声和尖峰噪声对低电平放大部分的感应干扰；高电平放大部分对低电平放大部分的干扰等。

图 9-21 给出了一个将数据采集系统与数字系统隔离开来的实例。隔离电源采用变压器，与数字系统间的信号交换用光电耦合器。

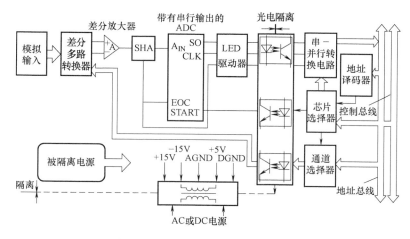

图 9-21　带隔离的数据采集系统实例

对于逐次逼近型 ADC，在进行隔离时，其 ADC 一般采用串行输出而不用并行输出，以便减少隔离用光电耦合器的数量。因此应选择具有内部时钟和串行数据输出的 ADC。如用串行数据输出，则与 ADC 的接口信号只需如下四种：ADC 起动信号（START）、时钟信号（CLK）、串行数据输出信号（SO）和转换结束信号（EOC）。除 ADC 的接口信号外，还要有多路转换器的通道选择信号。隔离后可减少市电频率噪声和数字系统噪声的干扰，把隔离的部分，特别是从多路转换器到 ADC 的部分放在屏蔽盒里进行屏蔽，抗噪声效果将会更好。

根据干扰的作用方式，ADC 采用的抗串模干扰措施可归纳为：

1）对串模干扰严重的场合，可以采用积分式或双斜积分式 A/D 转换器。

2）对于高频干扰，可以采用低通滤波器加以滤除。

3）对于低频干扰，可以采用同步采样法加以消除。

4）尽量把 A/D 转换器直接附在传感器上，可以减小传输线引进的干扰。

5）当传感器和 A/D 转换器相距较远时，容易引起干扰。解决的办法是用电流传输代替电压传输。

ADC 常用的抗共模干扰措施总结如下：

1）采用浮地的方法。

2）采用隔离技术。

3）采用屏蔽的方法。

9.2.6 电源系统干扰的抑制

智能仪器系统的供电电源可以是交流或直流，一般交流供电占的比重更大。交流电网供电时，电网电压与频率的波动将直接影响仪器测量系统的可靠性与稳定性，因此必须采取措施抑制这种干扰。

1. 交流电源系统所致干扰的抑制

理想的交流电为 50Hz 的正弦波。但实际上，由于负载的波动，如电动机、电焊机、鼓风机等电气设备的起/停，甚至荧光灯的开关都可能造成电源电压的波动，严重时会使电源正弦波上出现尖峰脉冲。这种尖峰脉冲幅值可达几十伏甚至几千伏，持续时间可达几毫秒之久，容易造成计算机"死机"，甚至损坏硬件，对系统威胁极大。从硬件角度可用以下方法抑制干扰。

（1）选用供电品质好的电源 智能仪器系统的电源要选用比较稳定的交流电源，尽量不要接到负载变化大、晶闸管设备多或者有高频设备的电源上。

（2）抑制尖峰干扰 在智能仪器交流电源输入端串入按频谱均衡原理设计的干扰控制器，将尖峰电压集中的能量分配到不同的频段上，从而减弱其破坏性；在智能仪器交流电源输入端加超级隔离变压器，可利用铁磁共振原理抑制尖峰脉冲；在智能仪器交流电源的输入端并联压敏电阻，利用尖峰脉冲到来时电阻值减小以降低仪器从电源分得的电压，从而削弱干扰的影响。

（3）采用交流稳压器稳定电网电压 使用要求高的交流供电系统一般如图 9-22 所示。图中交流稳压器可抑制电网电压的波动，提高计算机控制系统的稳定性，交流稳压器能把输出波形畸变控制在 5% 以内，还可以对负载短路起限流保护作用。低通滤波器是为了滤除电网中混杂的高频干扰信号，保证 50Hz 基波通过。

图 9-22 采用交流稳压器的智能仪器交流供电系统

（4）利用 UPS 保证不中断供电 电网瞬间断电或电压突然下降等掉电事故会使计算机系统陷入混乱状态，是可能产生严重事件的恶性干扰。对于要求更高的智能仪器系统，可以采用不间断电源（UPS）向系统供电。在正常情况下，由交流电网通过交流稳压器、切换开关、直流稳压器供电至计算机系统；同时交流电网也给电池组充电。所有的 UPS 设备都装有一个或一组电池和传感器，并且也包括交流稳压设备。如果交流供电中断，系统中的断电传感器检测到断电后就会将供电通路在极短的时间内（几毫秒）切换到电池组，从而保证输入系统的电流不因停电而中断。UPS 中逆变器能把电池直流电压逆变到正常电压频率和幅值的交流电压，具有稳压和稳频的双重功能，提高了供电质量。

2. 直流供电系统所致干扰的抑制

在智能仪器系统中，无论是模拟电路还是数字电路，都需要低压直流供电。为了进一步抑制来自电源方面的干扰，一般也要在直流电源侧采用相应的抗干扰措施。

（1）交流电源变压器屏蔽 把高压交流变成低压直流的简单方法是用交流电源变压器。

因此，对电源变压器设置合理的静电屏蔽和电磁屏蔽，就是一种十分有效的抗干扰措施，通常将电源变压器的一、二次绕组分别加以屏蔽，一次绕组屏蔽层与铁心同时接地。

（2）采用直流开关电源　直流开关电源是一种脉宽调制型电源，具有体积小、质量轻、效率高、输入电压范围大等优点，并且电网电压变化时不会输出过电压和欠电压。直流开关电源一、二次之间具有较好的隔离，对于交流电网上的高频脉冲干扰有较强的隔离能力。

（3）采用 DC-DC 变换器　如果供电电网波动较大，或者对直流电源的精度要求较高，可以采用 DC-DC 变换器，将一种电压的直流电源转换成另一种电压的直流电源。DC-DC 变换器具有体积小、输入电压范围大、输出电压稳定、性价比高等优点。采用 DC-DC 变换器可以方便地实现电池供电，有利于制造便携式或手持式智能仪器。

（4）每块电路板的直流电源分立　当智能仪器系统有几块功能电路板时，为了防止板与板之间的相互干扰，可以对每块板的直流电源采用分散独立供电。在每块板上装一块或几块三端稳压集成块（如 7805、7809 等）组成稳压电源，每个功能板单独对电压过载进行保护，不会因为某个稳压集成块出现故障而使整个系统遭到破坏，而且也减少了公共阻抗的相互耦合，大大提高了供电的可靠性，同时有利于电源散热。

（5）集成电路的 V_{cc} 加旁路电容　集成电路的开关高速工作时会产生噪声，因此无论电源装置提供的电源多么稳定，V_{cc} 和 GND 端也会产生噪声。为了降低集成电路的开关噪声，在印制电路板的每块 IC 上都接入高频特性好的旁路电容，将开关电流经过的线路局限在板内一个极小的范围内。旁路电容可用 $0.01 \sim 0.1\mu F$ 的陶瓷电容器，旁路电容器的引线要短而且紧靠需要旁路的集成器件的 V_{cc} 或 GND 端，否则会毫无意义。

9.2.7　地线干扰的抑制

正确接地是智能仪器抑制干扰所必须注意的重要问题。在智能仪器设计中，若能把接地和屏蔽正确地结合，可很好地消除外界干扰的影响。

接地设计的基本目的是消除各电路电流流经公共地线时所产生的噪声电压，以及免受电磁场和地电位差的影响，避免其形成地环路。接地设计应注意以下几点：

（1）一点接地和多点接地的使用原则　一般高频电路应就近多点接地，低频电路应一点接地。在低频电路中，接地电路形成的环路对干扰影响很大，因此应一点接地。在高频时，地线上具有电感，因而增加了地线阻抗，而且地线变成了天线，向外辐射噪声信号，因此要多点就近接地。

单点接地可分为串联单点接地和并联单点接地。两个或两个以上的电路共用一段地线的接地方法称为串联单点接地，其等效电路如图 9-23 所示。因为电流在地线的等效电阻上会产生电压降，所以三个电路与地线的连接点对地的电位不同，而且其中任何一个连接点的电位都会受到任一个电路电流变化的影响，从而使其电路输出改变。这就是由公共地线电阻耦合造成的干扰。离系统地越远的电路，受到的干扰就越大。串联单点接地布线最简单，常用来连接地电流较小的低频电路。

并联单点接地方式如图 9-24 所示，各个电路的地线只在一点（系统地）汇合，各电路的对地电位只与本电路的地电流及接地电阻有关，没有公共地线电阻的耦合干扰。这种接地方式的缺点在于所用地线太多。串、并联单点接地方式主要用在低频系统中，接地一般采用串联和并联相结合的单点接地方式。

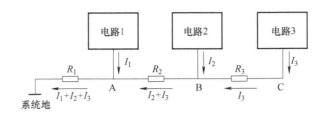

图9-23　串联单点接地方式等效电路

高频系统中通常采用多点接地，如图9-25所示，各个电路或元件的地线以最短的距离就近连到地线汇流排（一般是金属底板）上，因地线很短，底板表面镀银，所以地线阻抗很小，各电路之间没有公共地线阻抗引起的干扰。

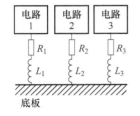

图9-24　并联单点接地方式

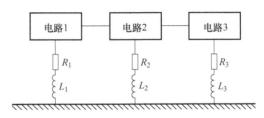

图9-25　多点接地方式

（2）数字地和模拟地　智能仪器的电路板上既有模拟电路，又有数字电路，分别接到仪器中的模拟地和数字地上。因为数字信号波形具有陡峭的边缘，数字电路的地电流呈现脉冲变化。如果模拟电路和数字电路共用一根地线，数字电路地电流通过公共地阻抗的耦合将给模拟电路引入瞬态干扰，特别是电流大、频率高的脉冲信号干扰更大。仪器的模拟地和数字地最后汇集到一点上，即与系统地相连。正确地接地方法如图9-26所示，模拟地和数字地分开，仅在一点连接。

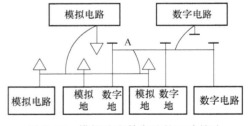

图9-26　模拟地和数字地的正确接法

另外，有的智能仪器带有功率输出接口，驱动耗电大的功率设备，对于大电流电路的地线，一定要和信号线分开，最好单独布线。

（3）屏蔽层与公共端的连接　当一个接地的放大器与一个不接地的信号源连接时，连接电缆的屏蔽层应接到放大器公共端，反之应接到信号源公共端。高增益放大器的屏蔽层应接到放大器的公共端。

（4）交流地、功率地同信号地不能共用　流过交流地和功率地的电流较大，会造成数毫伏，甚至几伏的电压，严重地干扰低电平信号的电路。因此信号地应与交流地、功率地分开。

（5）屏蔽地（或机壳地）接法随屏蔽目的不同而变化　电场屏蔽是为了解决分布电容问题，一般接大地；电磁屏蔽主要避免雷达、短波电台等高频电磁场的辐射干扰，地线用低阻金属材料制成，可接大地，也可不接。磁场屏蔽是防磁铁、电动机、变压器等的磁感应和磁耦合，方法是用高导磁材料使磁路闭合，一般接大地。

（6）电缆和接插件的屏蔽　在电缆和接插件的屏蔽中要注意：

1）高电平线和低电平线不要走同一条电缆。不得已时，高电平线应单独组合和屏蔽。同时要仔细选择低电平线的位置。

2）高电平线和低电平线不要使用同一接插件。不得已时，要将高低电平端子分立两端，中间留接高低电平引地线的备用端子。

3）设备上进出电缆的屏蔽应保持完整。电缆和屏蔽线也要经插件连接。两条以上屏蔽电缆共用一个插件时，每条电缆的屏蔽层都要用一个单独接线端子，以免电流在各屏蔽层流动。

9.3　智能仪器软件抗干扰技术

上述硬件抗干扰措施的目的是尽可能切断干扰进入智能仪器的通道，因此是十分必要的。但由于干扰存在的随机性，尤其是一些在较恶劣的外部环境下工作的仪器，尽管采用了硬件抗干扰措施，并不能将各种干扰完全拒之于门外。这时就应该充分发挥智能仪器中单片机在软件编程方面的灵活性，采用各种软件抗干扰措施，与硬件抗干扰措施相结合，提高仪表工作的可靠性。

9.3.1　CPU 抗干扰技术

根据电磁兼容性设计，智能仪器在结构上必须采取足够的硬件抗干扰措施，以保证微机系统不再受干扰的影响。但由于微机系统一旦受干扰，后果将非常严重，所以在设计实际系统时，均应考虑万一出现干扰时，微机系统自身的防御措施。

1. 程序运行监视系统

程序运行监视系统（Watch Dog Timer，WDT）直译为"看门狗"，是一种软、硬件结合的抗程序"跑飞"措施。WDT 硬件主体是一个用于产生定时周期 T 的计数器，该计数器基本独立运行，其定时输出端接至 CPU 的复位线，而其定时清零端则由 CPU 控制。在正常情况下，程序启动 WDT 后，即以 $\tau < T$ 的间隔将 WDT 清零一次，这样 WDT 的定时溢出就不会发生。在受到干扰的异常情况下，CPU 时序逻辑被破坏，程序执行混乱，不可能周期性地将 WDT 清零，当 WDT 定时溢出时，其输出使系统复位，CPU 摆脱因一时干扰而陷入的瘫痪状态。

图 9-27 为由通用芯片构成的计数器型 WDT。555 接成多谐振荡器为十六进制计数器 74LS93 提供独立的时钟 t_c，当计到第八个 t_0 时，WDT 输出复位信号。微分电路的作用是控制复位信号的宽度，使 CPU 复位后可立即重新开始运行。程序定时清 WDT 的周期应为 $T < 8t$，清零端在常态时是低电平，清零时输出一个正脉冲。微分电路可防止 CPU 在受干扰时将清零端固定为高电平，使 WDT 无法工作。

WDT 的定时选择要依情况而定，一般从毫秒级到秒级，设计完善的 WDT 电路都分设不同的定时供用户选择。定时时间的选择应该给正常程序运行的周期留下足够的余量，以防止程序在某一分支的执行时间较长，使 WDT 误动作。定时时间选择过长也不好，由于 WDT 响应不灵敏，万一系统受到干扰，损失将比较大。

目前有不少专用的 WDT 芯片可供选用，有些单片机芯片也设置了 WDT。可以说，WDT 是现场智能仪器必备的一项功能。但 WDT 只是一种被动的抗干扰措施，它只能在一定程度上减少干扰造成的损失。实际上，只要 WDT 动作，正常测控进程即被破坏。

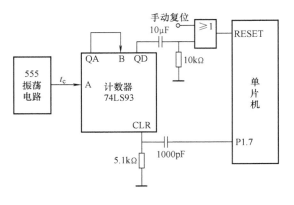

图 9-27　一种计数器型 WDT 电路原理图

2. 掉电保护

掉电保护也是一种软、硬件结合的抗干扰措施。电网的瞬间断电或电压突然下降，将使微机系统陷入混乱状态。一方面造成实时数据丢失；另一方面混乱的系统可能执行混乱的操作。因此，掉电保护工作也应从这两方面入手，即保护现场实时数据和及时关闭微机系统。

掉电保护系统的硬件组成包括电源电压监测、后备电池和低功耗 RAM。电源电压监测电路的输出接到 CPU 的中断线上。当电网电压掉电时，直流电压一旦下降到某一阈值 V_1，电源电压监测电路就发出掉电信息，引起 CPU 的中断响应。在软件设置上，掉电保护中断是最高级的，掉电保护中断程序会立即将现场重要参数送入由后备电池支持的 RAM 中保存，处理一些重要操作的安置，设置意外掉电关机标志，最后主动关闭 CPU。这些工作应在电压降到 CPU 不能正常工作的电压之前完成。

当系统恢复供电后，掉电保护现场的恢复是系统软件的一个重要工作，包括判断是否发生掉电保护、数据是否还有效和恢复现场等。

3. 软件陷阱

软件陷阱是指令冗余的一种应用形式，用于捕捉"跑飞"的程序。干扰信号会使程序脱离正常运行轨道，为了使"跑飞"的程序安定下来，可以设立软件陷阱。所谓软件陷阱，就是一条引导指令，强行将捕获的程序引向一个指定的地址，在那里有一段专门对出错程序进行处理的程序。

以 MCS-51 单片机为例，程序中"LJMP ERROR"指令即为软件陷阱，它将"跑飞"的程序转移到出错处理程序。为增加其捕捉效果，软件陷阱安排在以下四种地方。

（1）程序中未使用的中断向量区　当干扰使未使用的中断开放，并激活这些中断时，就会进一步引起混乱。如果在这些地方设立陷阱，就能及时捕捉到错误中断。

（2）未使用的大片 EPROM 空间　智能仪器中使用的 EPROM 芯片一般都不会使用完其全部空间，对于剩余未编程的 EPROM 空间，一般都维持其原状，即其内容为 0FFH。0FFH 对于 80C51 单片机的指令系统来说是一条单字节的指令"MOV R7，A"。如果程序"跑飞"到这一区域，则将顺序向后执行，不再跳跃（除非又受到新的干扰）。因此，在这段区域内每隔一段地址设一个陷阱，就一定能捕捉到"跑飞"的程序。

（3）表格　表格有两种，即数据表格和散转表格。由于表格的内容与检索值有一一对应的关系，在表格中间安排陷阱会破坏其连续性和对应关系，因此只能在表格的最后安排陷阱。如果表格区较长，则安排在最后的陷阱不能保证一定能捕捉到"飞来"的程序的流向，有可能在中途再次"跑飞"，这时只能依靠别处的陷阱或冗余指令来处理。

（4）程序区的断裂处　程序区由一串串的执行指令构成，不能在这些指令串中间任意安排陷阱，否则会影响程序正常执行。但在这些指令串之间常有一些断裂处，正常执行的程序到此便不会继续往下执行。可以在此设置软件陷阱。

由于软件陷阱都安排在正常程序执行不到的地方，故不影响程序执行效率。在当前EPROM 容量充足的条件下，应多多设置软件陷阱。在打印程序清单时不加（或删去）所有的软件陷阱和冗余指令，在编译前再加上冗余指令和尽可能多的软件陷阱，生成目标代码后再写入 EPROM 中。

软件陷阱并不是万能的，对陷入死循环的"跑飞"程序则无能为力，这时 WDT 更可靠；但对于被捕捉的"跑飞"程序，软件陷阱则比 WDT 来得迅速，而且可以进行出错处理，所以将软件陷阱与 WDT 共同使用，效果会更好。

9.3.2　输入/输出抗干扰技术

当干扰仅作用于系统 I/O 通道上，CPU 可以正常工作时，可充分利用软件的优势，通过程序控制和数据处理的方法消除或降低干扰对通道的影响，提高系统的测控精度和可靠性。如果说 CPU 抗干扰技术是被动的，那么输入/输出抗干扰技术就比较主动且效果明显。

1. 数字信号的输入

输入的干扰信号多呈毛刺状，作用时间短，利用这一特点，在采集数字信号时，可多次重复采集，直到连续两次或连续两次以上的采集结果完全一致时方为有效。若信号总是变化不定，在达到最高次数的限额时，则可给出报警信号。对于来自各类开关型传感器的信号，如限位开关、操作按钮等，都可采用这种输入方式。

2. 数字信号的输出

CPU 输出的数据在传输、接收和锁定之后，都可能受到干扰的影响而出错，如果输出到执行器上的数据出错，同样可能造成严重的后果。对此需要在设计和输出过程中采取一些措施。

1）输出设备是电位控制型还是同步锁存型，对干扰的敏感性相差很大。电位控制型设备抗毛刺干扰的能力很强，而且设备的惯性越大，对干扰的滤波效应越强。同步锁存型设备的抗干扰能力则较差，因为传输线长，锁存线上受到干扰的概率就大，一旦受到干扰作用，同步锁存型设备就会盲目锁定当前无效的数据。

2）重复输出同一数据是软件上最为有效的输出抗干扰措施。在尽可能短的周期内，将数据重复输出，受干扰影响的设备在还没有来得及响应时，正确的信息又来到了，从而可以及时防止误动作的产生。在程序结构的安排上，可为输出数据建立一个数据缓冲区，在程序的周期性循环体内将数据输出。

对于增量控制型设备，不能采用重复输出，只有通过检测通道，从设备的反馈信息中判断数据传输的正确与否。

3）数字滤波。数字滤波是在对模拟信号多次采样的基础上，通过软件算法提取最逼近真值数据的过程。数字滤波的算法灵活，可选择极限参数，其效果往往是硬件滤波电路无法达到的。

9.3.3 系统的恢复与复位

前面列举的各项措施只解决了如何发现系统受到干扰和如何捕捉"跑飞"程序，但仅此还不够，还要能够让单片机根据被破坏的残留信息自动恢复到正常工作状态。

硬件复位是使单片机重新恢复到正常工作状态的一个简单有效的方法。前面介绍的上电复位、人工复位及硬件看门狗复位都属于硬件复位。硬件复位后 CPU 被重新初始化，所有被激活的中断标志都被清除，程序从 0000H 地址重新开始执行。硬件复位又称为冷启动，它是将系统当时的状态全部作废，重新进行彻底的初始化使系统的状态得到恢复。而用软件抗干扰措施使系统恢复到正常状态，是对系统的当前状态进行修复和有选择的部分初始化，这种操作又可称为热启动。热启动时首先要对系统进行软件复位，也就是执行一系列指令来使各专用寄存器达到与硬件复位时同样的状态，这里需要注意的是还要清除中断激活标志。当用软件看门狗使系统复位时，程序出错有可能发生在中断子程序中，中断激活标志已经置位，它将阻止同级的中断响应；而软件看门狗是高级中断，它将阻止所有的中断响应。由此可见清除中断激活标志的重要性。在所有的指令中，只有 RETI 指令能清除中断激活标志。前面提到的出错处理程序 ERR 主要就是用来完成这一功能。

热启动时应进行部分初始化，但如果干扰过于严重而使系统遭受的破坏太大、热启动不能使系统得到正确的恢复时，则只有采取冷启动对系统进行全面初始化，使之恢复正常。

在进行热启动时，为使启动过程能顺利进行，首先应关中断并重新设置堆栈。因为热启动过程是由软件复位（如软件看门狗等）引起的，这时中断系统未被关闭，有些中断请求也许正在排队等待响应，因此使系统复位的第一条指令应为关中断指令。第二条指令应为重新设置栈底指令，因为在启动过程中要执行各种子程序，而子程序的工作需要堆栈的配合，在系统得到正确恢复之前堆栈指针的值是无法确定的，所以在进行正式恢复工作之前要先设置好栈底。然后应将所有的 I/O 设备都设置成安全状态，封锁 I/O 操作，以免干扰造成的破坏进一步扩大。接下来即可根据系统中残留的信息进行恢复工作。系统遭受干扰后会使 RAM 中的信息受到不同程度的破坏，RAM 中的信息有：系统的状态信息，如各种软件标志、状态变量等；预先设置的各种参数；临时采集的数据或程序运行中产生的暂时数据。对系统进行恢复实际上就是恢复各种关键的状态信息和重要的数据信息，同时尽可能地纠正由于干扰而造成的错误信息。对于那些临时数据则没有必要进行恢复。在关键信息恢复之后，还要对各种外围芯片重新写入它们的命令控制字，必要时还需要补充一些新的信息，才能使系统重新进入工作循环。

系统信息的恢复工作至关重要。系统中的信息以代码的形式存放在 RAM 中，为了使这些信息在受到破坏后能得到正确的恢复，在存放系统信息时应采取代码冗余措施。下面介绍的三重冗余编码是将每个重要的系统信息重复存放在三个互不相关的地址单元中，建立双重数据备份。当系统受到干扰后，就可以根据这些备份的数据进行系统信息的恢复。这三个地址应当尽可能的独立，如果采用了片外 RAM，则应在片外 RAM 中对重要的系统信息进行双重数据备份。片外 RAM 中的信息只有 MOVX 指令才能对它进行修改，而能够修改片内 RAM 中信息的指令则要多得多，因此在片外 RAM 中进行双重数据备份是十分必要的。通常将片内 RAM 中的数据供程序使用以提高程序的执行效率，当数据需要进行修改时应将片外 RAM 中的备份数据做同样的修改。在对系统信息进行恢复时，通常采用如图 9-28 所示的三中取二的表决流程。

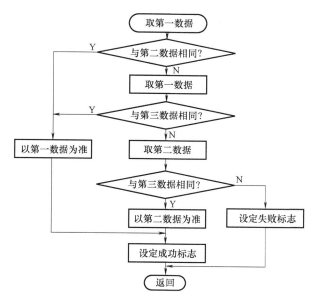

图 9-28　三中取二表决流程

　　首先将要恢复的单字节信息及其两个备份信息分别存放到工作寄存器中，然后调用表决子程序模块。子程序表决成功，则三个数据中有两个相同；子程序表决失败，则三个数据互不相同。

　　所有重要的系统信息都要一一进行表决，对于表决成功的信息应将表决结果再写回到原来的地方，以进行统一；对于表决失败的信息要进行登记。全部表决结束后再检查登记。如果全部成功，系统将得到满意的恢复。如果有失败信息，则应根据该失败信息的特征采取其他补救措施，如从现场采集数据来帮助判断，或者按该信息的初始值处理，其目的都是为了使系统得到尽可能满意的恢复。

思考题与习题

1. 智能仪器中干扰的耦合方式有哪些？如何对其进行抑制？
2. 什么是串模干扰和共模干扰？各有哪些对应的抗干扰措施？
3. 为什么说光电耦合器具有很强的抗干扰能力？
4. 简述 ADC 及其接口的噪声抑制方法。
5. 如何抑制交流电源系统、直流供电系统及总线系统的干扰？
6. 接地设计时应注意什么问题？
7. 软件抗干扰中有哪几种对付程序"跑飞"的措施？它们各有什么特点？
8. 简述掉电保护的原理和具体实施方法。
9. 软件陷阱一般应设在程序的什么地方？

◗ 第 10 章

智能仪器设计及实例

智能仪器是以微处理器为核心的电子仪器，要求设计人员不仅要熟悉电子仪器的工作原理，而且还要熟悉微处理器的硬件和软件，掌握数字逻辑电路、模拟电路的设计方法，了解单片机、DSP 及相关电子元器件的特点及应用。本章通过实例介绍智能仪器的设计方法。

10.1　智能仪器设计的基本要求及原则

10.1.1　智能仪器设计的基本要求

1）满足功能及技术指标要求。主要功能及技术指标包括准确度、可靠性、分辨率、测量速度、抗干扰能力、工作环境等。设计方案要保证仪器能经受所要求的高低温、湿热、冲击、振动、电磁干扰等试验。

2）便于操作和维护，既要操作简单，又具有良好的可维护性。设计阶段就要考虑产品的模块化、规范化，一旦发生故障，可以方便地更换相应的模块，使仪器能尽快恢复正常工作。

3）工艺结构设计合理。仪器设计要充分考虑维护、升级的方便，使每一块电路板、接插件、连接器的位置布局合理，便于插拔、更换。面板上的显示器和按键布置应充分考虑人体工程学要求，便于操作、观察和读数，同时还应美观、大方。

4）开放式设计。产品采用开放式、模块化设计，结构灵活，可以将不同的模块组合在一起，完成不同的任务，同时便于升级和更新换代。当某一模块改进升级时，可立即替换原来的模块，无须做其他改动。

5）提高仪器的性能价格比。在满足设计指标并保证质量的前提下，尽量降低成本。设计时要充分考虑元器件的质量，以保证仪器的长期稳定性和可靠性。

10.1.2　智能仪器的设计原则

1. 从整体到局部的设计原则

智能仪器是一个复杂的、综合的系统，设计时应遵循从整体到局部，也就是"自顶向下"的设计原则，把复杂的、总体的问题分为若干较简单的、局部的问题。进行智能仪器设计时，先要根据要求提出总体方案，然后分解为相互独立的子任务。智能仪器的总体由若干子系统构成，可分别对子系统进行设计，由繁入简，既提高了效率，又节省了时间。子系统设计完成后，再进行总体综合设计，从而完成总体设计任务。

2. 软、硬件协调原则

智能仪器中既有硬件又有软件，随着智能程度的提高，软件的地位将逐渐增强，因此在设计时必须综合考虑硬件和软件的协调。应根据算法的复杂性、系统的实时性来选择微处理器。另外，仪器的某些功能（如逻辑运算、定时、滤波）既可以通过硬件实现，也可以通过软件实现。使用硬件可以提高仪器的工作速度，减轻软件编程任务，但会使元器件增多，结构较复杂。在不影响仪器的速度和性能的前提下，也可用软件代替硬件完成任务。设计时要综合考虑，根据成本、性能指标对软、硬件进行协调。如果是批量生产，减少硬件而多使用软件可以降低成本。此外，凡是简单的硬件电路能解决的问题不必用复杂的软件取代；反之，简单的软件能完成的任务也不必去设计复杂的硬件。

3. 开放式设计思想

仪器设计时要充分考虑到开放性、兼容性和可扩展性。

要尽量选用国际通用规范和标准设计仪器及其接口和总线，保证仪器的开放性和兼容性，这样才能方便地与其他仪器相连，组建自动测试系统或接入网络中，实现系统集成，扩大使用范围。另外，这种开放式设计思想在技术上兼顾眼前和未来，既从当下实际出发，又留下容纳未来新技术机会的余地，便于仪器功能的扩展，实现更新换代。

4. 标准化及模块化原则

加强标准化工作，可以保证和促进产品质量的提高，缩短新产品研制和生产周期，保证产品的互换性，便于维修，降低成本。智能仪器的设计应尽量符合国际和国内的相关标准。

模块化是从系统角度出发，以模块为主构成产品。模块化的特点是特征尺寸模数化、结构典型化、部件通用化、参数系列化和装配组合化。智能仪器在总体设计阶段要进行任务分解和模块划分，要遵循标准化和模块化的原则。

10.2 智能仪器的设计研制过程

为保证质量，提高研制效率，设计人员应在正确设计思想的指导下，按照合理的步骤进行设计开发。

1. 根据要求，明确设计任务，确定仪器的功能和技术指标

根据仪器最终要实现的目标，编写设计任务书。在设计任务书中要明确说明以下几点：①仪器应该实现的功能、需要完成的测量任务；②被测量的类型、变化范围，输入信号的通道数；③测量速度、精度、分辨率、误差；④测量结果的输出方式及显示方式；⑤输出接口的设置。此外还要考虑仪器的内部结构、外形尺寸、面板布置、研制成本、仪器的可靠性、可维护性及性能价格比等。

2. 论证方案的可行性

明确了仪器的功能和指标后，就可以拟定设计方案。方案应包括仪器的工作原理、采用的技术、主要元器件等。对关键电路要进行仿真和实际试验，进行可行性验证，通过分析比较确定最佳设计方案。

3. 确定仪器的工作框图

根据拟定的设计方案，设计总体框图。按照仪器的工作原理，将仪器分为若干子系统或功能模块，设计每一部分的硬件结构框图和软件流程图。

4. 硬件电路和软件的设计

硬件和软件的设计应该同步进行。在设计硬件电路的同时，着手进行软件编制；设计软件时要以硬件平台为基础。

硬件设计的主要工作是根据设计方案设计各单元电路并研制相应的功能模块，然后进行试验验证，达到预期目标后将各模块组合在一起，构成仪器的硬件系统。

在硬件设计中还应注意下列问题：

1）为将来的修改和扩展留有充分余地。

2）考虑仪器的可测性，可以对仪器的单元电路进行测试。为及时修复仪器出现的故障，可以附加有关的监测报警电路。

3）考虑硬件抗干扰措施。

4）绘制电路板时注意与机箱、面板的配合及接插件安排等问题。

设计软件时先要分析仪器系统对软件的要求，用模块化设计方法设计各软件功能模块，绘制功能模块的流程图，选择合适的语言编写程序，最后按照总体软件框图，将各模块连接成一个完整的程序。

5. 各部分电路的软、硬件调试

在软、硬件设计完成后，先对各个功能模块电路及相应的程序进行调试。若发现软件缺陷，应进行及时修改；对硬件故障及缺陷，可更换元器件或改进设计方案进行进一步完善，直到达到设计指标为止。

6. 整机联调

各功能模块工作正常后，则将各部分组合在一起，构成一个整体，进行整机功能调试。在调试过程中，还会出现各种问题，需进一步改进，直至达到整体设计要求及指标。

10.3　智能工频电参数测量仪的设计

电量的测量主要有模拟测量法和数字采样计算法两大类。模拟测量法历经上百年的发展，已经成为一种非常经典的测量方法。采样计算法是通过计算机和电子元器件对被测信号进行采样、计算，进而得到被测量的数值。数字采样计算法从 20 世纪 70 年代出现后，引起了人们的极大关注，经过不断地改进与提高，已经成为电测量领域的一种重要方法。数字采样计算法所需的系统硬件较简单，仪器的功能较强，测量准确度高，可以通过软件对系统的时间漂移、温度漂移进行补偿。下面通过智能工频电参数测量仪介绍智能仪器的设计方法。

10.3.1　总体设计及系统工作原理

1. 功能及技术指标

功能：测量三相电流、电压、频率、相位、功率因数、有功和无功功率、电能。

测量准确度：0.5 级（无功功率、电能 2.0 级）。

测量范围：电流 0～20A；电压 0～220V；频率 45～55Hz；功率因数 0～1。

2. 总体设计

智能工频电参数测量仪采用同步采样法，在单片机的控制下，由采样保持器对被测信号进行同步采样并保持，然后将同时采样信号逐一地送给 A/D 转换器进行模/数转换，将模拟量变为数字量，送存储器中存储，最后由 CPU 进行一系列运算、处理，得到结果送显示器显示。

智能工频电参数测量仪原理框图如图 10-1 所示。

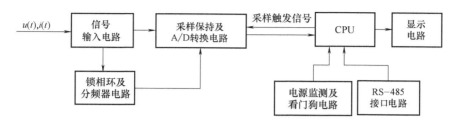

图 10-1　智能工频电参数测量仪原理框图

（1）电路设计　智能工频电参数测量仪主要由信号输入电路、采样保持及 A/D 转换电路、CPU、显示电路、锁相环及分频器电路、电源监测及看门狗电路、RS-485 接口电路等几部分组成。

信号输入电路连接输入的电压、电流信号，主要由电压互感器、电流互感器与运算放大器等组成，实现了外部信号与本系统的电气隔离，对输入信号进行线性变换。

采样保持电路对被测信号进行采样，A/D 转换电路将采样信号转换为数字信号并送到单片机进行处理。由于计算功率时需要计算瞬时电压和电流的乘积，因此必须对每相电压和电流信号同时采样，采样保持电路需用两个芯片实现。

CPU 是仪器的核心，负责整个仪器的控制管理和信号处理。它将 A/D 转换后的数字量进行运算，得出被测信号的电流、电压、频率、相位、功率因数、有功和无功功率、电能等数值。

显示电路对测得的各种电参数的数值进行实时显示。

采样触发信号控制采样保持电路和 A/D 转换器，它必须与被测信号同步，而且频率稳定。

锁相环及分频器电路将输入的工频信号进行 N 倍频，产生 N 倍频的同步触发信号。倍频系数 N 为一个工频周期内的采样点数。

电源监测及看门狗电路对系统的电源进行实时监测，当有电源上电、掉电、瞬时低于门限值时，会立即产生复位信号给 CPU，进行现场保护，为防止数据丢失，将关键数据写入 E^2PROM。当程序"跑飞"，进入无序工作状态时，看门狗电路在一定时间后也会产生复位信号，引导系统程序重新正常工作。

RS-485 接口电路主要完成仪器与外部数据的传输工作，如将仪器的测量结果传给外部抄表系统，并通过 RS-485 接口接收外部抄表系统的指令和数据。

（2）软件设计　智能仪器中的软件非常重要。软件的好坏，将直接影响到仪器的工作和使用。软件设计采用模块化设计方法，既便于设计和调试，也便于以后的完善和维护。软件设计要根据对仪器功能的要求和硬件结构，在设计接口和界面时要充分考虑用户使用方便。

软件设计时首先要确定软件系统框架。根据智能工频电参数测量仪的功能和硬件结构，确定软件系统结构。软件系统由初始化子程序、数据采集处理子程序、显示子程序、串行通信子程序等组成。仪器上电后，首先进行初始化，调用数据采集处理子程序，将测量结果进行处理，显示子程序，当外部计算机发出通信命令时，系统进入串行通信子程序。系统软件程序流程如图 10-2 所示。

3. 采样测量原理

采样测量的理论基础是香农（Shannon）采样定理：对于一个连续的时间信号 $f(t)$，若其最高次谐波分量的频率为 f_k，当采样频率 $f_s > 2f_k$ 时，采样信号就将无失真地反映被测信号 $f(t)$。

本仪器采用同步采样技术，使等间隔的 N 个采样点落在被测信号的一个周期之内，即对一个周期信号进行 N 次采样，从而有效地提高了系统的测试精度。为此用锁相环电路来控制采样的定时和速率。如图 10-3 所示，锁相环电路中的压控振荡器的输出，经 N 分频器分频，变成一种接近输入同步信号基频的参考脉冲，与输入信号在相位比较器的输入端进行比较。相位比较器的输出，与参考信号和输入同步信号之间相位差的直流分量成比例，用于控制压控振荡器的振荡频率。当达到锁相状态时，即可实现同步采样。

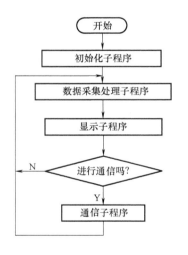

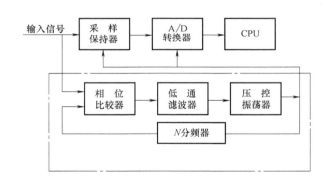

图 10-2　系统软件程序流程　　　　　　图 10-3　硬件同步采样原理框图

设被测电压信号 $u(t)$ 为周期信号，被测电流信号 $i(t)$ 也为周期信号，周期为 T，则电压有效值为

$$U = \sqrt{\frac{1}{T}\int_0^T u^2(t)\,\mathrm{d}t} \qquad (10\text{-}1)$$

电流有效值为

$$I = \sqrt{\frac{1}{T}\int_0^T i^2(t)\,\mathrm{d}t} \qquad (10\text{-}2)$$

平均功率为

$$P = \frac{1}{T}\int_0^T u(t)i(t)\,\mathrm{d}t \qquad (10\text{-}3)$$

若设 $f(t) = u(t)i(t)$，则

$$P = \frac{1}{T} \int_0^T f(t)\,\mathrm{d}t \tag{10-4}$$

根据式（10-4），可在一个周期 T 内对被测电压信号进行 N 等分，采样间隔为 T/N，则电压的有效值将由一个小梯形的面积组成。如图 10-4 所示。

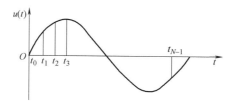

图 10-4　电压采样信号示意图

图 10-4 中，有

$$t_i = i\frac{T}{N} \quad i = 0,\ 1,\ 2,\ \cdots,\ N-1。$$

对电压在 $0 \sim T$ 上积分，分解为 N 个小区间 $(t_i,\ t_{i+1})$ $(i = 0,\ 1,\ 2,\ \cdots,\ N-1)$，即

$$\int_{t_i}^{t_{i+1}} u^2(t)\,\mathrm{d}t = \frac{T}{2N}\left[u^2(t_i) + u^2(t_{i+1}) \right] \tag{10-5}$$

若 $f(t) = u^2(t)$，则式（10-5）可化为

$$
\begin{aligned}
U^2 &= \frac{1}{T} \int_0^t f(t)\,\mathrm{d}t \\
&= \frac{1}{T} \sum_{i=0}^{N-1} \int_{t_i}^{t_{i+1}} f(t)\,\mathrm{d}t \\
&= \frac{1}{T} \sum_{i=0}^{N-1} \left\{ \frac{T}{2N}\left[f(t_i) + f(t_{i+1}) \right] \right\} \\
&= \frac{1}{2N}\left[f(t_0) + f(t_N) + 2N \sum_{i=0}^{N-1} f(t_i) \right]
\end{aligned}
\tag{10-6}
$$

式（10-6）即为复化梯形公式，同理可得到电流的计算公式。

10.3.2　输入电路设计及误差分析

由于本系统所测信号为强电信号，不能直接接入测量电路中，否则会烧毁电路。所以在每一相的电流和电压输入回路中都要安装电流互感器（TA）、电压互感器（TV），以进行电气隔离，减小干扰，并将交流大信号变换成与输入信号呈线性关系的小信号，以进行正常的变换和处理。

1. 电压输入电路设计

电压输入电路如图 10-5 所示，电路由电压互感器及高性能运算放大器组成，电压互感器隔离了电网上的各种干扰，对内部电路起保护作用；高性能运算放大器保证电压取样信号稳定、低噪声、低漂移。

2. 电流输入电路设计

电流输入电路如图 10-6 所示，电路由电流互感器及高稳定度的电阻和高性能运算放大器组成，将电流信号变为与输入电流信号呈正比的电压信号输出。

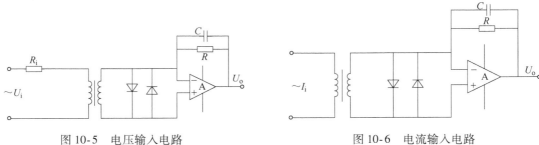

图 10-5　电压输入电路　　　　　　　　　图 10-6　电流输入电路

电流输入电路中的取样电阻 R 非常重要，要求选用固有噪声小、温度系数低的精密金属膜电阻。设电流互感器二次电流为 I，则运算放大器的输出电压为 $U = IR$。若温度变化了 $\Delta T°C$，取样电阻 R 的温度系数为 α（$10^{-6}/°C$），则此时的输出电压为

$$U' = I(R + \Delta T \alpha R) \tag{10-7}$$

电压的变化量为

$$\Delta U = U' - U = I(R + \Delta T \alpha R) - IR = \Delta T \alpha R I = \Delta T \alpha U \tag{10-8}$$

图 10-6 电路中的运算放大器使用低失调电压、低噪声的精密运算放大器，如 OP27 等。可见，由温度变化引起的输出电压的变化量与取样电阻的温度系数成正比。

3. 误差分析

由于 TA、TV 的引入，使测量回路增加了一个环节，且对被测信号进行线性变换，必然会产生误差，此误差又可分为比差和角差。

（1）比差　设在测量范围内，任一相 TA 比差的最大值为 X_P，其他影响量均为理想状态，那么此时功率的测量值为 P_1，且

$$P_1 = K(1 + X_P)UI\cos\varphi \tag{10-9}$$

理想值为

$$P = KUI\cos\varphi \tag{10-10}$$

X_P 引起的误差 γ_P

$$\gamma_P = \frac{P_1 - P}{P} \times 100\% = X_P \times 100\% \tag{10-11}$$

可见，TA 的比差即为功率的测量误差。同理，TV 的比差也为功率的测量误差。为保证本系统的测量准确度为 0.5 级，要求 TA、TV 的比差不能大于 0.2%。

（2）角差　设任一相 TV 的角差最大值为 θ_V，同相 TA 的角差最大值为 θ_1，在其他影响量为理想状态时，TV 和 TA 的角差对测量结果产生的影响为

$$P_1 = KUI\cos(\varphi + \theta_V - \theta_1) \tag{10-12}$$

理想值为

$$P = UI\cos\varphi \tag{10-13}$$

由角差引起的误差为

$$\gamma_\varphi = \frac{P_1 - P}{P} \times 100\%$$

$$= \frac{KUI\cos(\varphi + \theta_V - \theta_1) - KUI\cos\varphi}{KUI\cos\varphi} \times 100\%$$

$$= \frac{\cos(\varphi + \theta_V - \theta_I) - \cos\varphi}{\cos\varphi} \times 100\%$$

$$= \frac{\cos\varphi\cos(\theta_V - \theta_I) - \sin\varphi\sin(\theta_V - \theta_I) - \cos\varphi}{\cos\varphi} \times 100\% \tag{10-14}$$

当角差较小时，$\cos(\theta_V - \theta_I) = 1$，所以有

$$\gamma_\varphi = \frac{\cos\varphi - \sin\varphi\sin(\theta_V - \theta_I) - \cos\varphi}{\cos\varphi} \times 100\%$$

$$= -\tan\varphi\sin(\theta_V - \theta_I) \times 100\% \tag{10-15}$$

根据经验，当 $\theta_V - \theta_I$ 小于 0.15°时，可保证由角差引起的测量误差小于 0.2%。当测三相电路时，TA 和 TV 的比差和角差的总误差即为各相比差、角差的合成。为保证系统总的误差小于 0.5%，要求 TA、TV 的误差小于 0.2%。

10.3.3　CPU、采样保持及 A/D 转换电路的设计

1. CPU 的选型

本仪器 CPU 选用宏晶科技的 STC10F10，是运行速度较快的 8 位单片机，具有如下特点：1 个时钟/机器周期，增强型 8051 内核，速度比普通 8051 快 6 倍以上；宽电压 5.5 ~ 3.7V，低功耗设计；256B 片内 RAM，片内 10KB Flash 程序存储器，可擦写 10 万次以上；在系统或在应用可编程；硬件看门狗，内置掉电检测电路；全双工异步串行口；兼容普通 8051 指令集，有硬件乘法、除法指令；价格低廉。

2. 采样保持及 A/D 转换电路设计

电路由 A/D 变换器 MAX1262、微处理器等组成，它将输入的电压、电流信号进行处理，得到被测电压、电流的有效值及其他电参量。采样保持及 A/D 转换电路如图 10-7 所示。

MAX1262 是美国 Maxim 公司推出的集多路开关、采样保持、12 位 A/D 转换、基准电源、内部时钟等为一体的 12 位并行接口 A/D 转换器，该芯片由 +5V 电源单独供电，共有 8 个模拟输入通道。由软件编程可得到多种模拟输入范围：$0 \sim U_{REF}$、$-U_{REF}/2 \sim +U_{REF}/2$ 等。此芯片还可由软件选择内部或外部时钟及采集控制。可选择内置 2.5V 或外部提供基准电源，8 + 4 并行数据接口，A/D 转换时间为 3μs，采样速度高达 400KPS。

MAX1262 使用标准的微处理器接口，三态数据 I/O 口配置成与 8 位数据总线一起工作。数据存取和总线释放的定时性能指标与大多数通用的微处理器兼容，所有逻辑输入与输出均与 TTL/CMOS 兼容。其核心部分是一个采用逐次逼近型 DAC，前端包括一个用来切换模拟输入通道的多路复用器以及输入信号调理和过电压保护电路。其内部还建有一个 1.22V 的带隙基准电压源。MAX1262 既可以使用内部参考电压源，也可以使用外部参考电压源。当使用内部参考电压源时，芯片内部的 1.22V 基准电压源经放大后向 REF 端提供 2.5V 参考电平。当使用外部参考电压源时，接至 REF 的外部参考电压源必须能够提供 300μA 的直流工作电流，且输出电阻小于 10Ω。如果参考源噪声较大，应在 REF 端与模拟信号地之间接一个 4.7μF 的电容。MAX1262 的原理框图如图 10-8 所示。

MAX1262 的数据采集由写操作启动，通过写入控制字节可选择多路转换器的通道（CH0 ~ CH7）、单极性或双极性的模拟输入范围、内部或外部时钟、内部或外部控制采集、

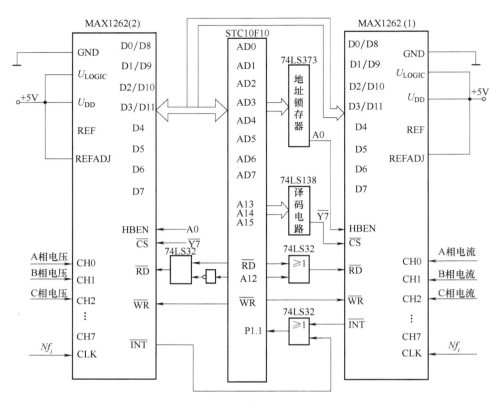

图 10-7　采样保持及 A/D 转换电路

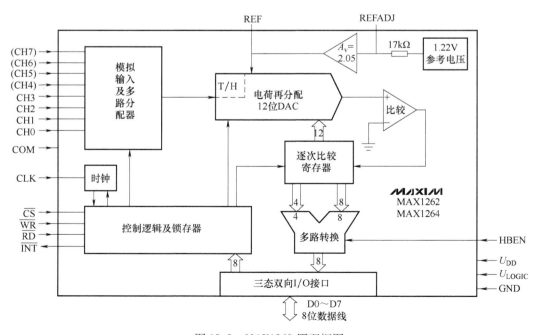

图 10-8　MAX1262 原理框图

备份掉电或完全掉电方式等。在转换周期内写一个新的控制字节将使转换中止,并开始一次新的采集期。MAX1262 内部控制寄存器的 D7 ~ D0 位决定了 A/D 转换器的工作方式。寄存器各位功能见表 10-1。

表 10-1　MAX1262 内部控制寄存器各位功能

位	名　称	功　能
D7,D6	PD1,PD0	选择时钟和掉电方式: 0 0 完全掉电方式,时钟方式不受影响 0 1 备份掉电方式,时钟方式不受影响 1 0 正常运用,内部时钟方式 1 1 正常运用,外部时钟方式
D5	ACQMOD	0 内部控制采集 1 外部控制采集
D4	SGL/$\overline{DIF}$	0 差分输入模式 1 单端输入模式
D3	UNI/$\overline{BIP}$	0 双极性输入 1 单极性输入
D2,D1,D0	A2,A1,A0	用于选择接通通道的输入多路转换的地址位

时钟模式分为内部时钟模式和外部时钟模式两种。时钟模式一旦选定,除非芯片断电(不包括电源关断模式),否则,所选时钟模式不可以再改变。在时钟模式下,外部采集和内部采集控制模式都可选用。当芯片上电时,初始状态为外部时钟模式。

电源关断模式分为两种:PD1 = 1、PD0 = 0 时,为软件控制的省电模式,可称芯片处于睡眠状态,一旦选定了此模式,A/D 转换器在每次转换结束后将自动进入省电模式,下次接到转换命令时自动启用,进行转换;PD1 = 1、PD0 = 1 时,为硬件控制的省电模式,这时当 SHDN 引脚接为低电平时进入睡眠状态,芯片立即停止工作。

采集信号的模式分为内部自动转换模式和外部控制转换模式,由 ACQMOD(D5)决定。

3. 电压、电流采样过程

转换过程由一个写操作对转换进行初始化,选择各通道的输入为单极性或双极性。一个写脉冲($\overline{WR}$ + $\overline{CS}$)或者启动内部采集或者获取数据,内部采集结束时一个采样周期也将结束。

采样间隔脉冲由锁相倍频电路提供,此脉冲送 CPU 的一个外部中断源,由 CPU 产生写信号,启动 A/D 转换器。根据复化梯形公式计算功率时,必须用每一相电压和电流的同一时刻值相乘,所以用两片 MAX1262 分别对每一相的电压和电流信号同步采样,并进行 A/D 转换。图 10-7 中,芯片 MAX1262(1)对 A、B、C 三相电流信号采样,芯片 MAX1262(2)对 A、B、C 三相电压信号采样。CPU STC10F10 用一条写操作指令同时启动两片 MAX1262 中的 ADC,对每相电压和电流的同一时刻值进行采样。每相电压、电流信号一个周期采样 64 点,完成 A、B、C 三相电压、电流信号一个周期的采样共采样 192 点。

因为 MAX1262 为 12 位 A/D 转换器,其数据输出采用 8 + 4 并行接口,所以低 4 位 D0 ~ D3 与高 4 位 D8 ~ D11 数据线分时复用,MAX1262 的 $\overline{WR}$ 控制线直接与 CPU 的 $\overline{WR}$ 相连,片

选$\overline{CS}$均由译码器74LS138的$\overline{Y7}$产生，则两片 MAX1262 的控制口均为 E000H，只需写入相应的控制字节，即可同时启动两片 MAX1262，对电压和电流进行同步采样。

用于转接 12 位变换结果的控制线 HBEN 接 A0，而 CPU 的 $\overline{RD}$ 与 A12 相或后连到 MAX1262（1）的 $\overline{RD}$，所以 MAX1262（1）的数据口为 E000H（读低 8 位 D0 ~ D7）和 E001H（读高 4 位 D8 ~ D11），那么 MAX1262（2）的数据口为 F000H（读低 8 位 D0 ~ D7）和 F001H（读高 4 位 D8 ~ D11）。

两片 MAX1262 的$\overline{INT}$信号经过或门后输入到 CPU 的 P1.1，P1.1 为低电平时，表明两片 MAX1262 的 A/D 转换都已完成，输出数据已准备好，系统可采用查询方式依次读取两片 MAX1262 中的 A/D 转换结果，$\overline{SHDN}$接高电平使芯片不进入完全掉电方式。CLK 引脚和地之间接一个 100pF 的电容器，将频率设置为额定值 1.5MHz，从而使系统工作在内部时钟。系统采用内部基准电压。

4. 软件设计

功率因数、有功和无功功率等参数需要通过采样计算得到，为此需要编制相应的程序。由于篇幅所限，仅给出采样计算三相有功功率程序框图，如图 10-9 所示。

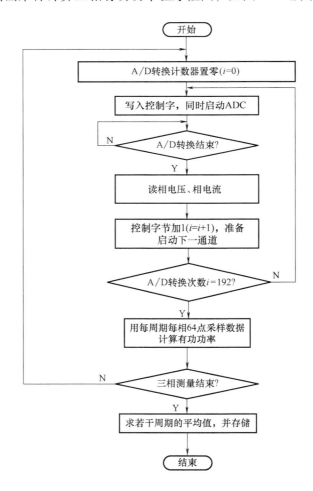

图 10-9　采样计算三相有功功率程序框图

10.3.4　锁相倍频电路设计

本系统采用 CD4046 和可预置计数器 CD4522 组成 192 分频的锁相倍频电路。因为每周期每相要采样 64 点，所以三相每周期共采样 192 点，对工频周期信号进行 192 分频，用倍频信号启动 ADC 转换。192 分频锁相倍频电路框图如图 10-10 所示。

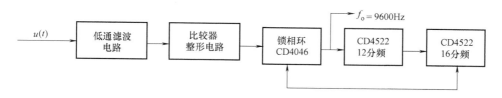

图 10-10　192 分频锁相倍频电路框图

由于本设计采用硬件同步电路，对锁相倍频电路要求较高，应选用高精度、高稳定性的阻容元件，减少过渡过程。要求计数器的动态特性好，延时尽量小，使锁相环路的输入、输出信号尽快同步。对选用的电阻、电容器件应充分老化，历经高低温冲击，减少内部的固有噪声。

由于本设计采用硬件同步电路，对锁相倍频电路要求较高，应选用高精度、高稳定性的阻容元件，减少过渡过程；要求计数器的动态特性好，延时应尽量小，使锁相环电路的输入、输出信号尽快同步；对选用的电阻、电容器件应充分老化，历经高低温冲击，减少内部的固有噪声。

10.3.5　RS-485 串行通信接口设计及通信协议

1. RS-485 串行通信接口电路设计

在要求通信距离为几十米以上时，经常采用 RS-485 串行通信接口电路。RS-485 收发器采用平衡发送和差分接收，在发送端，驱动器将 TTL 电平信号转换成差分信号输出；在接收端，接收器差分接收，将差分信号变成 TTL 电平，因此具有抑制共模干扰能力。加上接收器具有高的灵敏度，能检测低达 200mV 的电压，因此信号的传输距离可达千米。

由于本系统可以和上位机组成主从分布式系统，作为前端信号采集器，向主机传送测量信息，因此采用 RS-485 通信接口，使用 MAX1487 半双工收发器。

2. 通信协议

由于本仪器可作为一个数据采集子系统，将测量信息远传，因此采用 RS-485 串行接口，便于多点连接。为实现数据传输的标准化，通信协议采用原电力部颁布的电力行业标准 DL/T 645—1997《多功能电能表通信规约》的规定。

3. 软件流程图

根据规约的规定，编制相应的 RS-485 串行接口程序。

（1）发送功能实现的软件流程图　从站收到主站发来的一帧信息后，先要进行判别，若是正常的命令帧或数据帧，则发正常应答帧；否则发异常应答帧。以上两种情况的流程图分别如图 10-11、图 10-12 所示。

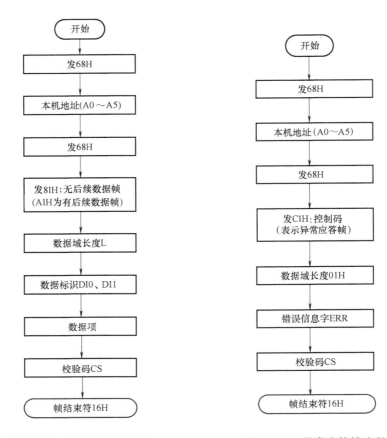

图 10-11　正常应答帧流程　　　　图 10-12　异常应答帧流程

（2）接收功能实现的软件流程图　接收功能实现的软件流程图如图 10-13 所示。

10.3.6　电磁兼容设计

由于本仪器应用于试验室或工业现场，与周围的电磁环境是共存的，所以必须考虑电磁兼容性，且在设计阶段就需要足够重视。

1. 印制电路板设计

在印制电路板布线时，应先要确定元器件在电路板上的位置，然后布置地线、电源线，再布置高速信号线，最后考虑低速信号线。元器件的位置应按电源电压、数字及模拟电路、速度快慢、电流大小等进行分组，以免互相干扰。所有连接器应安放在印制电路板的一侧，避免从印制电路板的两侧引出电缆，减少共模辐射。

数字电路与模拟电路分开布置，数字地和模拟地也要分开布置，时钟电路和高频电路是主要的干扰源，一定要单独分开布置，远离敏感电路。电源线、地线应尽量粗。

在电路中要加去耦电容和旁路电容，去耦电容用来滤除高速器件在电路板上引起的干扰电流，为器件提供局部电流，降低电路中的电流冲击。旁路电容能消除电路板上的高频辐射噪声。

晶振下面和对噪声特别敏感的器件下面不要走线。

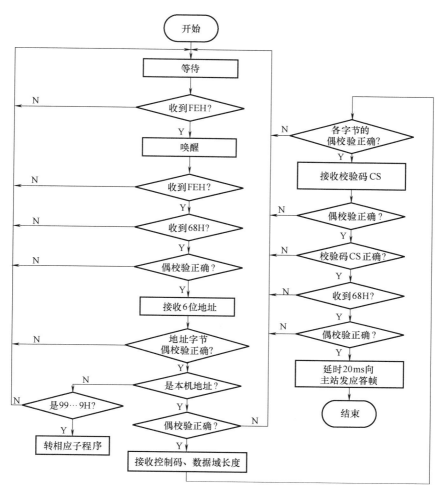

图 10-13　接收功能实现的软件流程

弱信号电路、低频电路周围地线不要形成电流环路。

2. 接地设计

接地就是为电路或系统提供一个参考的等电位点或面，以及为电流回路提供一条低阻抗路径。本仪器的模拟电路部分的接地采用一点接地方式，而对高频数字逻辑电路则必须采用多点接地方式，使干扰减到最小。

除了系统内部接地外，还要把装置的外壳与大地相连，以实现装置的安全接地，保护操作人员的人身安全，泄放因静电感应在机箱上所积蓄的电荷，避免由于电荷积累造成内部放电，提高系统工作的稳定性。

3. 滤波设计

本仪器采用电源滤波器、去耦电容滤除噪声干扰。滤波单元在所需的阻带范围内具有良好的抑制特性，在通带内不产生明显的阻尼振荡。

4. 瞬间干扰抑制设计

瞬间干扰包括电弧快速瞬变脉冲群、雷击浪涌和静电放电等。本仪器采用压敏电阻抑制瞬间干扰，在干扰电压超过额定值时，可以进行能量转移。

压敏电阻是电压敏感型器件，当加在压敏电阻两端的电压低于标称电压时，其电阻几乎为无穷大，而稍微超过额定值后，电阻值便急剧下降，反应时间为毫微秒级。

采用引线方式安装的压敏电阻的引线感抗不可忽视。引线越长，由于引线电感产生的附加感应电压就越大。为了得到满意的干扰抑制效果，压敏电阻的引线应当越短越好。

10.4 基于热电偶的智能温度数显表的设计

温度是最常见的物理量，测量温度的仪器仪表种类很多。下面介绍一种由单片机和热电偶组成的智能温度数显表的设计方法。

基于热电偶的智能温度数显表的主要功能及技术指标如下：

1）测温范围：$0 \sim 500$℃。

2）精确度：0.5℃。

3）4 位 LED 显示。

4）具有数据远传通信功能。

5）具有温度上限设定、温度超限报警和继电器输出功能。

6）具有断线检测功能。

10.4.1 总体设计

1. 传感器的选型

热电偶属于热电式传感器，它由两种不同的导体材料构成，当两接点温度不同时，在该回路中就会产生电动势，这种现象称为热电效应，该电动势称为热电动势。本设计采用热电偶作为温度传感器。

2. 单片机的选型

单片机是整个仪器的核心，它负责测量过程的管理和数据处理。本仪器采用 PHILIPS 公司的 P89LPC935 单片机，它具有高性能的处理器结构，指令执行时间只需 $2 \sim 4$ 个时钟周期，6 倍于标准 80C51 器件。P89LPC935 单片机内部有 8 位逐步逼近式模/数转换模块和 SPI、UART 串行通信接口，还具有片内上电复位、看门狗定时器复位及掉电中断复位和检测等功能。

3. 总体框图

图 10-14 为基于热电偶的智能温度数显表的总体框图，主要由单片机、信号调理电路、人机接口电路和串行通信电路几部分组成。

10.4.2 主要电路设计

1. 信号调理电路

整个信号调理电路由三部分组成，即信号放大电路、温度补偿电路、断线检测功能电路。如图 10-15 所示。

（1）信号放大电路 热电偶的输出电压很小，需要采用高灵敏度的运算放大器。本设计中采用 AD707 运算放大器。

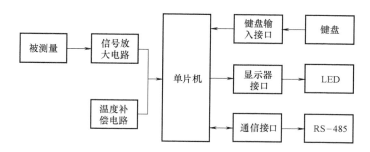

图 10-14　基于热电偶的智能温度数显表的总体框图

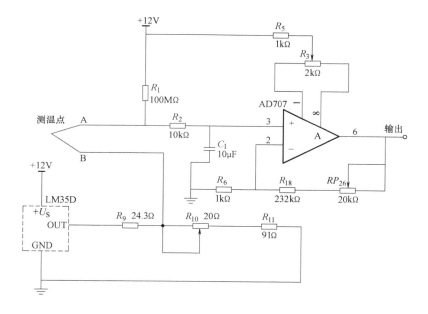

图 10-15　信号调理电路

1）放大倍数的选择。K 型热电偶 500℃（满度）时的感应电动势为 20.64mV，设 500℃时输出电压为 5V，则运算放大器增益 A_v 应为：$A_v = 5V/20.64mV = 242$。

电路中，$R_6 = 1k\Omega$，$R_{18} = 232k\Omega$，电位器 $RP_{26} = 20k\Omega$ 决定增益的大小，调节 RP_{26} 使增益在 233~253 之间。R_3 为调零电阻。

2）R_2 与 C_1 的选择。R_2 和 C_1 为低通滤波器。时间常数越大，消除噪声效果越好，但响应速度较慢。另外，R_2 增大，运算放大器的输入偏置电流会产生偏移电压，因此，R_2 阻值不能过大。AD707 输入偏置电流为 2.5nA，$R_2 = 10k\Omega$ 时，AD707 将产生 25μV 的偏移电压。

（2）温度补偿电路　基准节点温度补偿采用温度传感器 LM35D。LM35D 的测温范围为 4~100℃，输出电压直接与摄氏温度成正比，灵敏度为 10mV/℃，用电阻分压，并通过调节电位器使其输出电压为相应电压，进行基准节点的温度补偿。

（3）断线检测功能电路　R_1 为检测传感器断线电阻。热电偶断线时，运算放大器输出就会超出范围。然而，因接有电阻 R_6，热电偶的内阻将产生偏移电压。如热电偶内阻为

$2k\Omega$（包括 R_{10} 和 R_{11} 阻值）时，$R_6 = 100M\Omega$，热电偶内阻将产生 $24\mu V$ 的偏移电压。另外，热电偶断线时运算放大器输入偏置电流要流经 R_6。因此，不能采用输入偏置电流较大的运算放大器。

2. 键盘接口电路

键盘接口电路如图 10-16 所示。键盘由四个键组成，分别是设定键 SET、加 1 键 INC、移位键 SHIFT 和复位键 CLR。

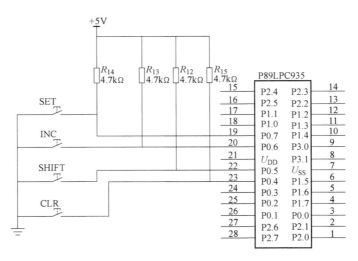

图 10-16　键盘接口电路

键盘模式寄存器（KBPATN）用于定义与 P0 口值相比较的模式，键盘中断屏蔽寄存器（KBMASK）用于定义连接到 P0 口的使能触发中断的输入引脚。当有按键按下时，产生键盘中断，当键盘中断功能有效且条件匹配时，键盘中断控制寄存器（KBCON）中的键盘中断标志（KBIF）置位，如果通过置位 IEN1 寄存器的 EKBI 位和 EA 位将中断使能，则会产生一个中断。

为了将键盘中断设置为类似单片机 87LPC76X 的 KBI 功能，必须设置 KBPATN = 0FFH 和 PATN_SEL = 0，这样由 KBMASK 寄存器使能的任何连接到 P0 口引脚的按键都将使硬件置位 KBIF，并产生中断（如果中断使能）。中断可用于将 CPU 从空闲模式或掉电模式中唤醒。此特性尤其适合便携式且使用电池供电的系统，因为这些系统需要对功耗进行管理同时又要方便用户使用。为了置位中断标志并导致中断产生，P0 口的模式的保持时间必须长于 6 个 CCLK。

3. 显示电路

单片机 P89LPC935 利用高速串行通信接口 SPI 将测量数据传输给移位寄存器 74LS595，该寄存器驱动 LED 显示器。显示电路如图 10-17 所示。

SPI 是一种全双工、高速、同步的通信总线，它有两种操作模式：主模式和从模式。主模式或从模式均支持高达 3Mbit/s 的速率，还具有传输完成标志和写冲突标志保护。SPI 接口有 4 个引脚：SPICLK，MOSI，MISO 和 SS。两个或多个 SPI 器件中的 SPICLK、MOSI 和 SIMO 一般连接在一起，数据通过 MOSI 从主机传送到从机（主机输出，从机输入），通过 MISO 由从机传送到主机（主机输入，从机输出）。SPICLK 信号在主模式时为输出，在从模

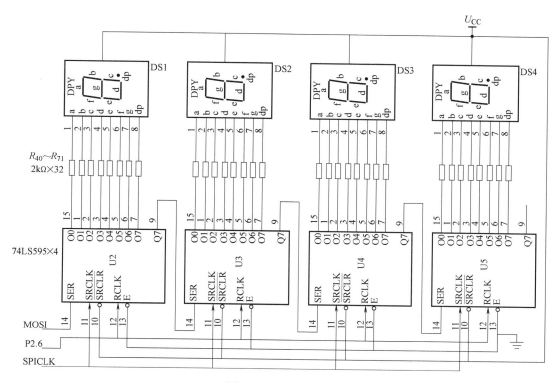

图 10-17　显示电路

式时为输入。

　　移位寄存器采用带锁存功能的 74LS595 芯片，使用高速通信接口 SPI 的数据输出引脚——MOSI 引脚和 SPICLK 引脚分别连接到 74LS595 的数据入口 SER 引脚和锁存时钟信号入口 SRCLK，使用 I/O 口 P2.6 作为 74LS595 的锁存信号，使能端分别接地和电源。多片 74LS595 第一片接 CPU，其余片为前一片的串行输出接后一片的串行输入。显示方式为共阳极静态显示，显示器亮度较高。

　　4. RS-485 通信接口电路

　　在本设计中采用 RS-485 总线实现与上位机的通信。并采用 MAX485 将 TTL 电平转换为 485 电平。前面章节有详细设计，在此不重复介绍。

　　5. 继电器电路

　　设置直流电磁式继电器功率接口，当温度超限时继电器起动，控制加热装置的关断。如图 10-18 所示，继电器的动作由单片机的 P1.6 端控制，P1.6 输出低电平时，继电器 K 吸合；P1.6 输出高电平时，继电器 K 释放。

10.4.3　软件设计

　　1. 程序总体设计

　　本设计同样采用模块化设计，通过主程序调用各个功

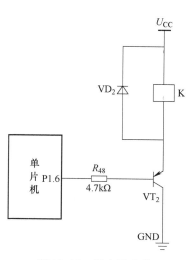

图 10-18　继电路电路

能子程序以实现仪表的整体功能。主要程序包括主程序、定时子程序、键盘控制子程序、显示子程序、温度处理子程序、通信子程序、掉电保护子程序。

初始化模块完成对 CPU 各功能模块、定时/计数器工作方式、程序运行标志位、RAM初值设定以及掉电后参数恢复等工作；键盘模块完成键值查询工作；显示模块则通过74LS595 完成静态显示工作；数据处理模块程序完成线性化处理、模/数转换等功能；通信模块通过 MAX485 通信实现接收上位机命令并收发相应数据的功能；安全模块中通过掉电保护防止外界干扰，对 CPU 进行监测和数据保护。

2. 程序设计

（1）主程序设计　主程序是系统的监控程序。主程序流程图如图 10-19 所示，整个系统通过主程序调用各功能子程序实现系统的整体功能。

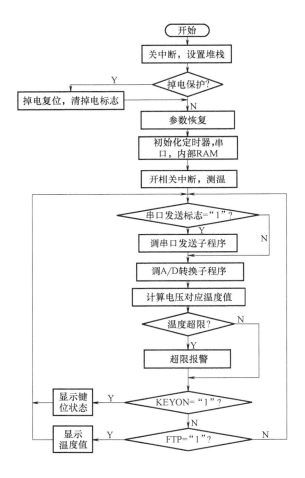

图 10-19　主程序流程图

（2）键盘程序的设计　键盘程序的设计包括两部分：键盘中断程序和四个键的管理程序（篇幅有限，程序流程图省略）。

对于键盘中断，通过设置 SFR，在键被按下后进入中断。在中断程序中延时去抖，判断按键是否有效。在 SET 键未按过的情况下，按下 SHIFT 键或 INC 键，均认为是无效操作，而对于 CLR 键，在 SET 键按下和未按下的情况下有不同的功能。然后判断键位，并跳转到相应键的键功能实现程序。

设定键 SET：根据按下 SET 键时不同的提示，输入相应的参数。

移位键 SHIFT：按键后查询按移位键的次数，以确定当前光标所在位置，并在该位置显示"—"，每次按下 SHIFT 键其按下次数单元值加 1，光标"—"右移 1 位。若按下次数单元大于 4 则置为 0，同时"—"回到起始位。

加 1 键 INC：与 SHIFT 键指定位置的数字位执行加 1 操作，若读初值为 9，则将其置为 0。

复位键 CLR：进入该键功能服务程序后，首先判断 SET 键是否被按下，若 SET 键按下，E^2PROM 中各参数全部清零且程序复位；若未按下则执行显示温度功能。

（3）显示程序的设计　采用带锁存功能的 74LS595 芯片，可以避免因串行通信而带来的 LED 显示闪烁的现象。传送数据利用 P89LPC935 的 SPI 接口并采用查询方式判断数据是否传完。74LS595 的使用方法与 74LS164 类同，这里不再详细介绍。

（4）数据处理程序的设计　本设计采用去极值平均滤波算法，采用该算法不仅可以提高数据平滑度而且可以明显地消除脉冲干扰，从而使平均滤波的输出值更接近真实值。去极值平均滤波算法公式为

$$y = \frac{1}{N-2}\left(\sum_{i=1}^{n} y_i - y_{max} - y_{min} \right) \tag{10-16}$$

式中，N 为测量次数；y_i 为各次测量值；y_{max} 为测量列中的极大值；y_{min} 为测量列中的极小值。

10.5　智能 LCR 测量仪的设计

10.5.1　总体设计

1. 功能

设计智能 LCR 测量仪，实现对电感 L、电容 C 与电阻 R 的自动测试，具有量程自动转换功能。

2. 主要技术指标

1）L：量程 0～1600H，分辨力 1mH。

2）C：量程 0～1600μF，分辨力 0.1pF。

3）R：量程 0～1MΩ，分辨力 1mΩ。

4）测试频率：100Hz，1kHz，10kHz。

5）测试电平：250mV。

6）测试时间：650ms/次。

3. 系统设计与工作原理

设计一个由单片机和 LRC 数字电桥等组成的智能 LCR 测量仪。单片机进行测量过程的控制和信号处理，实现自动化测量，并满足测量精度高、可靠性较高、系统易扩展等需求。

数字电桥法原理如图 10-20 所示。在输入信号的作用下，被测电阻 R_x 与标准电阻 R_1 流

过同一电流 I，R_x 和 R_1 上将得到电压 U_x 和 U_{R1}，则测量电阻可表示为

$$R_x = R_1(U_x/U_{R1}) \tag{10-17}$$

由图 10-20 可见，LRC 数字电桥已失去传统经典交流电桥的结构形式，而是基于欧姆定律的伏安法阻抗测量原理。这种数字电桥测量法实质上是将被测量与标准电阻值相比较，因此能获得较高精度。LRC 数字电桥将被测电阻、电容和电感参数转化为模拟电压信号，模拟电压信号由高精度 A/D 转换芯片转换为数字量，送入单片机进行处理，并按式（10-17）进

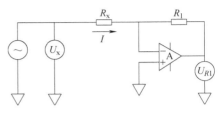

图 10-20　数字电桥法原理示意图

行计算，得到被测电阻值。测量电容和电感的方法与测量电阻的方法相同，由于电容和电感属电抗元件，只能采用交流信号。在角频率为 ω 的交流信号的作用下，电容和电感两端的电压分别为

$$\dot{U}_{Cx} = \dot{I}/j\omega C_x \tag{10-18}$$

$$\dot{U}_{Lx} = \dot{I}j\omega L_x \tag{10-19}$$

式中，C_x、L_x 为待测电容和电感。

为了提高测量精度和降低成本，电容、电感测量与电阻测量共用一套标准电阻，由单片机控制量程自动转换，改变标准电阻值。标准电阻两端的电压为

$$\dot{U}_{R1} = \dot{I}R_1 \tag{10-20}$$

经计算可得

$$C_x = U_{R1}/\omega R_1 U_{Cx} \tag{10-21}$$

$$L_x = R_1 U_{Lx}/\omega U_{R1} \tag{10-22}$$

式中，U_{R1}、U_{Cx} 和 U_{Lx} 分别为 $\dot{U}_{R1}$、$\dot{U}_{Cx}$ 和 $\dot{U}_{Lx}$ 的模值。

由式（10-21）、式（10-22）可见，为保证测量精度，必须保证标准电阻的精度和 ω 的准确、稳定。为此，本设计采用高精度的 ICL8038 芯片产生正弦波，同时采用运算放大器做输出缓冲器，用单片机进行闭环控制。此外，本设计还采用运算放大器补偿实现无失真 AC-DC 的转换，以确保测量精度。

10.5.2　硬件电路设计

系统硬件设计主要包括以下七部分：主控制模块、电源模块、信号产生模块、LRC 测量模块、信号调理电路、A/D 采集模块、显示与键盘接口模块。系统硬件总体框图如图 10-21 所示。

1. 主控制模块

本系统采用低功耗的 MSP430F149 微处理器作为主控模块，通过按键控制测量的类型和单位，启动 A/D 转换，并控制量程自动转换（档位选择），最后对转换结果数据进行接收和处理，在 LCD 显示模块中显示测量结果。

2. 电源模块

MSP430F149 微处理器需要 3.3V 稳压供电，如图 10-22 所示，3.3V 稳压芯片选择

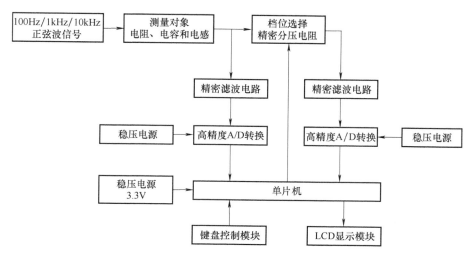

图 10-21　系统硬件总体框图

TPS73633，提供高精度稳定供电电压。

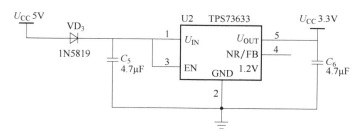

图 10-22　3.3V 稳压供电电路

3. 信号产生模块

标准正弦波是保证智能 LCR 测量仪测量精度的重要条件，特别是在测量电抗元件——电容和电感时，正弦波的失真将产生难以修正的错误，直接影响测量精度。因此为保证测量仪的测量精度，选用高精度 ICL8038 芯片产生标准正弦波。

4. LRC 测量模块

如图 10-23 所示，LRC 测量模块由量程自动转换电路和 LRC 测量电路两部分组成。在量程自动转换电路（档位选择模块）中，RP 为所选档位的基准电阻，各个档位的 RP 基准电阻值不同。量程转换通过程控开关或量程自动转换电路实现。量程自动转换电路由单片机控制。LRC 各元件的测量通过基本的 RR 电路、RL 电路和 RC 电路进行。当端子 P2 和 P3 的两端接被测电阻元件时，此电路就组成基本的 RR 电路；当端子 P2 和 P3 的两端接被测电感元件时，此电路就组成基本的 RL 电路，输入的正弦波频率为 100Hz、1kHz、10kHz。图 10-22 中，P1 为标准正弦波的输入端口，P2 和 P3 表示被测电阻、电感或电容等元件的接口，其中 P2 为信号端（测量电压输出端），P3 为 GND（虚地），U_{R1} 为标准电阻端电压，U_x 为被测电感和电容元件电压。

5. 信号调理电路

信号调理电路采用 NE5532P 集成运算放大器和一阶 LC 有源滤波电路对 LRC 测量模块

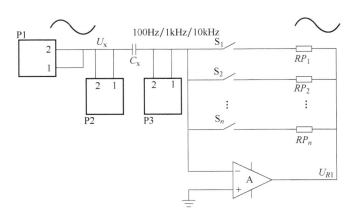

图 10-23　LRC 测量模块

产生的信号进行整流滤波。因输入标准测试信号为高频交流信号，而 AD 采样模块为单极型输入（0～3.3V），所以要通过信号调理电路对信号进行处理，并将整流后的直流信号输入给 AD 采样模块，信号调理电路如图 10-24 所示。

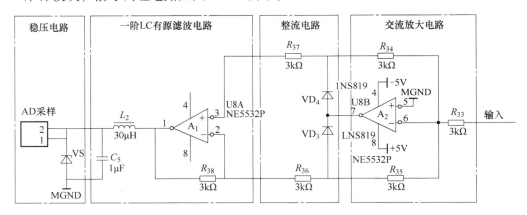

图 10-24　信号调理电路

6. A/D 采样模块

利用 A/D 转换模块把整流滤波后的模拟信号转换为数字信号，并送入单片机进行数据处理。本设计选用亚德诺（ADI）公司生产的单电源供电、12 位精度、65MSPS 高速模/数转换器 AD9226，片内集成高性能的采样保持放大器和参考电压源。AD9226 采用带有误差校正逻辑的多级差分流水结构，以保证在 65MSPS 采样速率下获得精确的 12 位数据。同时，AD9226 还具有较低的功耗（475mW）和较高的信噪比（69dB）。

7. 显示与键盘接口模块

显示与键盘接口模块包括按键处理程序和液晶显示模块。仪器可通过按键处理程序，根据按键的状态设置相应的功能。通过 LCD 驱动程序对 MSP430F149 处理后的结果数据进行显示，在测试期间能够保持测量结果稳定显示。

10.5.3　系统软件设计

系统软件部分由四部分组成，即控制测量程序、电阻电感电容计算程序、按键处理程序、液晶显示程序。

1. 控制测量程序

控制测量程序不仅担负着量程的识别与转换，而且还负责数据的修正和传输，因此控制测量程序对整个测量至关重要。控制测量程序首先进行各子程序中的函数初始化，然后进入键扫描程序，根据当前的按键情况分析得到已设置的测试工作状态，即 R 测试状态、C 测试状态或 L 测试状态，并按照不同的测试状态选择不同的电阻档位。如果没有按键被按下，则直接选择对应电阻档位。完成档位选择后，数据经过信号调理电路输入到 A/D 转换模块进行模/数转换，再由单片机对数据进行相应的运算得到最终的测量结果。最后，测量结果由 LCD 显示模块显示具体数值，并返回键扫描程序，不断循环以实现 L、C 和 R 的测量。控制测量程序流程如图 10-25 所示。

2. 电阻电感电容计算程序

电阻电感电容计算程序完成对电阻 R、电感 L 和电容 C 的数值计算，程序的具体计算公式分别由式（10-17）、式（10-22）和式（10-21）得到。高精度 A/D 转换模块将模拟电压采样后转换为数字量传输到单片机，单片机根据电阻电感电容计算程序完成电阻 R、电感 L 或电容 C 的计算，最后返回计算结果。

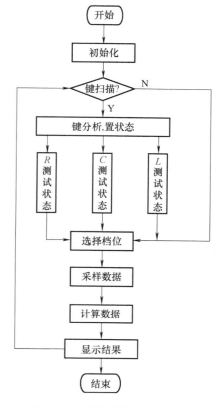

图 10-25 控制测量程序流程图

按键处理程序、液晶显示程序在第 5 章已有详细设计，在此不再重复介绍。

思考题与习题

1. 设计智能仪器应遵循的准则有哪些？
2. 说明智能仪器的设计步骤。
3. 阐述智能仪器硬件设计时需要考虑的主要问题。
4. 简单说明智能工频电参数测量仪的系统工作原理。
5. 在进行智能仪器设计时，如何做好电磁兼容设计？
6. 在智能仪器设计中如何协调硬件和软件的关系？
7. 在智能仪器设计中如何选用 DSP？
8. 综合本课程的学习内容，谈谈在智能仪器设计中如何选择微处理器和 A/D 转换器。
9. 自选仪器设计题目，要求能较充分体现你的设计能力，综合所学知识，提出设计方案，并进行充分论证。如果有条件，研制一个简单的智能仪器并进行调试。

参 考 文 献

［1］王祁，赵永平，魏国. 智能仪器设计［M］. 哈尔滨：哈尔滨工业大学出版社，2016.

［2］程德福，林君. 智能仪器［M］. 3版. 北京：机械工业出版社，2017.

［3］赵茂泰. 智能仪器原理及应用［M］. 4版. 北京：电子工业出版社，2015.

［4］周航慈，朱兆优，李跃忠. 智能仪器原理与设计［M］. 北京：北京航空航天大学出版社，2005.

［5］史健芳. 智能仪器设计基础［M］. 2版. 北京：电子工业出版社，2012.

［6］庞春颖. 智能仪器设计与应用［M］. 北京：电子工业出版社，2013.

［7］王选民. 智能仪器原理及设计［M］. 北京：清华大学出版社，2008.

［8］刘大茂. 智能仪器原理及设计技术［M］. 北京：国防工业出版社，2014.

［9］殷侠，王蓉. 智能仪器原理与设计［M］. 北京：中国电力出版社，2015.

［10］刘君华，汤晓君，张勇，等. 智能传感器系统［M］. 2版. 西安：西安电子科技大学出版社，2010.

［11］张淑清，张立国，金海龙，等. 嵌入式单片机STM32设计及应用技术［M］. 北京：国防工业出版社，2015.

［12］刘皖，何道君，谭明. FPGA设计与应用［M］. 北京：清华大学出版社，2006.

［13］庄严，段慧达. 误差分配与合成原理在智能仪器设计中的应用［J］. 计量技术，2002（6）：9-10.

［14］越石健司，黑沢理. 触摸屏技术与应用［M］. 薛建设，译. 北京：机械工业出版社，2014.

［15］周志敏，纪爱华. 触摸屏实用技术与工程应用［M］. 北京：人民邮电出版社，2011.

［16］姚新涛，范蟠果. USB技术在智能仪器中的应用［J］. 工业仪表与自动化装置，2008（2）：53-56.